高等教育化学化工类系列教材

综合化学实验

（第二版）

主　编　谢少艾

副主编　王开学　蔺丽　李世雄

上海交通大学 出版社
SHANGHAI JIAO TONG UNIVERSITY PRESS

内容提要

本书是基础化学实验系列课程教材之一。对应课程的教学是在学生完成基础的实验方法和能力的训练并初步掌握基本操作技能后,为进一步提高实验技能和综合实验设计能力而开设的。

本书在第一版使用多年的基础上,对部分经典实验进行了改进,同时又增加了部分科研相关的实验。本书分为三大部分,包括综合化学实验的基础知识、23 个基础性综合实验、30 个研究性综合实验。基础性综合实验偏重于仪器分析实验,研究性综合实验则锻炼学生综合运用无机化学、分析化学、有机化学和物理化学等化学分支学科中相关的实验方法和技术,每个实验后面还有思考题和拓展文献,供学生学习和参考。

本书适合理工科院校化学及相关专业的学生使用,也可供相关实验指导人员参考。

图书在版编目(CIP)数据

综合化学实验/谢少艾主编;王开学,蔺丽,李世雄副主编.—2 版.—上海:上海交通大学出版社,2024.2

ISBN 978 - 7 - 313 - 29722 - 8

Ⅰ.①综…　Ⅱ.①谢…②王…③蔺…④李…　Ⅲ.①化学实验　Ⅳ.①O6 - 3

中国国家版本馆 CIP 数据核字(2024)第 013433 号

综合化学实验(第二版)
ZONGHE HUAXUE SHIYAN(DI-ER BAN)

主　　编:谢少艾		副 主 编:王开学　蔺　丽　李世雄	
出版发行:上海交通大学出版社		地　　址:上海市番禺路 951 号	
邮政编码:200030		电　　话:021 - 64071208	
印　　制:上海新艺印刷有限公司		经　　销:全国新华书店	
开　　本:787mm×1092mm　1/16		印　　张:12.5	
字　　数:303 千字			
版　　次:2012 年第 1 版　2024 年 2 月第 2 版		印　　次:2024 年 2 月第 2 次印刷	
书　　号:ISBN 978 - 7 - 313 - 29722 - 8			
定　　价:45.00 元			

第二版前言

化学实验教学在化学知识的传授过程中有着不可替代的重要作用。其目标不仅是加深学生对理论知识的理解,更重要的是通过实验教学环节培养学生的创新意识和能力,提高学生的综合素质。

《综合化学实验》是以提高学生综合实验能力为宗旨,结合上海交通大学基础化学实验中心相关教师的多年教学经验而编写的一本实验教材。在第一版教材使用多年的基础上,对部分经典实验进行了改进,同时又增加了部分与科研相关的实验。本书不局限于对理论知识的验证,而是从基础知识、基本训练到研究性实验,有步骤地引导学生从掌握最基本的实验技能到熟练进行综合性实验设计,从而全面提高学生的独立工作能力和综合设计能力,培养学生的科学研究素养以及团队协作精神。

本书分为三大部分,包括综合化学实验的基础知识、23 个基础性综合实验和 30 个研究性综合实验。基础性综合实验偏重仪器分析实验,训练化学类本科生必须掌握的仪器分析方法;研究性综合实验则综合了无机化学、分析化学、有机化学和物理化学等化学分支学科中相关的实验方法和技术,使学生能结合化学的各分支学科来培养解决综合问题的能力,从而使他们的科学思维能力和创新意识得到提高。为了取得更好的实验效果,每个实验后面都有思考题和拓展文献,供学生学习和参考。

本书由谢少艾担任主编,王开学、蔺丽和李世雄担任副主编,在编写过程中,还得到了陈虹锦、宰建陶、马荔、韩莉、舒谋海、黄香宜、孟庆华、苏越等各位老师的大力支持和协助,在此一并向他们表示诚挚的感谢!

化学实验教学体系的改革是一项长期而艰苦的工作,虽然我们进行了一些探索性的工作,但由于经验和水平的局限,书中还存在一些不足和疏漏,请广大读者批评指正。

编者
2023 年 10 月于上海

目　　录

第1章　综合化学实验的基础知识

1.1　基本要求

　　综合化学实验分为基础性和研究性两个层次。基础性综合实验是学生在教师的指导下，以分析仪器为工具动手获得所需物质的化学组成、含量和结构等信息。它是一种特殊形式的科学实践活动。通过仪器分析实验，使学生加深对有关仪器分析方法的基本原理的理解，掌握仪器分析实验的基本知识和技能；学会仪器的正确使用方法；掌握实验条件优化的方法；正确处理实验数据和表达实验结果；培养学生严谨求实的科学态度、操作实验的技能技巧和独立工作的能力。研究性综合实验主要针对某一个实验目标，学生自我设计实验方案，独立完成整个实验过程。通过实验去发现问题、解决问题，从而全面提高学生的独立工作能力、综合设计能力和科学研究能力。

　　要达到综合实验教学的目的，对实验课提出以下基本要求。

　　(1) 实验之前做好预习工作。仔细阅读实验教材，查阅相关文献，对实验原理、方法、操作步骤以及注意事项做到心中有数。

　　(2) 学会正确使用仪器。应在教师指导下熟悉和掌握仪器的正确使用方法，详细了解仪器的性能，防止损坏仪器或发生安全事故。

　　(3) 实验过程中，要细心观察和详细记录实验中的各种现象，认真记录实验条件和分析测试的原始数据；认真学习有关分析方法的基本技能。

　　(4) 认真写好实验报告。撰写实验报告是仪器分析实验的延续和提高。实验报告应做到简明扼要、图表清晰。其内容应包括实验名称、完成日期、实验原理、仪器名称及其型号、主要仪器的工作参数、所用试剂、实验步骤、实验现象、实验数据及图表、数据分析和结果处理、问题讨论等。写好实验报告是提高仪器分析实验教学质量的一个非常重要的环节。

　　(5) 爱护仪器设备和实验室的环境。实验过程中应始终保持实验室的整洁与安静；实验结束后，应将所用仪器复原，并认真填写仪器使用记录本；清洗干净所用器皿，整理好实验室，经教师查验、签字后方可离开。

1.2　实验数据处理和结果的表达

　　分析数据的表示方式，视数据的特点和用途而定，不管采用什么方式表示数据，其基本要求是准确、清晰和便于应用。常用的数据表示方式有列表法、图形表示法、数值表示法。

这3种方法各有各的应用场合,在撰写实验和研究报告时,可以根据具体需求,合理选择表示方法。

1.2.1   列表法

列表法是以表格形式展示数据的方法。其优点是列入的数据是原始数据,可以清晰地看出数据的变化过程,便于日后对计算结果进行检查和复核;也可以同时列出多个参数的设置,便于同时考察多个变量之间的关系。但当数据很多时,列表占用篇幅过大,显得累赘。用列表法表示数据时,需要注意以下规范。

(1) 选择合适的表格形式。在科技文献中,通常采用三线表,而不采用网格表。

(2) 简明准确地标注表名。表名标注于表的上方,当表名不足以充分说明表中数据含义时,可以在表的下方加表注。

(3) 表的第一行为表头,表头要清楚地标明表内数据的名称和单位,名称尽量用符号表示。同一列数据单位相同时,将单位标注于该列数据的表头中,各数据后不再写单位。单位的写法采用斜线制。

(4) 在列数据时,特别是数据很多时,每隔一定量的数据留一空行。上下数据的相应位数要对齐,各数据要按照一定的顺序排列。

(5) 表中的某个或某些数据需要特殊说明时,可在数据上做个标记,再在表的下方加注说明。

1.2.2   图形表示法

图形表示法的优点是简明、直观,可以将多条曲线同时描绘在同一张图上,便于比较。随着计算机技术的发展,还可以在三维空间中描绘图形。

1. 曲线拟合

在综合化学实验的含量测定中,绝大多数情况下都是相对测量,需用校正曲线进行定量。建立校正曲线,是基于使偏差平方和达到极小的最小二乘法原理,对若干个对应的数据(x_1, y_1), (x_2, y_2), $\cdots$, (x_n, y_n),用函数进行拟合。从作图的角度来说,就是根据平面上一组离散点,选择适当的连续曲线近似地拟合这一组离散点,以尽可能完善地表示仪器响应值与被测定量之间的关系。这种基于最小二乘法原理研究因变量与自变量之间关系的方法,称为回归分析。用回归分析建立仪器分析校正曲线,因变量是仪器响应值,是具有概率分布的随机变量,自变量是被测定量(浓度),为无概率分布的固定变量。所建立的校正曲线,描述了因变量与自变量之间的关系,并可根据各自变量的取值对因变量进行预报和控制。

用最小二乘法原理拟合回归方程,其斜率b和截距a分别为(n是实验点的数目)

$$b = \frac{n\sum x_i y_i - \sum x_i \sum y_i}{n\sum x_i^2 - (\sum x_i)^2}$$
$$a = \bar{y} - b\bar{x}$$

所拟合的回归方程及建立的曲线在统计学上是否有意义,可用相关系数进行检验。相关系数r是表征变量之间相关程度的一个参数,若r大于相关系数表中的临界值$r_{0.05, f}$,表示所建立的回归方程和回归线是有意义的;反之,若r小于$r_{0.05, f}$,则表示所建立的回归方程和回归线没有意义。r 的绝对值在 0～1 的范围内变动，r 值越大，表示变量之间的相关程度越大。当 y 随 x 增大而增大时，称 y 与 x 正相关，r 为正值；当 y 随 x 增大而减小时，称 y 与 x 负相关，r 为负值[①]。目前曲线的拟合、线性回归等都可以采用计算相关软件辅助完成，如 Excel 或 Origin 软件。

$$r = \frac{\sum (x_i - \bar{x})(y_i - \bar{y})}{\sqrt{\sum (x_i - \bar{x})^2 \sum (y_i - \bar{y})^2}} = \frac{n \sum x_i y_i - \sum x_i \sum y_i}{\sqrt{\left[n \sum y_i^2 - (\sum y_i)^2\right]\left[n \sum x_i^2 - (\sum x_i)^2\right]}}$$

相关系数临界值 $r_{0.05, f}$ 如表 1.2.1 所示。

表 1.2.1　相关系数临界值 $r_{0.05, f}$

$f=n-2$	$r_{0.05, f}$	$f=n-2$	$r_{0.05, f}$	$f=n-2$	$r_{0.05, f}$	$f=n-2$	$r_{0.05, f}$
1	0.997	6	0.704	11	0.553	16	0.468
2	0.950	7	0.666	12	0.532	17	0.456
3	0.878	8	0.632	13	0.514	18	0.444
4	0.811	9	0.602	14	0.497	19	0.433
5	0.754	10	0.576	15	0.482	20	0.423

2. 置信范围的界定

回归线（回归方程）的精度用标准差 s 表示，通常用 $\pm 2s$ 作为它的置信区间。回归线的标准差根据各实验点相对于回归线的偏离程度求出。

$$s_y = \sqrt{\frac{\sum_{i=1}^{n} (y_i - Y_i)^2}{n-2}} = \sqrt{\frac{\sum_{i=1}^{n} y_i^2 - \frac{1}{n}(\sum y_i)^2}{n-2}}$$

由实验点绘制的校正曲线是 $y = f(x)$，而从校正曲线反求被测样品的浓度或含量时，浓度或含量的精密度按下式计算：

$$s_x = \frac{s_y}{b} \sqrt{\frac{1}{p} + \frac{1}{n} + \frac{(y_0 - \bar{y})^2}{b^2 \sum_{i=1}^{n} (x_i - \bar{x})^2}}$$

不确定度按下式计算：

$$\Delta = t_{\alpha, f} s_x$$

式中，b 为校正曲线的斜率；n 为实验点的数目；p 为被测样品的重复测定次数；$t_{\alpha, f}$ 为样本均值与总体均值之间的差异显著性和方向。由此可见，如果只给出一条回归线，不给出精密度或置信区间，就无法知道测定结果的精密度，因此是不合适的，知道了回归线的置信区间，也可以根据它来判定异常的实验点。当实验点落在置信区间外，就可以判为异常点，异常点不能参与回归计算。

---

① 有关线性相关、线性回归问题可参看数理统计或分析化学的相关书籍。

3. 图形的绘制和标注

在绘图时,应做到规范化,主要包括以下几方面。

(1) 用 x 轴表示可严格控制的或实验误差较小的自变量,y 轴表示因变量。坐标轴应标明名称和单位,名称尽量用符号表示,单位的写法采用斜线制。

(2) 坐标轴分度应与使用的测量工具和仪器的精度相一致,标记分度的有效数字位数应与原始数据的位数相同。在直角坐标纸上,每格所代表的变量值以 1、2、4、5 等量为宜,应避免采用 3、6、7、9 等量。应使整个图形占满全部坐标纸,大小也应适当。

(3) 对于标准曲线,它定会经过点 $(\bar{x}, \bar{y})$ 和点 $(0, a)$,所以绘制标准曲线时,应先画出这两点,通过它们画出直线,再将其他点描在图上。

(4) 图中有多条曲线时,应分别用不同的线条绘制。

(5) 若变量之间的关系是非线性的,则应尽量通过数学处理将其转变为线性关系。

(6) 图的下方应标明图的名称和必要的注释。

4. 用图解法计算含量

(1) 利用定量分析中的标准曲线法,得出线性回归方程,通过线性方程求算未知含量。

(2) 标准曲线外推法。对未知含量的溶液,可以通过连续加入标准溶液,测得相应的物理量变化,用外推作图法求得含量。如在氟离子选择性电极测定饮用水或者牙膏中氟离子含量时,使用格氏图解法求得氟离子含量。

(3) 求函数的极值或转折点。实验中常需要确定变量之间具有的极大、极小或转折关系等,通过图形表达后,可迅速求得其值。如光谱吸收曲线中,峰值波长及它的吸光度的求得;自动滴定分析中,通过滴定曲线上的转折点,求得滴定终点。

1.2.3 数值表示法

用数值表示分析测定结果的优点是简练,大量的测定数据可以用很少量的特征量值来表征。处理数据时,常要求一个可以接受的置信度(即可靠性指标),然后找出平均值两边能够保证真值落在其内的极限。如果不存在系统误差,当置信度定为 95% 时,就表示通过 n 次测量,有 95% 的把握认为真值落在如下范围内。

$$\mu = \bar{x} \pm \frac{ts}{\sqrt{n}}$$

从中可以发现,当置信度一定时,测量的精密度越高,测量次数越多,则置信区间越窄,平均值结果越准确。

报告分析结果时,必须给出多次分析结果的平均值以及它的精密度。注意数值所表示的准确程度应与测量仪器、分析方法的精密度相一致。报告数据应遵守有效数字规则。

重复测量试样,平均值应注意有效数字的位数,确保最后一位是可疑数字。当测量值遵守正态分布时,其平均值是可信赖的最佳值,它的精密度优于个别测量值,故在计算不少于 4 个测量值的平均值时,平均值的有效数字位数可以增加一位。

一项测定完成后,仅仅报告平均值是远远不够的,还应报告这一平均值的偏差。在多数情况下,偏差值只取一位有效数字,只有在多次测量时,取两位有效数字,且最多只能取两位。然而用置信区间来表达平均值的可靠性更佳。

1.3　安全知识

1.3.1　安全用电常识

1. 关于触电

人体触及带电体而受到电流伤害称为触电事故,又称电流伤害事故。电流对人体的伤害分为电击和电伤两种。前者指电流通过人体内部,伤害人体神经和器官,特别是心脏,严重时会引起心室颤动或窒息,甚至造成死亡;后者指电流的热效应、化学效应或机械效应对人体外部造成局部伤害,如电弧烧伤。电流对人体的伤害程度与以下因素有关。

(1) 电流强度。电流对人体的伤害,与电流强度成正比。例如,人体通过 50 Hz 的交流电 1 mA 就会有感觉;10 mA 以上的交流电会使人肌肉强烈收缩;25 mA 以上的交流电则会使人呼吸困难,甚至停止呼吸;100 mA 以上的交流电会使人体心脏的心室产生纤维性颤动,以至无法救活。直流电在通过同样电流的情况下,对人体也有相似的危害。

(2) 电流种类。交流电对人体的损害比直流电的损害大。

2. 防止触电的安全措施

采用绝缘、屏蔽设备,以及保持安全距离,是防止人体触电或过分接近带电体从而防止触电事故发生的重要技术措施。

(1) 操作电器时,手必须干燥。手潮湿时,电阻显著减小,容易引起触电。不得直接接触绝缘不好的通电设备。

(2) 一切电源裸露部分都应有绝缘装置,如电开关有绝缘匣,电线接头裹以胶布和胶管。所有电器设备的金属外壳应接地线。

(3) 及时更换已损坏的接头或绝缘不良的电线。

(4) 修理或安装电器设备时,必须先切断电源。

(5) 不能用试电笔去测试高压电。

(6) 如果遇到有人触电,应首先切断电源,然后进行抢救。

3. 负荷及短路

化学实验室总电闸一般允许最大电流为 30～50 A。一般实验台上分闸的最大允许电流为 15 A。使用功率很大的仪器时,应该事先计算电流量,并严格按照电流大小安装对应的保险丝;否则,长期使用超过规定负荷的电流,容易引发火灾或其他严重事故。

接保险丝时,应先拉开电闸,不能带电进行操作。避免导线间的摩擦,以防止短路。不可使电线、电器受到水淋或浸在导电液体中。

若室内有大量的氢气、天然气等易燃易爆气体,应严禁产生电火花,否则会引起火灾或爆炸。电火花经常发生在电器接触点(如插销)接触不良时、继电器工作时,以及开关电闸时。因此应注意室内通风,电线接头要接触良好、包扎牢固以消除电火花,在继电器上可以联一个电容器以减弱电火花等。一旦着火,应首先拉开电闸,切断电路,再用一般方法灭火;如无法拉开电闸,则用砂土、干粉灭火器或四氯化碳灭火器灭火。绝不能使用水或泡沫灭火器来灭电火花,因为这些灭火材料本身就是导电的。

1.3.2 气体钢瓶常识

1. 气体钢瓶的种类和减压器

气体钢瓶由无缝钢或合金钢制成,适用于装介质压强在 15 MPa(150 atm)以下的气体。标准气体钢瓶的类型以及气体钢瓶的瓶身和标记颜色分别如表 1.3.1 和表 1.3.2 所示。

表 1.3.1　标准气体钢瓶的类型

气体钢瓶类型	气体种类	工作压强/MPa	实验压强/MPa	
			水压实验	气压实验
甲	氧气、氢气、氮气、甲烷、压缩空气和惰性气体	15.0	22.0	15.0
乙	纯净水、煤气和二氧化碳等	12.5	19.0	12.5
丙	氨气、氯气、光气和异丁烯等	3.0	6.0	3.0
丁	二氧化硫等	0.6	1.2	0.6

表 1.3.2　气体钢瓶的瓶身和标记颜色

气体类型	瓶身颜色	标记颜色	气体类型	瓶身颜色	标记颜色
氮气	黑	黄	二氧化碳	黑	黄
氧气	天蓝	黑	氯气	黄绿	黄
氢气	深绿	红	其他一切可燃气体	红色	白
空气	黑	白	其他一切不可燃气体	黑	黄
氨气	黄	黑			

多数气体钢瓶所受的压强很高,为了使用方便,需要降低压强使气体流量处于稳定状态,这样,钢瓶嘴上就需要安装减压器。气体减压器又叫气体调节器。

减压器分两类:一种是杠杆式,另一种是弹簧式。杠杆式减压器有许多优点,但构造比较复杂;弹簧式减压器构造简单,应用较广。

在减压器阀门的下面,有使阀门开启的趋向。减压器上有两只压力表:高压表,指示气体钢瓶内的总压强;低压表,指示气体钢瓶流出的压强。

不同的工作气体应配备不同的减压器。减压器的颜色应与工作气体钢瓶的颜色一致,以免混用发生事故。注意,市售的氧气减压器,只能用于不腐蚀铜和铜合金的气体的钢瓶上。需要指出,用于氧气的减压器可不加处理地用在氮气钢瓶或压缩空气的钢瓶上;用于氮气钢瓶的减压器,只有充分清除油脂后,才能用在氧气钢瓶上。

安装减压器时,要清除异物,保持瓶口清洁。减压器的进气口和钢瓶出气口的弧度是一样的,都是研磨加工而成的,若不慎撞击变形或受到腐蚀,两者连接后会发生漏气现象。因此,要保护好进、出气口。此外,当减压器因冷冻失灵时,一定要用热蒸汽加热解冻,切忌用明火加热。

使用时将减压器在钢瓶嘴上拧紧后,先开启钢瓶阀门,当高压表指出钢瓶内压强时,再顺时针旋转减压器的调节螺杆,压缩主弹簧,这时高压气体通过薄膜打开阀门,并从阀门间隙进入低压室,经出口恒压排出。与此同时,低压表指示排出气体的压强。停止工作时,先关闭钢瓶阀门,待高压表中的气体完全排出、低压表的指针回零时,再松开调节螺杆,使弹簧恢复到原来的状态。

为了安全,氧气压力表等附属仪表上要保证无油脂。其检查方法如下:将纯净的温水注入弹簧管内,经过摇荡,再将水甩入盛有清水的器具内,如水面上没有彩色的油痕,可认为没有油脂。如发现氧气表上有油脂,可用四氯化碳清洗。

2. 引起气体钢瓶发生爆炸的原因

使用气体钢瓶的主要危险是钢瓶可能爆炸或漏气。主要由以下几种原因引起。

(1) 已充气的气体钢瓶爆炸的主要原因是钢瓶受热使内部气体膨胀,以致压强超过钢瓶的最大负荷而爆炸。

(2) 气体钢瓶受到冲击,包括钢瓶之间的撞击使局部发生火花,或者钢瓶嘴被击断时,气体大量逸出,也可能引起严重的爆炸事故。

(3) 保管、使用不当,瓶体受到腐蚀,在钢瓶坠落或撞击坚硬物体时,也会引起钢瓶的破裂和爆炸。

(4) 开启可燃气体的阀门太快,使急速冲出的气体遇到因摩擦导致的静电或发热产生的火花而发生爆炸。

3. 使用气体钢瓶的注意事项

(1) 钢瓶要稳拿轻放,放置和使用时必须固定好。在实验室中,可扎牢在钢瓶车上,也可竖直放入固定架中,防止倒下撞击引爆。开启安全帽和阀门时,不能用锤、凿等敲打,要使用扳手慢慢开启。

(2) 钢瓶应存放在阴凉、干燥并离热源超过 1 m 的地方,离明火要在 10 m 以上,室温不能超过 35℃,并要有必要的通风设备。充有危险气体的钢瓶不能放在实验室内,氢气钢瓶最好放在远离实验室的小屋内,用导管引入(千万要防止漏气),并应加防止回火装置。

(3) 使用前要仔细检查钢瓶嘴上的螺丝扣是否完好,完好的钢瓶嘴上可装上专用的减压阀控制气体流量,减压阀要涂上与钢瓶一样的颜色。

(4) 绝不可将油或其他易燃性有机物沾染在钢瓶上(特别是出口和减压阀处);也不可用麻、棉等物堵漏,以防燃烧引起事故。

(5) 开启钢瓶气门时应站在气压表的另一侧,不准把头或身体对准钢瓶总阀门,以防万一阀门或气压表冲出伤人。

(6) 钢瓶附件的各连接处,都要使用合适的衬垫(如铅垫、薄金属片、石棉垫等)防漏。检查接头或管道是否漏气时,对于危险气体,可将肥皂水涂于检查处进行观察(氧气、氢气不用此法);若要检查钢瓶嘴是否漏气,可用气球扎在钢瓶嘴上进行观察。

(7) 不可把钢瓶内的气体用尽,残留量应有不少于 $0.5\,\mathrm{kgf \cdot cm^{-2}}$①的压强(乙炔钢瓶不应低于 $2\,\mathrm{kgf \cdot cm^{-2}}$ 的压强),以防重新灌气时发生危险。

(8) 几种气体钢瓶同时使用时,要首先开启危险气体的钢瓶,关闭时应先关闭危险气体的钢瓶。使用氢气等易燃气体钢瓶时,若需要点燃,则在未点火前不能开启阀门。

---

① $1\,\mathrm{kgf \cdot cm^{-2}} = 9.806\,65 \times 10^4$ Pa。

(9) 使用气体钢瓶期间,每 3 年要进行一次检查。对于装腐蚀气体的钢瓶,每 2 年至少要检查一次。不合格的钢瓶应报废或降级使用。

1.4　实验室用水及污水排放

1.4.1　实验室用水的技术要求

名称	一级	二级	三级
pH 值范围(298 K)	—	5.0～7.5	—
电导率(298 K)/(ms・m^{-1})	≤0.01	≤0.10	≤0.50
可氧化物(以 O 计)/(mg・L^{-1})	—	<0.8	<0.4
吸光度(254 nm,1 cm 光程)	≤0.001	≤0.01	
蒸发残渣(387±2)K/(mg・L^{-1})	—	≤1.0	≤2.0
可溶性硅(以 SiO$_2$ 计)/(mg・L^{-1})	<0.1	<0.02	—

注:一级水、二级水的电导率要用新制备的水"在线"测定。

1.4.2　实验用水的质量检验

1. pH 值检验

取水样 10 mL,加甲基红指示剂[变色 pH 值范围为 4.2(红)～6.2(黄)]2 滴,以不显红色为合格;另取水 10 mL,加溴百里酚蓝[变色 pH 值范围为 6.0(黄)～7.6(蓝)]5 滴,以不显蓝色为合格。也可用精密 pH 试纸或酸度计测定其 pH 值。

2. 电导率的测定

用于一、二级水测定的电导率仪,配备电极常数为 0.01～0.1 cm^{-1} 的"在线"电导池,并具有温度自动补偿功能。若电导率仪不具有温度自动补偿功能,可装"在线"热交换器,使测量时水温控制在(298±1)K。或记录水的温度,按换算公式进行换算。

用于三级水测定的电导率仪,配备电极常数为 0.01～1 cm^{-1} 的电导池,并具有温度自动补偿功能。若电导率仪不具有温度自动补偿功能,可装恒温水浴槽,使待测水样温度控制在(298±1)K。

一、二级水的电导率测量是先将电导池安装在水处理装置的出水口处,调节水的流速,赶尽管道及电导池内的气泡,然后进行测量。

三级水的电导率测量是取 400 mL 水样于锥形瓶中,插入电导池后即可进行测量。

3. 可氧化物的限量试验

量取 1000 mL 二级水,注入烧杯中,加入 5.0 mL 20%硫酸溶液,混匀。

量取 200 mL 三级水,注入烧杯中,加入 1.0 mL 20%硫酸溶液,混匀。

在上述已酸化的试液中,分别加入 1.00 mL 0.01 mol·L^{-1} 的 KMnO$_4$ 标准溶液,混匀,盖上表面皿,加热煮沸并保持 5 min,溶液的粉红色不完全消失为合格。

4. 吸光度的测定

将水样分别注入厚度为 1 cm 和 2 cm 的石英比色皿中,用紫外-可见分光光度计,于波长 254 nm 处,以 1 cm 比色皿中水样为参比,测定 2 cm 比色皿中水样的吸光度。

若仪器的灵敏度不够,可适当增加比色皿的厚度。

5. 蒸发残渣的测定

量取 1 000 mL 二级水(三级水取 500 mL),将水样分几次加入旋转蒸发仪中的 500 mL 蒸馏瓶中,于水浴上加压蒸发(避免蒸干)。待水样最后蒸发至约 50 mL 时,停止加热。

将上述预浓缩的水样转移至一个在(387±2)K 下恒重的玻璃蒸发皿中,并用 5~10 mL 水样分 2~3 次冲洗蒸馏瓶,将洗液与预浓缩的水样合并,于水浴上蒸干,并在(387±2)K 的电烘箱中干燥至恒重。残渣质量不得大于 1.0 mg。

6. 可溶性硅的限量试验

量取 500 mL 一级水(二级水取 250 mL),注入铂皿中。在防尘条件下,亚沸蒸发至约 20 mL 时停止加热。冷至室温,加入 1.0 mL 50 g·L^{-1} 钼酸铵溶液,摇匀。放置 5 min 后,加入 1.0 mL 50 g·L^{-1} 草酸溶液,摇匀。放置 1 min 后,加入 1.0 mL 2 g·L^{-1} 对甲氨基酚硫酸盐溶液,摇匀。转移至 25 mL 比色管中,稀释至刻度,摇匀,于 333 K 水浴中保温 10 min。目视比色,试液的蓝色不得深于标准液。

标准液:取 0.50 mL 二氧化硅标准溶液(0.01 mg·L^{-1})加入 20 mL 水样后,从加 1.0 mL 50 g·L^{-1} 钼酸铵起与样品试液同时同样处理。

50 g·L^{-1} 钼酸铵溶液:称取 5.0 g 钼酸铵[(NH$_4$)$_6$Mo$_7$O$_{24}$·4H$_2$O],加水溶解,加入 20 mL 20%硫酸溶液,稀释至 100 mL,摇匀,贮于聚乙烯瓶中。若发现有沉淀应弃去。

2 g·L^{-1} 对甲氨基酚硫酸盐(米吐尔)溶液:称取 0.20 g 甲氨基酚硫酸盐,溶于水,加入 20.0 g 焦硫酸钠,溶解并稀释至 100 mL,摇匀,贮于聚乙烯瓶中。避光保存,有效期为 2 周。

50 g·L^{-1} 草酸溶液:称取 5.0 g 草酸,溶于水并稀释至 100 mL,贮于聚乙烯瓶中备用。

1.4.3 特殊要求的实验室用水制备

1. 无氯水

加入亚硫酸钠等还原剂,将自来水中的余氯还原为氯离子,用 N-二乙基对苯二胺(DPD)检查不显色。用带有缓冲球的全玻蒸馏器进行蒸馏制取无氯水。

2. 无氨水

向水中加入硫酸使水的 pH 值小于 2,使水中各种形态的氨或胺最终都变成不挥发的盐类,用全玻蒸馏器进行蒸馏,即可得无氨纯水。注意避免实验室空气中含氨而重新污染,应在无氨气的实验室中进行蒸馏。

3. 无二氧化碳水

1)煮沸法

将蒸馏水或去离子水煮沸至少 10 min(水多时),或使水量蒸发 10%以上(水少时),加盖,防止冷却,可制得无二氧化碳水。

2) 暴气法

将稀有气体或纯氮通入蒸馏水或去离子水至饱和,即得无二氧化碳水。

制得的无二氧化碳水应贮存于用附有碱石灰管的橡皮塞盖严的瓶中。

4. 无重金属水

用氢型强酸性阳离子交换树脂处理原水,即可制得无重金属离子的纯水。贮水器应预先进行无重金属离子处理,用 $6\ mol\cdot L^{-1}$ 硝酸溶液浸泡过夜后再用无重金属水洗净。

5. 不含有机物的蒸馏水

加入少量高锰酸钾的酸性溶液于水中,使呈紫红色,再以全玻蒸馏器进行蒸馏即得。在整个蒸馏过程中,应始终保持水呈紫红色,否则应随时补加高锰酸钾。

1.4.4　实验室用水的贮存容器与要求

各级用水均可使用密闭、专用聚乙烯容器。三级水也可使用密闭、专用玻璃容器。新容器在使用前需用10%稀硝酸溶液浸泡2～3天,再用实验室用水反复冲洗数次。

各级用水贮存期间,其污染物的主要来源是容器可溶成分的溶解、空气中的二氧化碳和其他杂质。因此,一级水不可贮存,应现制现用。二、三级水可适量制备,分别贮存于预先经同级水清洗过的相应容器中。

1.4.5　实验室污水排放

污水是指受污染的水,实验室污水中可能含有各种有害物质,如无机有害物、重金属元素、有机污染物、放射性物质等,因此需要经过有效的处理才能排放。常见的处理方法包括物理处理、化学处理和生物处理等。

实验室污水排放需要遵循以下步骤。

(1) 分类收集:根据废水的性质和成分,将其分为不同的类别,如有机废水、无机废水、含重金属元素废水等,分别收集。

(2) 预处理:对废水进行预处理,去除其中的有害物质和杂质,为后续处理做准备。预处理的方法包括筛分、沉淀、消毒等。

(3) 主处理:采用适当的处理技术,如生物降解法、氧化法、化学预处理等,对废水中的有害物质进行净化处理,使其达到污水的安全排放标准。

(4) 放流处理:将净化后的污水安全排放至环境。放流处理常用的技术有油水分离、过滤、净水池、活性炭净化等,可以把污水中的悬浮物、有机物和重金属元素等有害物质进行有效净化,大大减少污染。

在实验室污水排放过程中,需要注意以下几点。

(1) 严格遵守国家的排放标准要求,确保排放的污水不会对环境造成污染。

(2) 对实验室设备进行定期检查和保养,确保其正常运行,避免出现漏水或溢流现象。

(3) 在处理过程中,要注意安全,避免接触有毒有害物质。

(4) 对处理后的污水进行监测,确保其符合排放标准后才能排放。

总之,实验室污水排放需要严格遵守相关法规和标准,具体可查阅《污水综合排放标准》,应采取有效的处理措施,确保排放的污水不会对环境和人类健康造成危害。

1.5　缓冲溶液的配制

1.5.1　普通缓冲溶液的配制

pH 值	配 制 方 法
3.6	NaAc·$3H_2O$ 8 g,溶于适量水,加 6 mol·L^{-1} 醋酸 134 mL,稀释至 500 mL
4.0	NaAc·$3H_2O$ 20 g,溶于适量水,加 6 mol·L^{-1} 醋酸 134 mL,稀释至 500 mL
4.5	NaAc·$3H_2O$ 32 g,溶于适量水,加 6 mol·L^{-1} 醋酸 68 mL,稀释至 500 mL
5.0	NaAc·$3H_2O$ 50 g,溶于适量水,加 6 mol·L^{-1} 醋酸 34 mL,稀释至 500 mL
5.7	NaAc·$3H_2O$ 100 g,溶于适量水,加 6 mol·L^{-1} 醋酸 13 mL,稀释至 500 mL
7.0	NH_4Ac 77 g,用水溶解后定容至 500 mL
7.5	NH_4Cl 60 g,溶于适量水,加 15 mol·L^{-1} 氨水 1.4 mL,稀释至 500 mL
8.0	NH_4Cl 50 g,溶于适量水,加 15 mol·L^{-1} 氨水 3.5 mL,稀释至 500 mL
8.5	NH_4Cl 40 g,溶于适量水,加 15 mol·L^{-1} 氨水 8.8 mL,稀释至 500 mL
9.0	NH_4Cl 35 g,溶于适量水,加 15 mol·L^{-1} 氨水 24 mL,稀释至 500 mL
9.5	NH_4Cl 30 g,溶于适量水,加 15 mol·L^{-1} 氨水 65 mL,稀释至 500 mL
10.0	NH_4Cl 27 g,溶于适量水,加 15 mol·L^{-1} 氨水 197 mL,稀释至 500 mL
10.5	NH_4Cl 19 g,溶于适量水,加 15 mol·L^{-1} 氨水 175 mL,稀释至 500 mL
11	NH_4Cl 3 g,溶于适量水,加 15 mol·L^{-1} 氨水 207 mL,稀释至 500 mL

1.5.2　常用标准缓冲溶液的配制及其 pH 值与温度的关系

1. 配制方法

(1) 邻苯二甲酸氢钾缓冲液(pH=4.01,298 K)的配制:用 10.21 g 邻苯二甲酸氢钾[优级纯试剂(GR)],溶于蒸馏水,并稀释至 1 L。

(2) 磷酸二氢钾-磷酸氢二钠缓冲液(pH=6.86,298 K)的配制:用 3.4 g 磷酸二氢钾(GR),3.55 g 磷酸氢二钠(GR),溶于蒸馏水,并稀释至 1 L。

(3) 硼砂(四硼酸钠)缓冲液(pH=9.18,298 K)的配制:用 3.81 g 硼砂(四硼酸钠)(GR),溶于蒸馏水,并稀释至 1 L。

2. 缓冲溶液 pH 值与温度的关系

温度/K	溶液 pH 值		
	邻苯二甲酸氢钾缓冲液	磷酸二氢钾-磷酸氢二钠缓冲液	硼砂缓冲液
278	4.01	6.95	9.39
283	4.00	6.92	9.33
288	4.00	6.90	9.27
293	4.01	6.88	9.22
298	4.01	6.86	9.18
303	4.02	6.85	9.14
308	4.03	6.84	9.10
313	4.04	6.84	9.07
318	4.05	6.83	9.04
323	4.06	6.83	9.01
328	4.08	6.84	8.99
333	4.10	6.84	8.96

第2章 基础性综合实验

实验 2.1 牙膏中氟的电位法测定

【实验目的】

(1) 掌握直接电位法的测定原理及方法。

(2) 学会正确使用氟离子选择性电极和数字式离子计。

(3) 学会格氏(Gran)作图法的数据处理方法。

【实验原理】

电位分析法是电化学分析中的一种重要方法,是通过在零电流下测定原电池的电动势(或电动势的变化)进行分析的一种方法。它包括直接电位法和电位滴定法两种。直接电位法是用一个指示电极和一个参比电极组成原电池,测定原电池的电动势,计算出指示电极的电极电势,而这个电极电势与溶液中的被测组分的浓度符合能斯特(Nernst)方程,从而计算出被测组分的含量。电位滴定法则是在被测溶液中插入两个适当的电极,通常一个称为指示电极,另一个为参比电极。随着标准溶液滴加到化学计量点附近时,指示电极的电极电势发生突然变化即电位突跃,根据这个突跃可确定终点,然后计算出被测物质的含量。

在电位分析中,所用的电极类型很多,从用途上可以分为指示电极和参比电极两类。指示电极是利用电极电势随溶液中离子活度改变而改变的特性来指示溶液的活度。而在固定条件下(一定的离子活度、溶液温度、总离子强度和溶液组分等)参比电极的电极电势保持不变。应当指出,某一电极是作为指示电极还是作为参比电极并不是绝对的,在一定条件下可用作参比电极,在某些情况下也可用作指示电极。下面简单介绍一下常用的参比电极和指示电极。

1. 参比电极

参比电极是测量电池电动势、计算电极电势的基准,常用的参比电极有氢电极、甘汞电极、银-氯化银电极等。

1) 氢电极

将镀上一层铂黑的铂片,插入氢离子活度为 $1\ mol \cdot L^{-1}$ 的溶液中,不断通入氢气,使它的分压保持在一个大气压,铂黑吸附氢气形成氢电极(standard hydrogen electrode, SHE)。在上述条件下,规定它的电极电势为 $0.0000\ V$,作为标准电极电势。

2) 甘汞电极

甘汞电极(saturated calomel electrode, SCE)属于金属-金属难溶盐电极。甘汞电极是一个双层玻璃套管,内套管封接一根铂丝,铂丝插入厚度为 $0.5\sim1.0$ cm 的纯汞中,纯汞下装有甘汞(Hg_2Cl_2)和汞的糊状物;外套管装入不同浓度的 KCl 溶液(常用的是饱和 KCl 溶液)。电极下端与待测溶液接触处熔接玻璃砂芯或陶瓷砂芯(一般为陶瓷砂芯)等多孔物质。

在一定温度下,甘汞电极的电极电势与 KCl 溶液的浓度有关,当 KCl 溶液的浓度一定时,其电极电势是一个定值。饱和甘汞电极是最常用的一种参比电极。在使用饱和甘汞电极时需要注意以下问题。

(1) KCl 溶液必须是饱和的,确保在甘汞电极的下部有固体 KCl 存在,否则要补加 KCl。

(2) 内部电极必须浸泡在 KCl 饱和溶液中,且无气泡。

(3) 使用时将橡皮帽去掉,不用时戴上。

(4) 使用温度不宜超过 80℃。

不同浓度 KCl 溶液的甘汞电极具有不同的电极电势恒定值,如表 2.1.1 所示。

表 2.1.1 25℃甘汞电极的电极电势(vs. SHE)

不同甘汞电极名称	KCl 溶液的浓度	电极电势 E/V
0.1 mol·L^{-1}甘汞电极	0.1 mol·L^{-1}	0.336 5
标准甘汞电极(NCE)	1.0 mol·L^{-1}	0.282 8
饱和甘汞电极(SCE)	饱和 KCl 溶液	0.243 8

如果温度不是 25℃,饱和甘汞电极的电极电势随温度变化的关系为

$$E = 0.243\,8 - 7.6 \times 10^{-4}(t-25)(V)$$

3) 银-氯化银电极

银-氯化银电极(silver-silver chloride electrode, SSCE)也属于金属-金属难溶盐电极。将表面镀有氯化银层的金属银丝,浸入一定浓度的 KCl 溶液中,即构成银-氯化银电极。

在 25℃时,标准银-氯化银电极的电极电势为 0.222 4 V。该电极在 4 mol·L^{-1} 的 KCl 溶液中,电极电势可稳定在 ±0.1 V 以内。

2. 指示电极

在电位分析中,能指示被测离子活度的电极称为指示电极。常用的指示电极主要是一些金属基电极以及各种离子选择性电极。

1) 金属基电极

金属基电极(metal electrode)是以金属为基体,其共同的特点是电极上有电子交换反应,即氧化还原反应发生。它根据结构和响应特性的不同可分为下述 4 种。

(1) 第一类电极:由金属与该金属离子溶液($M|M^{n+}$)构成的电极,只包括一个界面。这类电极是金属与金属离子在金属-溶液界面上直接交换电子的电极,电极对金属离子产生响应,其电极电势的变化能准确地反映溶液中金属离子活度的变化。这类电极的电势只与金属离子活度有关,组成这类电极的金属有银、铜、汞等。

(2) 第二类电极:金属-金属难溶盐电极。在金属表面覆盖一层难溶盐(氧化物或氯化物等),并浸入含有与难溶盐相同阴离子的溶液中所构成的电极,其电极表达式为 $M|MX(s)$,

X⁻，这类电极包括两个界面。此类电极的电势随溶液中难溶盐的阴离子活度变化而变化。它们能用于测量并不直接参与电子转移的难溶盐的阴离子活度。

（3）第三类电极：金属与两种具有相同阴离子的难溶盐（或难电离的配离子）以及含有第二种难溶盐（或难电离的配离子）的阳离子处于平衡态时所构成的电极，其电极表达式为 $M|MX, NX, N^{n+}$。如 $Hg|Hg^{2+}$-EDTA，M^{n+}-EDTA，M^{n+} 电极即为此类电极。这类电极能用于约 30 种金属离子的电位滴定，测定与 EDTA 螯合的金属离子的活度。

这类电极适用于 pH 值范围为 2～11 的溶液，若溶液的 pH 值大于 11，将产生 HgO 沉淀，若溶液的 pH 值小于 2，HgY^{2-} 不稳定。

（4）第四类电极：惰性金属电极。这类电极一般由惰性材料如铂、金或石墨做成片状或棒状，浸入含有能发生氧化还原反应的氧化态和还原态物质的溶液所构成，也称为氧化还原电极。电极表达式为 $Pt|M^{m+}$，$M^{(m-n)+}$。这类电极起传递电子的作用，本身不参加氧化还原反应，在电位分析中起着重要的作用。

2）离子选择性电极

能选择性地对某一种离子产生能斯特效应，并由敏感膜构成的一类电极称为离子选择性电极（ion selective electrode，ISE）。无论哪种离子选择性电极都具有一个敏感膜，故又称为膜电极。离子选择性电极是通过电极上的薄膜对各种离子有选择性地电位响应而作为指示电极的。此类电极与金属基电极的区别在于电极的薄膜上不给出或得到电子，即电极上无电子的转移，而是选择性地让一些离子渗透，同时也包括离子交换过程，从而形成膜电位。膜电位是由离子的交换和扩散产生的。这是直接电位法中应用最广泛的一类指示电极。

各种离子选择性电极的构造虽然各有其特点，但它们的基本形式相同。将离子选择性敏感膜封装在玻璃或塑料管的底端，管内装有一定浓度的被响应离子的溶液作为参比溶液，插入一支 Ag-AgCl 电极作为内参比电极，就构成了离子选择性电极。

能斯特方程表示了电极电位与溶液中相应的离子活度之间的关系。对于某一氧化还原体系：

$$Ox + ne^- \rightleftharpoons Red$$

根据能斯特方程有

$$\varphi = \varphi_{Ox/Red}^{\ominus} + \frac{RT}{nF}\ln\frac{a_{Ox}}{a_{Red}} \tag{2.1.1}$$

式中，$\varphi^{\ominus}$ 为标准电极电势，R 为摩尔气体常数，F 为法拉第常数，T 为热力学温度，n 为电极反应中传递的电子数，a_{Ox} 及 a_{Red} 分别为氧化态 Ox 及还原态 Red 的活度。

对于金属电极，还原态是纯金属，其活度是常数，设定为 1，则式（2.1.1）可写为

$$\varphi = \varphi_{M^{n+}/M}^{\ominus} + \frac{RT}{nF}\ln a_{M^{n+}} \tag{2.1.2}$$

式中，$a_{M^{n+}}$ 为金属离子 M^{n+} 的活度。由此可见，通过测定电极电势就可得到离子的活度，此即为电位分析法进行定量分析的理论依据。

对分析工作者来讲，要测量的一般是离子的浓度，而不是活度。由于活度系数与离子强度有关，因此，如果分析时能控制试液与标准溶液的总离子强度一致，即可固定活度系数，

试液和标液中被测离子的活度系数也就相同。由式(2.1.2)可得

$$\varphi = \varphi^{\ominus}_{M^{n+}/M} + \frac{RT}{nF}\ln(\gamma c_{M^{n+}}) \tag{2.1.3}$$

式中,活度系数 γ 可视为定值,并入常数项,则

$$\varphi = \varphi^{\ominus'}_{M^{n+}/M} + \frac{RT}{nF}\ln c_{M^{n+}} \tag{2.1.4}$$

上式说明电极电势与浓度的关系也符合能斯特方程。

在测定过程中,为了使待测溶液和标准溶液具有相同的离子强度,以保证 γ 基本相同,因而向溶液中加入大量的对测定不产生干扰的惰性电解质溶液,称为离子强度调节剂(ISA)。有时为了消除溶液中某些干扰离子的影响以及控制溶液的 pH 值,还要在离子强度调节剂中加入适量的 pH 缓冲剂和一定的掩蔽剂,构成总离子强度调节缓冲剂(TISAB)。

离子选择性电极用于测定溶液中特定离子的含量就是将离子选择性电极作为正极,参比电极作为负极组成测量电池,该电池的电动势为

$$E = A \pm \frac{2.303RT}{nF}\lg c \tag{2.1.5}$$

式中,离子为阳离子时取"+"号,为阴离子时取"-"号;A 为常数。

由于参比电极的电势是恒定的,所以不同浓度的待测离子溶液组成的电池的电动势的变化实际上就是离子选择性电极的膜电势的变化,也即溶液中待测离子浓度的变化。而这种关系也符合能斯特方程。因此,测定了电动势,就可以测定溶液中相关离子的浓度。

根据式(2.1.5),可以得到不同的定量方法,如直接比较法、标准曲线法、标准加入法、电位滴定法等。

1. 直接比较法

首先测出浓度为 c_s 的标准溶液的电池电动势 E_s,然后在相同条件下,测得浓度为 c_x 的待测液的电动势 E_x,则

$$\Delta E = E_x - E_s = \frac{2.303RT}{nF}\lg\frac{c_x}{c_s} = S\lg\frac{c_x}{c_s} \tag{2.1.6}$$

$$\lg c_x = \frac{\Delta E}{S} + \lg c_s \quad \text{或} \quad c_x = c_s \cdot 10^{\frac{\Delta E}{S}} \tag{2.1.7}$$

式中,S 为电极的响应斜率,$S = \frac{2.303RT}{nF}$。

2. 标准曲线法

标准曲线法是最常用的定量方法之一,适用于大批量样品分析。

标准系列溶液的配制和试液的处理有以下两种方法。

(1) 当试液中除待测离子外,还含有较高量但组成基本固定的其他离子时,可配制一系列组成与试液相似的标准溶液,使两者具有相近的总离子强度和活度系数。

(2) 在多数情况下,试液组成的差异较大,此外,在测定中,还须控制溶液的 pH 值及掩蔽一些干扰离子等,这就需要在标准系列溶液和试液中加入 TISAB。具体做法如下:配制一

系列标准溶液,并加入与试液相同量的 TISAB 溶液,分别测定其电动势,绘制 $E\text{-}\lg c$ 关系曲线,即标准曲线。再在同样条件下,测出待测液的 E_x,从标准曲线上求出待测离子的浓度。

3. 标准加入法

标准加入法又称添加法或增量法。这种方法通常是将已知体系的标准溶液加到已知体积的试液中,根据电位的变化来求得试液中被测离子的浓度。由于加入前后试液组成基本不变,所以该方法的准确度较高,标准加入法适用于组成较为复杂以及份数不多的试样的分析。

1) 一次标准加入法

设试液体积为 V_x、浓度为 c_x,测得溶液电池电动势为 E_x,根据式(2.1.5)可得

$$E_x = K_1' + S\lg c_x \tag{2.1.8}$$

式中,K' 为电极常数,S 为电极的响应斜率。

于试液中加入体积为 V_s、浓度为 c_s 的标准溶液,c_s 一般比 c_x 大 50~200 倍,V_s 则是 V_x 的 $\dfrac{1}{50} \sim \dfrac{1}{20}$,这样标准溶液的加入不会使试液组成发生显著的变化。此时电池电动势

$$E = K_2' \pm S\lg \frac{c_x V_x + c_s V_s}{V_x + V_s} \tag{2.1.9}$$

由于试液中含有大量惰性电解质,标准溶液加入前后离子强度基本不变,所以 $K_1' \approx K_2'$。

由式(2.1.9)与式(2.1.8)相减,可得到加入标准溶液后电池电动势的变化值 ΔE,则有

$$\Delta E = |\, E - E_x \,| = S\lg \frac{c_x V_x + c_s V_x}{(V_x + V_s)c_x} \tag{2.1.10}$$

经整理重排得到

$$c_x = \frac{c_s V_s}{V_x + V_s}\left(10^{\Delta E/S} - \frac{V_x}{V_x + V_s}\right)^{-1} \tag{2.1.11}$$

式(2.1.11)即为标准加入法的精确计算公式。

加入标准溶液的体积一般较小,即 $V_x \gg V_s$,则 $V_x + V_s \approx V_x$,从式(2.1.11)可得近似计算公式:

$$c_x = \frac{c_s V_s}{V_x + V_s}(10^{\Delta E/S} - 1)^{-1} \tag{2.1.12}$$

根据加入标准溶液后电池电动势的变化值 ΔE,并已知电极的响应斜率 S,即可由式(2.1.11)或式(2.1.12)求得试液中被测离子的浓度 c_x。

2) 连续标准加入法(格氏作图法)

在测量过程中连续多次加入标准溶液,根据一系列的 ΔE 值对相应的 V_s 值作图来求结果,方法的准确度比一次标准加入法的更高。它是目前广泛使用的方法之一。

将式(2.1.9)改写成

$$K' \pm E = -S\lg \frac{c_x V_x + c_s V_s}{V_x + V_s}$$

$$10^{(K'\pm E)/S} = -\frac{c_x V_x + c_s V_s}{V_x + V_s}$$

$$(V_x + V_s)10^{\pm E/S} = -(c_x V_x + c_s V_s)10^{-K'/S}$$

式中，K' 和 S 均为常数，$10^{-K'/S}$ 以常数 K'' 表示，则

$$(V_x + V_s)10^{\pm E/S} = -K''(c_x V_x + c_s V_s) \tag{2.1.13}$$

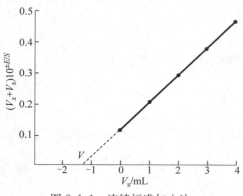

图 2.1.1　连续标准加入法

通过连续向试液中加入 3～5 次标准溶液，根据式(2.1.13)，以 $(V_x + V_s)10^{\pm E/S}$ 对 V_s 作图，可得到一条直线，如图 2.1.1 所示，当 $(V_x + V_s)10^{\pm E/S} = 0$ 时，即直线与 V_s 轴相交时，可得到 $c_x V_x + c_s V_s = 0$，设交点处 V_s 值为 V(负值)，则

$$c_x = -\frac{c_s V}{V_x} \tag{2.1.14}$$

从图中求得 V 后，即可按式(2.1.14)计算出试液中被测离子的浓度 c_x。

在实际工作中，为了简化计算和作图过程，可采用格氏(Gran)作图纸进行数据处理。格氏作图纸是以固定斜率(一价离子为 58 mV，二价离子为 29 mV)且做了体积校正的半反对数坐标纸。图 2.1.2 中反对数纵坐标表示测得的电动势(E，mV)，以 10 的指数分格(一价离子每大格 5 mV，二价离子每大格 2.5 mV)；横坐标为加入的标准溶液体积(V_s，mL)，以等间距分格，每一格所代表的体积为所测试液体积的百分之一，并校正了由于加入标准溶液而使试液体积增大所引起的对电位的影响(横坐标向上倾斜)。这样就可根据加入标准溶液后所测得的电动势 E 值直接对 V_s 作图，得直线关系，延长直线与横坐标交于 V 点，同样以式(2.1.14)计算分析结果。

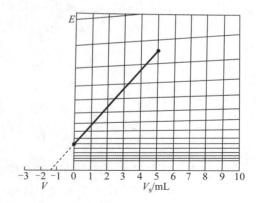

图 2.1.2　格式作图法

4. 电位滴定法

当滴定反应平衡常数较小，或滴定突跃不明显，或试液有色、浑浊，用指示剂法指示终点有困难时，可以采用电位滴定法，即根据滴定过程中化学计量点附近的电位突跃来确定终点。电位滴定法以测量电位变化为基础，它比直接电位法具有更高的准确度和精密度。

电位滴定法是在待测试液中插入指示电极和参比电极，组成一个化学电池。随着滴定剂的加入，由于发生化学反应，待测的离子浓度不断发生变化，指示电极的电极电势也相应发生变化。在化学计量点附近，离子浓度发生突跃，指示电极的电极电势也相应发生突跃。因此测定电池电动势的变化，就可以确定终点，待测组分的含量可通过耗用滴定剂的量来计

算出。

电位滴定法可以通过绘制曲线来确定滴定终点,具体方法有以下三种。

(1) E-V 曲线法:E-V 曲线的拐点,即为滴定终点。

(2) $\Delta E/\Delta V$-V 曲线法(一阶微商法):以一阶微商值 $\Delta E/\Delta V$ 对平均体积 V 作图,曲线中的极大值即为滴定终点。

(3) $\Delta^2 E/\Delta V^2$-V 曲线法(二阶微商法):以二阶微商值 $\Delta^2 E/\Delta V^2$ 对 V 作图,曲线最高点和最低点的连线与横坐标的交点即为滴定终点。

本实验用氟离子选择性电极,应用具有方便、快速特点的直接电位法和多次标准加入法来测定牙膏中的氟含量。

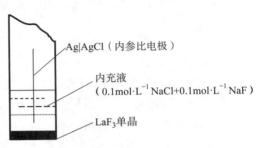

图 2.1.3　氟离子选择电极

为改善导电性能,氟离子选择性电极的敏感膜是掺杂了少量的 EuF_2 和 CaF_2 的 LaF_3 单晶膜,电极管内放入 $NaF+NaCl$ 混合溶液作为内参比溶液,以 Ag-$AgCl$ 作为内参比电极(见图 2.1.3)。当将氟电极浸入含氟离子的溶液中时,在其敏感膜内外产生膜电位 $\Delta\varphi_M$:

$$\Delta\varphi_M = A - \frac{RT}{F}\lg a_{F^-} \tag{2.1.15}$$

式中,A 为常数。以氟电极作为指示电极,饱和甘汞电极为参比电极,浸入试液组成工作电池:

$$Hg,\ Hg_2Cl_2\ |\ KCl(饱和)\ ||\ F^-\ 试液\ |\ LaF_3\ |\ NaF,\ NaCl(均\ 0.1\ mol\cdot L^{-1})\ |\ AgCl,\ Ag$$

在测量时加入以 HAc、NaAc、柠檬酸钠和大量 NaCl 配制成的总离子强度调节缓冲剂(TISAB),以保持测量过程中溶液的离子强度恒定。此时,氟离子活度可用氟离子浓度代替,因此工作电池的电动势与氟离子浓度有如下关系:

$$E = K - 0.059\lg c_{F^-} \tag{2.1.16}$$

由式(2.1.16)可知,电动势 E 与 $\lg c_{F^-}$ 呈线性关系。因此,只要作出 E 对 $\lg c_{F^-}$ 的标准曲线,根据水样中测得的氟离子的 E 值,即可在标准曲线上求得水样中氟离子的浓度。

除标准曲线法外,当试样成分复杂时,还经常使用格氏作图法。

格氏作图法的具体测定方法如下,首先移取一定体积的(本实验取 50.00 mL)未知试液,然后在未知试液中依次加入一定量(试液体积的百分之一)的 F^- 标准溶液(本实验取 1.000×10^{-2} mol $\cdot$ L^{-1}),测量其相应变化的电动势,在格氏图纸上以电动势对加入的标准溶液体积作图可得一直线,此直线外推至横轴,相交点上的数值即为未知试液中被测物的体积(相当的标准溶液的体积)。

在精确测定时,需做空白及斜率校正,以校正曲线与横轴交点为原点。

氟是人体必需的微量元素,其防龋齿作用已在临床等多方面验证,故氟化物已广泛加入牙膏中,但过量的氟化物会对人体产生副作用,所以测定牙膏中的氟含量有十分重要的意义。本实验选用具有方便、快速等特点的氟离子电极法,测定牙膏的含氟量。

【仪器与试剂】

1. 仪器

PXD-2通用离子计,电磁搅拌器,氟离子选择性电极,饱和甘汞电极,去离子水,烧杯,移液管,容量瓶。

2. 试剂

冰醋酸(CH_3COOH),$NaNO_3$,$Na_3C_6H_5O_7 \cdot 2H_2O$(二水合柠檬酸三钠),$NaF$,$HNO_3$,$NaOH$。以上试剂均为分析纯试剂(AR)。

【实验步骤】

1. 溶液的配制

1)总离子强度缓冲剂(TISAB)的配制

将57 mL冰醋酸,85 g硝酸钠晶体及12 g二水合柠檬酸三钠溶解于烧杯中,然后调节溶液pH值为5.0~6.0,用去离子水稀释到1 000 mL,摇匀,备用。

2)1.000×10^{-1} mol·L^{-1}氟离子标准贮备液的配制

准确称取4.198 8 g氟化钠,用去离子水溶解并定容到1 000 mL容量瓶中,摇匀,贮存于聚乙烯容器中备用。

2. 标准曲线法

1)标准曲线的制作

准确移取10 mL 1.000×10^{-1} mol·L^{-1}的氟化钠标准贮备液于100 mL容量瓶中,加入10 mL TISAB溶液,用去离子水稀释至刻度后摇匀,此溶液浓度为1.000×10^{-2} mol·L^{-1}氟化钠标准溶液;以同样的方法逐级稀释配制浓度为$1.000 \times 10^{-3} \sim 1.000 \times 10^{-5}$ mol·L^{-1}的氟化钠标准溶液,在逐级稀释时,每次加入9 mL TISAB溶液。

用离子计按氟离子浓度由稀至浓的顺序,依次测量1.000×10^{-5} mol·L^{-1}、1.000×10^{-4} mol·L^{-1}、1.000×10^{-3} mol·L^{-1}、1.000×10^{-2} mol·L^{-1}的氟化钠标准溶液,读取稳定的电位值并记录数据。测试完毕后,用去离子水清洗电极,直至在纯水中测得的电位绝对值大于260 mV。

2)牙膏样品电位值的测定

称取0.5 g左右牙膏,用适量体积浓度为0.1 mol·L^{-1}的硝酸溶解,滴加NaOH溶液,调节pH值为5~6,用去离子水定容于100 mL的容量瓶中,摇匀。

准确移取上步配制的样品溶液50 mL于100 mL容量瓶中,加入10 mL TISAB,用去离子水稀释至刻度,摇匀。取50 mL此溶液于塑料杯中,测定其稳定的电位值(保留样品,以备后面格氏作图法使用)。记录数据。

3. 格氏作图法

1)牙膏样品电位值的测定

在上述实验中保留下来的牙膏样品的溶液中,分4次,每次准确加入0.5 mL 1.000×10^{-2} mol·L^{-1}的氟化钠标准溶液,分别读取相应的稳定的电位值并记录数据。

2)空白校正

取10 mL TISAB溶液于100 mL容量瓶中,用去离子水稀释至刻度,作为空白溶液。准确移取 50 mL 此空白溶液于 100 mL 干燥烧杯中，分 4 次，每次准确加入 0.5 mL 1.000×10^{-2} mol·L^{-1} 氟化钠标准溶液，分别读取稳定电位值并记录数据。

【实验指导】

(1) 开启 PXD-2 通用离子计的电源后应预热 30 min。

(2) 氟电极使用前须在去离子水中浸泡 1 h 以上，当测得其在水中的电位绝对值大于 260 mV 时方可使用，电极不使用时，宜干放保存。

【数据处理】

(1) 记录氟化钠系列标准溶液所测得的电位值 E，并在半对数坐标纸上（也可以在 Origin 软件上）作 E 对 c_{F^-} 的标准曲线。

(2) 记录未知试样溶液的电位值，并从标准曲线上查得相应的 c_{F^-}，由下式计算牙膏中氟的含量：

$$w_F = \frac{2c_{F^-} \times M_F \times \frac{100}{1\,000} \times 1\,000}{m} \qquad (2.1.17)$$

式中，w_F 为牙膏中氟的含量（mg·g^{-1}），M_F 为氟的相对原子质量，m 为称取的牙膏样品质量（g），c_{F^-} 为试样溶液中测得的氟离子浓度（mol·L^{-1}）。

(3) 记录牙膏水样及空白液校正时连续定量加入标准液所得的电位值，将所得数据在格氏图纸上作 E-V 曲线，外推至横轴，分别相交于 V_s 与 V_0，按下式计算未知试样溶液的 c_{F^-}：

$$c_{F^-} = [-(V_s - V_0) \times 1.000 \times 10^{-2}]/50 \qquad (2.1.18)$$

再按式(2.1.17)计算牙膏中氟的质量含量。

【思考题】

(1) TISAB 溶液的组成是什么？它们在测量中有何作用？

(2) 简述试液 pH 值影响电位测定的原因。

(3) 测定标准溶液的电位值时为何按浓度由稀向浓的顺序测定，是否可以反向进行？

【拓展文献】

[1] 刘建宇,王淑华,李娅娅. 离子选择性电极法测定牙膏中的氟含量[J]. 检验检疫科学,2006,16(2): 32-34.

[2] 张卫国,周昌,王伟. 氟离子选择电极测定牙膏中可溶性氟影响因素探讨[J]. 微量元素与健康研究, 2006, 23(1):44-45.

[3] 孙文风,杨林,王金贵. 牙膏中氟含量的测定[J]. 青海大学学报(自然科学版),2002,20(6):64-65.

[4] 方能虎. 实验化学(下)[M]. 北京:科学出版社,2005.

[5] 刘阳. 氟离子选择性电极测定牙膏中氟的含量[J]. 广东化工,2013,40(7):49-50.

[6] 刘青,胡君,涂高发,等. 氟离子选择电极法测定牙膏中的氟[J]. 福建分析测试,2012,21(6):52-54.

实验2.2　恒电流库仑法测定维生素 C

【实验目的】

（1）了解用恒电流库仑法测定维生素 C 的原理。

（2）理解恒电流库仑法指示终点的方法。

（3）熟悉 KLT 型通用库仑仪的使用方法。

【实验原理】

库仑法是根据电解过程中消耗的电量，由法拉第（Faraday）定律来确定被测物质含量的一种电化学分析方法。可分为恒电流库仑法和控制电位库仑法。

法拉第定律是指在电解过程中电极上所析出物质的量与通过电解池的电量之间的关系。其数学表达式为

$$m = \frac{MIt}{nF} \tag{2.2.1}$$

式中，m 是电解析出物质的质量（g）；M 是电解析出物质的摩尔质量（$g \cdot mol^{-1}$）；n 是电极反应中的电子转移数；F 是法拉第常数，$F = 96\,485\,C \cdot mol^{-1}$；$I$ 是通过电解池的电流强度（A）；t 是电解进行的时间（s）。

法拉第定律是自然科学中最严格的定律之一，它不受温度、压力、电解质浓度、电极材料和形状、溶剂性质等因素的影响。

库仑法要求在工作电极上除被测物质外，没有任何其他电极反应发生，即 100% 的电流效率是库仑法的先决条件。

恒电流库仑法是在恒定电流的条件下电解，若电极反应产生的电生"滴定剂"与被测物质反应迅速而且完全，又有灵敏的指示终点的方法，可由恒电流的大小和到达终点所需的时间算出消耗的电量，则待测物质的质量可以根据式（2.2.1）计算得出。这种"滴定"方法类似于滴定分析中用标准溶液滴定被测物质的方法，因此，恒电流库仑法又称库仑滴定法。它可应用于中和滴定、沉淀滴定、氧化还原滴定和配位滴定等。

用库仑法分析时，应注意发生电极反应的电极（工作电极）上只发生单纯的电极反应，而此反应又必须以 100% 的电流效率进行。即电量全部用于电解被测物质或辅助电解质，没有副反应发生。如果有副反应和次级反应，造成电流效率不是 100%，就会给分析结果引入相当大的误差。因此在使用时必须避免在工作电极上有副反应发生。一般来说，电极上可能发生的副反应有以下几种。

（1）溶剂的电极反应　由于电解一般是在水溶液中进行的，所以要控制适当的电极电势及溶液的 pH 值范围，以防止水电解。当工作电极为阴极时，应防止有氢气析出；工作电极为阳极时，应防止有氧气析出。

（2）溶解氧气的电极反应　溶液中一般溶有一定量的氧气，它会在阴极上还原为 H_2O_2 或 H_2O，从而降低电流效率。电解前必须除去溶解氧气，为此可在溶液中通入氮气数分钟以

除氧气,有时整个电极过程都需在惰性气体保护下进行。

(3) 电解质中的电活性杂质在电极上的反应　试剂和溶剂中常含有微量易还原的杂质,它们的电解会降低电流效率。这可以用提纯试剂或空白校正的方法加以消除。

(4) 电极自身的反应　在库仑反应中,工作电极一般是惰性电极,例如用铂电极作为阳极。电解产生氧化性的滴定剂进行库仑滴定,由于铂的高还原电位,使阳极电位高达 1.2 V 时仍稳定,但当电解质溶液存在大量 Cl^- 时,铂电极的还原电位下降至 0.7 V,若外加电压使阳极电位高于此值,铂电极本身会发生氧化,这样就会降低电流效率。

此外,由于在恒电流直接库仑滴定过程中,被测物质的浓度逐渐降低,使工作电极的电极电位逐渐改变,被测物质尚未电解完全就达到了水的分解电压,即发生了水的副反应,不能保证有 100% 的电流效率。因此,通常采用恒电流间接库仑法。在恒电流间接库仑滴定过程中,电解辅助电解质产生的滴定剂与被测物质反应后又使辅助电解质得以再生,使电解电位始终保持恒定,不但消除了副反应,而且通过加大辅助电解质的浓度,还可以使用较大的电解电流,缩短分析时间并使之适用于常量分析。

恒电流库仑法一般具有以下优点。

(1) 不需要基准物质。库仑滴定的原始基础是恒电流源和计时器,它们不受化学性质的影响,因此本方法的精密度和准确度都很高,一般误差可达 0.2%,甚至可达 0.01%。

(2) 不需要标准溶液。这不仅节省时间,而且避免了标定标准溶液所带来的误差。一些不稳定的试剂,如 Cu^+、Br_2、Ag^+ 等都可以作为滴定剂,从而扩大了分析范围。

(3) 灵敏度高,适于微量和痕量分析。同时,也适合于成分单纯试样的常量组分分析。

(4) 易于实现自动化、数字化,便于遥控分析。

但是它的选择性不是很好,不便于成分复杂试样的分析工作。

本实验在酸性溶液中进行,KI 在电极上电解产生"滴定剂"I_2,电极反应为

$$阳极:3I^- \longrightarrow I_3^- + 2e$$
$$阴极:2H_2O + 2e \longrightarrow H_2\uparrow + 2OH^-$$

电解生成的"滴定剂"I_2 再"滴定"抗坏血酸(维生素 C),反应式为

终点指示方式选用电流上升法,选择极化电位为 150 mV。

【仪器与试剂】

1. 仪器

KLT 型通用库仑仪;电解池:工作阳极为 2 cm^2 铂片,工作阴极为带玻璃套管的铂丝电极;磁力搅拌器;台秤;电子天平;量筒;移液管;烧杯。

2. 试剂

固体碘化钾(AR),0.1 $mol \cdot L^{-1}$ 醋酸溶液,无氧蒸馏水,维生素 C 片,抗坏血酸(AR)。

【实验步骤】

1. 样品溶液的准备

(1) 称取 0.2 g 左右维生素 C 片样品于 100 mL 烧杯中,用适量无氧去离子水与 10 mL 0.1 mol·L^{-1} 醋酸溶液的混合液溶解,并将该混合液定容到 100 mL 棕色容量瓶中。

(2) 抗坏血酸样品处理同维生素 C 片。

2. 电解液的配制

称取 9 g 碘化钾溶于 81 mL 无氧蒸馏水中,配制成 10% 的碘化钾溶液,再向其中加入 60 mL 0.05 mol·L^{-1} 醋酸溶液,即得所需电解液。

3. 样品的测定

设定好 KLT 型通用库仑仪工作条件后,准确移取 1 mL 样品溶液于电解槽中,加入适量电解液,插入洁净的电极,同时在电极阴极管中加入适量电解液。将电解池放在电磁搅拌器上,连接导线,开启电磁搅拌器及库仑仪进行测定,记录相应的电量。

【实验指导】

(1) 配制溶液均需用无氧水配制,可在蒸馏水中通入 30 min 的氮气以除氧气。

(2) 维生素 C 标准溶液、碘化钾溶液宜现配现用。

(3) 实验结束后,洗净电解槽及电极,并注入去离子水。

【数据处理】

将实验所得的数据填入表 2.2.1,并按照公式计算结果。

表 2.2.1　实验结果

测试项目	抗坏血酸	维生素 C 片
电量(仪器读数)/mC		
纯度/%		
平均值		

【思考题】

(1) 如果改为测定维生素 C 泡腾片中维生素 C 的含量,请设计实验方案。

(2) 本实验的测定结果的关键是什么?本方法测定维生素 C 的优点是什么?

(3) 本方法除了可以测定维生素 C 外还可测定哪些物质?举例说明并叙述简要的实验方案。

【拓展文献】

[1] 刘皓,康晓燕. 库仑滴定法测定维生素 C 的研究与应用[J]. 沧州师范专科学校学报,2002,18(3):34-35.

[2] 梁述忠. 恒电流库仑分析法测定维生素 C 等药物[J]. 理化检验(化学分册),2006,41(9):671-673.

[3] 杜宝中,李春艳,赵洁,等. 动态库仑法测定药物中抗坏血酸含量[J]. 药物分析杂志,2008,28(8):1347-1351.

[4] 牛鹤丽,张春波. 库仑滴定法快速测定吡拉西坦的含量研究[J]. 化学试剂,2020,42(6):691-693.

[5] 马宇春. 库仑滴定法测定干红葡萄酒中酚类抗氧化物总含量[J]. 理化检验(化学分册),2019,55(4):474-476.

实验 2.3　自动电位滴定测定白酒中的总酸和总酯

【实验目的】

（1）掌握电位滴定法的原理及数据处理方法。

（2）掌握自动电位滴定仪的使用方法。

（3）掌握酯类样品的预处理方法。

【实验原理】

电位分析法分为直接电位法和电位滴定法。电位滴定法是利用电极电势的变化来确定滴定终点的容量分析方法,测定的是物质的总量。电位滴定法与指示剂滴定法相比,基本过程一致,从消耗的滴定剂的体积和浓度来计算待测物质的含量。两者主要区别在于确定终点的方法不同,电位滴定法是根据滴定过程中电极电势的"突跃"来代替指示剂指示终点的。电位滴定终点的确定并不需要知道终点电势的绝对值,仅需要在滴定过程中观察指示电极电势的变化,在等量点的附近,由于被滴定物质的浓度发生突变,指示电极电势产生突跃,从而确定终点。电位滴定法具有以下几个优点。

（1）能用于难以用指示剂判断终点的滴定,如终点变色不明显、有色溶液的滴定等。

（2）能用于非水溶液的滴定。

（3）能用于连续滴定和自动滴定,并适合微量分析。

需要注意的是,在滴定时,根据不同的反应要选择合适的指示电极。常用的指示电极如下:适合酸碱反应的玻璃电极、适合氧化还原反应的铂电极、可用于测定卤素与硝酸银的沉淀反应的银电极、可指示以 EDTA 为滴定剂的滴定过程中被测金属离子的浓度的 pM 电极。

酯是白酒中重要的香味成分,其含量水平直接影响白酒的质量,酒中总酯含量常以乙酸乙酯含量表示。酸对酒的风味影响仅次于酯,因此,有机酸含量亦可作为质量指标予以控制,酒中总酸含量以乙酸含量表示。

【仪器与试剂】

1. 仪器

DL53 型自动电位滴定仪,231 型玻璃电极,232 型甘汞电极。

2. 试剂

0.1 mol·L^{-1} 氢氧化钠标准溶液(AR),0.1 mol·L^{-1} 盐酸标准溶液(AR),蒸馏水。

【实验步骤】

准确移取 50 mL 白酒,加 50 mL 水,插入玻璃电极和甘汞电极。向校准好的自动电位滴定计输入滴定终点为 pH=8.20 的信号,开动搅拌器,按下自动电位滴定开关,用 0.1 mol·L^{-1} 氢氧化钠标准溶液滴定,其消耗量可用来计算总酸的含量。再在该中和液中加入 25.00 mL 0.1 mol·L^{-1} 氢氧化钠标准溶液,于沸水浴中回流皂化 30 min。冷却后用 0.1 mol·L^{-1} 盐酸标准溶液自动电位滴定至 pH=9.50,即为终点。

【实验指导】

(1) 整个滴定过程需在搅拌状态下进行,以使玻璃电极具有较快的响应速度。

(2) 若白酒中总酯含量大于 4 g·L^{-1},则皂化所用 0.1 mol·L^{-1} 氢氧化钠标准溶液量应改为 30 mL。

(3) 由于采用了自动电位滴定技术,在测定总酸时,不必担心像手工滴定那样容易出现一旦滴过终点就会对下一步总酯的测定产生影响。

(4) 当白酒中乙醇浓度较大时会对测定结果有干扰,故在测定总酸前,需将白酒用水稀释一倍,低度白酒,稀释量可酌减。

【思考题】

(1) 如何利用自动电位滴定法测定混合碱的含量? 试写出简单的分析步骤。

(2) 为何当白酒的酒精含量较高时会影响测试结果的准确性?

(3) 配制的 NaOH 标准溶液或盐酸标准溶液如何利用自动电位滴定仪测定其准确浓度?

(4) 滴定终点的 pH=8.20 和 pH=9.50 是如何确定的?

【拓展文献】

[1] 胡颜琳. 自动电位滴定法测定白酒中的总酸和总酯[J]. 石河子科技. 2002(5):44-46.

[2] 黄晓东. 自动电位滴定法连续测定白酒中的总酸与总酯[J]. 食品工业科技. 1998(2):71.

[3] 张秋霞,张卫弟. 自动电位滴定法测定白酒中总酸、总酯的研究[J]. 河南城建高等专科学校学报. 2001, 10(2):51-52.

[4] 李艳霞,宣亚文,秦珠红,等. 自动电位滴定法测定红葡萄酒总酸度[J]. 周口师范学院学报. 2007,24(2): 73-74.

[5] 戴兴德,白莹,张小林. 自动电位滴定法间接测定过氧乙酸消毒液中过氧乙酸[J]. 理化检验(化学分册), 2018,54(8):970-972.

[6] 廖佳,刘健,张琼,等. 自动电位滴定法测定碳酸氢钠中氯化物含量[J]. 山东化工,2020,49(16):83-85.

[7] 姚旭霞,王爱萍,龚维,等. 自动电位滴定法测定高纯氯化铵的纯度[J]. 化学分析计量,2019,28(5): 29-32.

实验 2.4　铁氰化钾的电极过程动力学参数的测定

【实验目的】

(1) 学习固体电极表面的处理方法。
(2) 掌握循环伏安法、常规脉冲伏安法和计时电流(电量)法的基本原理。
(3) 了解上述方法的实验操作和电极过程动力学参数的应用。

【实验原理】

1. 循环伏安法

循环伏安法(cyclic voltammetry, CV),是在工作电极(如铂电极)上,加上对称的三角波扫描电势,即从起始电势 E_0 开始扫描到终止电势 E_1 后,再回扫至起始电势,记录得到相应的电流 - 电势(I-E)曲线。如图 2.4.1 所示:三角波扫描的前半部记录的是峰形的阴极波,后半部记录的是峰形的阳极波。一次三角波电势扫描,电极上完成一个还原-氧化循环,从循环伏安图的波形及其峰电势(φ_{pc} 和 φ_{pa})和峰电流可以判断电极反应的机理。

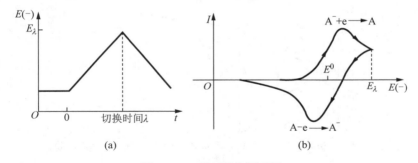

图 2.4.1　循环伏安原理图

循环伏安法是一种十分有用的近代电化学测量技术,通过该方法能够迅速地观察到所研究体系在广泛电势范围内的氧化还原行为。通过对循环伏安图的分析,可以判断电极反应产物的稳定性,它不仅可以发现中间状态产物并加以鉴定,而且可以知道中间状态产物是在什么电势范围及其稳定性如何。此外,还可以研究电极反应的可逆性(见表 2.4.1)。因此,循环伏安法已广泛应用在电化学、无机化学、有机化学和生物化学的研究中。

表 2.4.1　电极反应可逆性的判据

可逆性	可逆 O+ne══R	准可逆	不可逆 O+ne⟶R
电势响应的性质	E_p 与速度 v 无关。25℃时,$\Delta E_p = \dfrac{59}{n}$(mV),与 v 无关	E_p 随 v 移动。低速时,$\Delta E_p \approx \dfrac{60}{n}$(mV),但随着 v 的增加而增加,接近于不可逆	v 增加 10 倍,E_p 移向阴极,为 $\dfrac{30}{an}$(mV)

（续表）

可逆性	可逆 O+ne⇌R	准可逆	不可逆 O+ne⟶R
电流函数的性质	$(I_p/v^{1/2})$ 与 v 无关	$(I_p/v^{1/2})$ 与 v 无关	$(I_p/v^{1/2})$ 与 v 无关
阳极电流与阴极电流比的关系	$I_{pa}/I_{pc}\approx1$，与 v 无关	仅在 $a=0.5$ 时，$I_{pa}/I_{pc}\approx1$	反扫或逆扫时没有相应的氧化或还原电流

　　在测定时，由于溶液中被测样品浓度一般非常低，为维持一定的电流，常在溶液中加入一定浓度的惰性电解质，如 KCl、KNO₃、NaClO₄ 等。

　　典型的循环伏安图如图 2.4.2 所示。该图是在 0.4 mol · L⁻¹ KNO₃ 电解质溶液中，5.0×10^{-4} mol · L⁻¹ 的 K₃Fe(CN)₆ 在 Pt 工作电极上反应得到的。扫描速度为 10 mV/s，铂电极面积为 2.6 mm²。

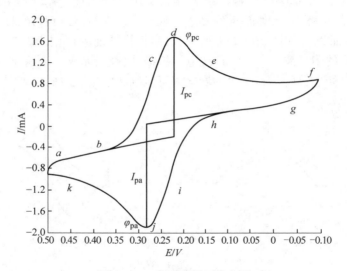

图 2.4.2　典型的循环伏安图

　　由图 2.4.2 可见，起始电位 E_i 为 +0.5 V(a 点)，起始电位比较正的目的是避免电极接通后 Fe(CN)₆³⁻ 发生电解。然后沿负的电位扫描，当电位至 Fe(CN)₆³⁻ 可以还原时，即析出电位，将产生阴极电流(b 点)。其电极反应为 Fe(CN)₆³⁻ +e⇌Fe(CN)₆⁴⁻。随着电位变负，阴极电流迅速增加(从 b 点经 c 点到 d 点)，直至电极表面的 Fe(CN)₆³⁻ 浓度趋近于零，电流在 d 点达到最高峰，然后迅速衰减(从 d 点经 e 点到 f 点)，这是因为电极表面附近溶液中的 Fe(CN)₆³⁻ 几乎全部因电解转变为 Fe(CN)₆⁴⁻ 而耗尽，即所谓的贫乏效应。当电压扫描至 −0.10 V(g 点)处，虽然开始转向阳极化扫描，但这时的电极电位仍为负，扩散至电极表面的 Fe(CN)₆³⁻ 仍在不断地还原，故仍呈现阴极电流，而不是阳极电流。当电极电位继续正向变化至 Fe(CN)₆⁴⁻ 的析出电位时，聚集在电极表面附近的还原产物 Fe(CN)₆⁴⁻ 被氧化，其反应为 Fe(CN)₆⁴⁻ −e⇌Fe(CN)₆³⁻，这时产生阳极电流(h 点)。阳极电流随扫描电位正移而迅速增加，当电极表面的 Fe(CN)₆⁴⁻ 浓度趋近于零时，阳极化电流达到峰值(j 点)。扫描电位继续正移,电极表面附近的 $Fe(CN)_6^{4-}$ 耗尽,阳极电流衰减至最小(k 点)。当电位扫至 $+0.5\,V$ 时,完成一次循环,获得了循环伏安图。

简言之,在正向扫描(电位变负,阴极向扫描)时,$Fe(CN)_6^{3-}$ 在电极上还原产生阴极电流而指示电极表面附近它的浓度变化信息。在反向扫描(电位变正,阳极向扫描)时,产生的 $Fe(CN)_6^{4-}$ 重新氧化产生阳极电流而指示它是否存在和变化。因此,循环伏安能循序提供电活性物质电极反应过程的可逆性、化学反应历程、电极表面吸附等许多信息。

从循环伏安图中可得到的重要参数有阳极峰电流(I_{pa})、阴极峰电流(I_{pc})、阳极峰电位(φ_{pa})和阴极峰电位(φ_{pc})。测量确定 I_{pa} 和 I_{pc} 的方法如下:沿着基线作切线外推至峰下,从峰顶作垂线至切线,其间高度即为 I_p(见图 2.4.2)。φ_{pa} 和 φ_{pc} 可直接读取峰顶对应的横轴数值。

可逆氧化还原电对的电位

$$\varphi^{\ominus} = \frac{\varphi_{pa} + \varphi_{pc}}{2} + \frac{0.029}{n}\lg\frac{D_o}{D_r} \tag{2.4.1}$$

而两峰之间的电位差值(mV)为

$$\Delta\varphi_p = \varphi_{pa} - \varphi_{pc} \approx \frac{59}{n} \tag{2.4.2}$$

对可逆体系的正向峰电流,由 Randles-Sevcik 方程可得

$$I_p = 2.69 \times 10^5 An^{3/2} D_o^{1/2} v^{1/2} c_o \tag{2.4.3}$$

式中,I_p 为峰电流;A 为电极面积(cm^2);n 为电子转移数;D_o 为扩散系数(cm^2/s);v 为扫描速度(V/s);c_o 为浓度($mol \cdot L^{-1}$)。根据上式,I_p 与 $v^{1/2}$ 和 c_o 都呈线性关系,由此可以判断电极过程的可逆性和电流性质。

2. 常规脉冲伏安法

在恒定预置电压 E_i 的基础上,叠加一振幅随时间增加的方波脉冲电压,测量脉冲电压后期的法拉第电流的方法,称为常规脉冲伏安法。

对于电极反应,有

$$O + ne \Longrightarrow R$$

其可逆波方程式为

$$E = E_{1/2} + \frac{2.303RT}{nF\lg\frac{(i_1 - i)}{i}} \tag{2.4.4}$$

用 E 对 $\lg(I_1 - I)$ 作图为直线,斜率为 $2.303RT/(nF)$,由此可以求出电子转移数 n。其极限电流为

$$I_1 = nFc_o A\left(\frac{D_o}{\pi t_m}\right)^{1/2} \tag{2.4.5}$$

式中,t_m 为采样时间。若已知浓度 c_o、电子转移数 n 和电极面积 A,可测得扩散系数 D_o。

3. 计时电流(电量)法

计时电流(电量)法是一种控制电位的暂态技术,电位是控制对象,电流(电量)是被测定的对象,记录的是 I-t 或 Q-t 曲线。当电极上加一突然的电位阶跃,阶跃范围由还原波前(或氧化波后)某一电位变到远于还原波后(或氧化波前)的另一电位时,所引起的法拉第电流 I_f 和充电电流 I_c,可用科特雷尔(Cottrell)方程表示:

$$I = I_f + I_c = \frac{nFAD^{1/2}c}{(\pi t)^{1/2}} + I_c \tag{2.4.6}$$

该式即为计时电流法的科特雷尔方程,将式(2.4.6)对时间 t 积分得

$$Q = \frac{2nFAD^{1/2}t^{1/2}c}{\pi^{1/2}} + Q_{dl} \tag{2.4.7}$$

式(2.4.7)就是计时电量法的科特雷尔方程。式中 Q_{dl} 为双电层的电量。I-$t^{1/2}$ 或 Q-$t^{1/2}$ 呈线性关系。根据斜率可求得电极反应的扩散系数 D。

【仪器与试剂】

1. 仪器

电化学工作站,铂(金、玻碳)圆盘电极为工作电极,铂电极为辅助电极,饱和甘汞电极为参比电极。

2. 试剂

$0.10\,mol \cdot L^{-1}\,K_3[Fe(CN)_6]$ 溶液,$2.0\,mol \cdot L^{-1}\,KCl$ 溶液。以上试剂均为 AR。

【实验步骤】

1. 指示电极的预处理

用 Al_2O_3 粉末(粒径为 $0.05\,\mu m$)将铂电极表面抛光,然后在蒸馏水和乙醇水浴中超声清洗三次,每次 $2\sim3\,min$。将电极置于 $0.5\,mol \cdot L^{-1}\,H_2SO_4$ 中,接通三电极系统,在 $-0.2\sim +1.2\,V$ 电位范围内以 $50\,mV/s$ 的扫描速率进行极化处理,至循环伏安曲线基本重合为止。

2. 铁氰化钾溶液的配制

准确移取 $0.0\,mL$、$1.0\,mL$、$2.0\,mL$、$3.0\,mL$、$4.0\,mL$、$5.0\,mL$ 浓度为 $0.10\,mol \cdot L^{-1}$ 铁氰化钾溶液分别置于 6 只 $50\,mL$ 容量瓶中,各加入 $5\,mL$ 浓度为 $2.0\,mol \cdot L^{-1}\,KCl$ 溶液,用无氧水稀释至刻度。

3. 循环伏安法测量

(1) 打开 CHI612 电化学分析仪和计算机的电源。屏幕显示清晰后,再打开 CHI612 的测量窗口。

(2) 单击 CHI612 型窗口的"设置"下拉菜单,在"实验技术"项选择"循环伏安法",在"实验参数"中设置参数:起始电位为 $+0.8\,V$,终止电位为 $-0.2\,V$。

(3) 将配制的系列铁氰化钾溶液逐一转移至电解池中,插入干净的电极系统。

(4) 再仔细检查一遍,确认无误后,单击"▶"进行测量。完成后,命名,存储。

4. 铁氰化钾溶液的循环伏安图

在电解池中放入 6.0×10^{-3} mol·L^{-1} $Fe(CN)_6^{3-}$ 溶液（内含 0.2 mol·L^{-1} KCl 溶液），插入工作电极、辅助电极和参比电极。以不同的扫描速率：10 mV/s、20 mV/s、50 mV/s、75 mV/s、100 mV/s、125 mV/s、150 mV/s 从 +0.8 V 到 −0.2 V 扫描，每个扫描速率连续扫描 3 次，记录各自的循环伏安图。

5. 不同浓度的铁氰化钾溶液的循环伏安图

以 20 mV/s 的扫描速率，从 +0.8 V 到 −0.2 V 扫描，分别记录上述 5 种不同浓度的铁氰化钾溶液的循环伏安图。

6. 常规脉冲伏安法

在电解池中放入 3.0×10^{-4} mol·L^{-1} $Fe(CN)_6^{3-}$（内含 0.2 mol·L^{-1} KCl）溶液，插入工作电极、辅助电极和参比电极。选择常规脉冲伏安技术，电位范围为 −0.2～+0.8 V，脉冲高度选择 30 mV，并测定其 I-E 曲线。

7. 计时电流（电量）法

利用步骤 6 的溶液，选择计时电流技术，电位阶跃由 +0.8 V 到 −0.2 V，阶跃前在 +0.8 V 处静止 5 s，之后施加电位阶跃，记录 I-t 曲线。然后选择计时电量法，在同样的电位范围内做阶跃实验，记录 Q-t 曲线。

【实验指导】

（1）每次扫描前，为使电极表面恢复初始条件，将电极提起后再放入溶液中，应搅拌溶液，等溶液静置 1～2 min 后再扫描。

（2）电极表面处理是能否得到可逆电极反应的关键，如果在实验中发现电极可逆性变差，应重新处理电极。

（3）在操作时应避免电极夹头互碰导致仪器短路。

（4）为了使液相传质过程只受扩散控制，应在加入电解质和溶液处于静止条件下进行电解。在 0.2 mol·L^{-1} KCl 溶液中 $[Fe(CN)_6]^{3-}$ 的扩散系数为 0.63×10^{-5} cm·s^{-1}；电子转移速率大，为可逆体系（1 mol·L^{-1} KCl 溶液中，25℃时，标准反应速率常数为 5.2×10^{-2} cm·s^{-1}）。溶液中的溶解氧气具有电活性，可通入惰性气体除去。

【数据处理】

（1）由 $K_3[Fe(CN)_6]$ 溶液的循环伏安图，测量不同扫描速率下 I_{pa}、I_{pc}、φ_{pa} 和 φ_{pc} 的值。

（2）绘制同一扫描速率下，分别以 I_{pa} 和 I_{pc} 对 $K_3[Fe(CN)_6]$ 溶液的不同浓度作图，说明峰电流与浓度的关系。

（3）绘制出同一铁氰化钾浓度下以 I_{pa} 和 I_{pc} 对 $v^{1/2}$ 作图，说明峰电流与扫描速率间的关系。

（4）计算 I_{pa}/I_{pc} 的值和 $\Delta\varphi$ 的值，说明 $K_3[Fe(CN)_6]$ 在 KCl 溶液中电极过程的可逆性。

（5）在常规脉冲伏安法的 I-E 曲线上求得 I_1 值，然后取 5～6 个电流数据绘制 $\dfrac{E-\lg(I_1-I)}{I}$ 图，应为直线，由直线的斜率求得电子转移数 n 和半波电位 $E_{1/2}$。

(6) 在计时电流的 I-t 或计时电量的 Q-t 曲线上取数据,分别绘制 I-$t^{-1/2}$ 和 Q-$t^{1/2}$ 关系曲线,应为直线,由斜率求得扩散系数,与理论值进行比较。

【思考题】

(1) 铁氰化钾浓度与峰电流 I_p 是什么关系? 而峰电流与扫描速率又有什么关系?

(2) $K_3[Fe(CN)_6]$ 和 $K_4[Fe(CN)_6]$ 溶液的循环伏安图是否相同? 为什么?

(3) 若实验中测得的 $\triangle\varphi$ 值与文献值有差异,试说明理由。

【拓展文献】

[1] 郑志祥,犹卫,高作宁. 酸性介质中铁氰化钾电催化还原亚硝酸盐的电化学行为及电分析方法研究[J]. 化学传感器,2007,27(4):55-59.

[2] Reza Ojani, Jahan-Bakhsh Raoof, Ebrahim Zarei. Electrocatalytic reduction of nitrite using ferricyanide: application for its simple and selective determination [J]. Electrochimica Acta, 2006,52(52):753-759.

[3] 李靖,石庆柱,宋明,等. 循环伏安法检测水中微量铬(Ⅵ)[J]. 分析试验室,2018,37(5):529-532.

[4] Liu H, Yu Q, Ma Y, et al. Cyclic voltammetry: a simple method for determining contents of total and free iron ions in sodium ferric gluconate complex [J]. Journal of Electrochemical Science and Engineering, 2020,10(3):281-291.

[5] Conradie Jeanet, von Eschwege Karel G. Cyclic voltammograms and electrochemical data of Fe^{2+} polypyridine complexes [J]. Data in Brief, 2020,31:105754.

[6] Shen D, Liu Y, Yang G, et al. Mechanistic insights into cyclic voltammograms on Pt(Ⅲ). Kinetics Simulations, 2019, 20(21):2791-2798.

实验 2.5　线性扫描伏安法测定果汁中的维生素 C

【实验目的】

(1) 了解线性扫描伏安法的基本原理和特点。

(2) 熟悉 CHI612 型电化学分析仪的使用方法。

【实验原理】

伏安分析法是通过测量电解过程中所得到的电流-电压曲线(电压-时间曲线)来确定电解液中被测组分的浓度,从而实现分析测定的一种电化学分析法。极谱分析法为伏安分析法的一种,其特征是采用滴汞电极作为工作电极。它们与库仑法的不同在于电解池中的两个电极的性质。其中一个电极的电位完全随外加电压的变化而变化,为极化电极,用作工作电极;而另一个电极的电位保持恒定,为去极化电极,用作参比电极。

在线性扫描伏安法中,工作电极的电位随时间变化而发生线性变化,如图 2.5.1(a)所示。当电解池中有电活性物质存在时,得到的电流-电位曲线呈峰形,如图 2.5.1(b)所示,其峰电流(I_p)和峰电位(E_p)是两个重要的参数。

对于一个符合能斯特(Nernst)方程的电极过程,即可逆过程而言,峰电流公式在 25℃时

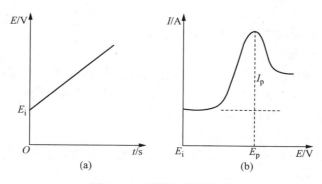

图 2.5.1　线性扫描伏安图

(a) 工作电极电位的变化；(b) 有电极反应时的伏安曲线

可表示为

$$I_p = 2.69 \times 10^5 n^{\frac{3}{2}} A D^{\frac{1}{2}} v^{\frac{1}{2}} c_b \tag{2.5.1}$$

式中，I_p 为峰电流(A)；n 为电子转移数；A 为电极表面积(cm^2)；D 为扩散系数($cm^2 \cdot s^{-1}$)；v 为扫描速率($V \cdot s^{-1}$)；c_b 为电活性物质的本体浓度($mol \cdot L^{-1}$)。由式(2.5.1)可见，在实验条件一定时，峰电流和电活性物质的浓度成正比。

对于不可逆电极过程，在条件一定时，峰电流也与电活性物质的浓度成正比，但其数值低于可逆过程中的峰电流值

$$I_{p(不可逆)} = 1.11 n^{-\frac{1}{2}} (\alpha \ n_\alpha)^{\frac{1}{2}} I_{p(可逆)} \tag{2.5.2}$$

式中，n 为电子转移数；n_α 为速率控制步骤中的电子转移数；α 为传递系数。

【仪器与试剂】

1. 仪器

CHI612 型电化学分析仪，玻碳电极，漏斗，滤纸。

2. 试剂

KH_2PO_4，NaOH，维生素 C(抗坏血酸)，氮气(纯度为 99.9%)。以上试剂均为 AR。

【实验步骤】

1. 溶液的配制

(1) 缓冲溶液的配制：将 $0.10 \ mol \cdot L^{-1}$ KH_2PO_4 和 $0.10 \ mol \cdot L^{-1}$ NaOH 按照实验指导配制成一系列不同 pH 值的缓冲溶液。

(2) $0.10 \ mol \cdot L^{-1}$ 维生素 C 标准溶液的配制：称取 $0.85 \sim 0.90 \ g$ 维生素 C 若干份，分别溶解于不同 pH 值的 KH_2PO_4-NaOH 缓冲溶液中(pH 值分别为 5.80、6.20、6.60、7.00、7.40、7.80、8.00)，并用相应的缓冲溶液稀释至 100 mL。

2. 缓冲溶液 pH 值的选择

分别移取 10 mL 上述 $0.05 \ mol \cdot L^{-1}$ 维生素 C 溶液于电解池中，通入氮气去除氧气，然

后分别以起始电位 0 mV,终止电位 800 mV,扫描速度 100 mV·s^{-1} 进行扫描,测量每一份溶液的峰电流,并进行比较,确定测定时的最佳 pH 值。

3. 工作溶液的配制

用上一步实验所确定的最佳 pH 值,分别移取相应的维生素 C 标准溶液 25 mL、5 mL、4 mL、2 mL、0.5 mL、0.4 mL、0.2 mL 于 50.00 mL 容量瓶中,用相应的 KH$_2$PO$_4$-NaOH 缓冲溶液稀释至刻度,配制成 5.00×10^{-2} mol·L^{-1}、1.00×10^{-2} mol·L^{-1}、8.00×10^{-3} mol·L^{-1}、4.00×10^{-3} mol·L^{-1}、1.00×10^{-3} mol·L^{-1}、8.00×10^{-4} mol·L^{-1}、6.00×10^{-4} mol·L^{-1}、4.00×10^{-4} mol·L^{-1} 维生素 C 工作溶液。

4. 待测试液的配制

取 20 mL 果汁,用滤纸过滤后,准确移取 2.00 mL 滤液于 50 mL 容量瓶中,用 KH$_2$PO$_4$-NaOH 缓冲溶液稀释至刻度,摇匀备用。

5. 标准曲线的制作

分别准确移取 10 mL 步骤 3 所配制的维生素 C 工作溶液于电解池中,通入氮气去除氧气,然后以起始电位 -200 mV,终止电位 800 mV,扫描速度 100 mV·s^{-1} 进行扫描测定,每个浓度测定 3 次,记录相应的峰电位和峰电流。

6. 试样溶液的测定

在相同条件下,测定待测试样溶液 3 次,由测得的峰电流,从工作曲线上查出相应的浓度,并换算出原果汁中维生素 C 的浓度。

【实验指导】

50.00 mL 0.10 mol·L^{-1} KH$_2$PO$_4$ 溶液 + x mL 0.10 mol·L^{-1} NaOH 溶液稀释至 100 mL 时的 pH 值变化情况如表 2.5.1 所示,表中 β 为缓冲容量。

表 2.5.1 pH 值的情况

pH	x/mL	β/mL	pH	x/mL	β/mL
5.80	3.6		7.00	29.1	0.031
6.00	5.6	0.010	7.20	34.7	0.025
6.20	8.1	0.015	7.40	39.1	0.020
6.40	11.6	0.021	7.60	42.4	0.013
6.60	16.4	0.027	7.80	44.5	0.009
6.80	22.4	0.033	8.00	46.1	—

【数据处理】

(1) 作 I_p-pH 图,找出测定的最佳条件。

(2) 记录在最佳测定条件下各标准溶液相应的峰电流和峰电位。

(3) 以峰电流对浓度作图,得到标准曲线(I_p-c 曲线),求出线性方程和相关系数。

(4) 从工作曲线上查出试样相应的浓度 $c_测$,并换算出原果汁中维生素 C 的浓度 c_0。

【思考题】

（1）测定时为何要采用缓冲溶液？

（2）在测定前玻碳电极为何需要预处理？

（3）线性扫描法和恒电流库仑法都可以用于测定维生素 C 的含量，试比较两种方法的优劣。

【拓展文献】

[1] 方能虎. 实验化学（下）[M]. 北京：科学出版社，2005.

[2] 刘永明，李桂芝. 维生素 B12 在玻碳电极上的伏安行为及测定[J]. 分析化学，2004，32(9)：1182-1184.

[3] 贾铮，戴长松，陈玲. 电化学测量方法[M]. 北京：化学工业出版社，2006.

[4] 习霞，明亮. 线性扫描伏安法测定腌菜中亚硝酸盐含量[J]. 中国调味品，2018，43(7)：139-142.

[5] 马兵兵. 线性扫描伏安法测定辣椒制品中苏丹红 I 含量[J]. 理化检验（化学分册），2014，50(8)：995-998.

实验 2.6 食盐中碘含量的测定

【实验目的】

（1）掌握差分脉冲伏安法的使用技术。

（2）掌握加碘盐中碘含量的测定方法。

【实验原理】

碘是人体必需的微量元素之一，它是合成甲状腺激素的主要物质。我国规定在食盐中定量加入碘酸钾。为了控制食盐中碘的加入量，需要一种简单、快速、准确测定碘酸根离子的方法。

差分脉冲伏安法（differential pulse voltammetry, DPV）是一种常用的有机物和无机物的痕量水平测量技术。

差分脉冲伏安法的电势波形如图 2.6.1 所示，可看作一个阶梯波基准电势和一系列短的电势脉冲波形的叠加。阶梯波基准电势的电势增量通常极小，典型值为 $10/n(\mathrm{mV})$。脉冲波形的脉冲高度 $|\Delta E|$ 是固定的，典型值为 $50/n$ (mV)，脉冲的宽度要比阶梯波的周期短得多，通常小于阶梯波周期的 1/10。阶梯波的初始电势选择往往距离 $E^{\ominus}$ 有足够正的电势，因此在该电势下没有电化学反应发生。在脉冲结束前的 τ 时刻和施加脉冲前的 τ' 时刻采集电流信号，并将这两个电流信号相减，作为输出的电流信号。这也就是差分脉冲伏安法得名的原因。用这个差减得到的电流信号对阶梯波电势作图，即为差分脉冲伏安曲线。

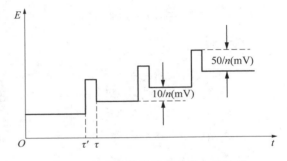

图 2.6.1 差分脉冲伏安法的电势波形

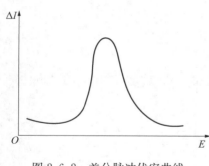

图 2.6.2　差分脉冲伏安曲线

在差分脉冲伏安曲线的初始部分,电势远比 $E^{\ominus}$ 正,在脉冲施加前后都没有法拉第电流流过,差减电流信号为零;在差分脉冲伏安曲线的最后部分,电势进入极限扩散区,在脉冲施加前后法拉第电流均为极限扩散电流,且因脉冲宽度很短,两个暂态极限电流非常接近。因此,差减电流信号也很小。只有在中间电势区域,反应物在电极表面浓度尚未下降到零,施加电势脉冲后,电极表面浓度降到更低值,法拉第电流更大,差减电流信号明显。因此,差分脉冲伏安曲线是一个峰形的曲线,如图 2.6.2 所示。

对于满足半无限线性扩散条件的可逆电极而言,峰值电势

$$E_p = E_{1/2} \pm \Delta E/2$$

相应的峰值电流

$$I_p = nFc \frac{D}{\pi t_m} \left(\frac{1-\sigma}{1+\sigma} \right)$$

式中,$\sigma = \exp[2RT/(nF\Delta E)]$,$\Delta E$ 是脉冲振幅。

由于 DPV 有效地降低了背景电流,因而具有更高的检测灵敏度和更低的检测限,在良好的实验控制条件下,DPV 的检测限可低至 10^{-8} mol·L^{-1}。

在 0.5 mol·L^{-1} NaCl 溶液介质中,碘酸根离子在工作电极(铂电极)上于 -0.4 V(相对于 SCE)左右产生一灵敏的脉冲伏安峰,峰高与碘酸根离子浓度在一定范围内呈良好的线性关系,可用于测定微量碘酸根离子,从而计算出加碘盐中的碘含量。

【仪器与试剂】

1. 仪器

电化学分析仪,用三电极体系:铂电极(或铂盘电极)为工作电极,饱和甘汞电极为参比电极,铂片电极为辅助电极;微型磁力搅拌器。

2. 试剂

食用精制盐,5.0 mol·L^{-1} 氯化钠溶液。

碘标准溶液:1.0×10^{-3} mol·L^{-1},称取优级纯碘酸钾 0.2140 g,用去离子水定容至 1 L,用时稀释至所需浓度的标准溶液。

【实验步骤】

(1) 标准曲线的绘制。分别移取碘酸根离子的标准溶液 0.00 mL、1.00 mL、2.00 mL、3.00 mL、4.00 mL、5.00 mL 于 50 mL 的容量瓶中,加入 5.0 mL 氯化钠溶液,稀释至刻度,置入电解池中。测试条件如下:电位增量 0.004 V,振幅 0.05 V,脉冲 0.04 s,采样时间 0.02 s,起始电位 -0.1 V,终止电位 -0.7 V。记录差分脉冲伏安峰,测量 -0.4 V 附近的峰电流,作标准曲线。

(2) 用分析天平称取 5 g 加碘食盐于小烧杯中,加少量水溶解后,转移至 50 mL 容量瓶中

定容。移取 30~40 mL 样品溶液至电解池中,按步骤(1)的方法进行测定,由标准曲线求得食盐的碘含量。

(3)试用线性扫描法测定加碘食盐的碘含量。比较两种方法的测试结果,并解释其原因。

【数据处理】

(1)分别根据差分脉冲伏安法和线性扫描法的数据,作 $V_{标}$-I_p 标准曲线。

(2)从标准曲线上查出试样溶液中对应的标准溶液体积,计算食盐中的碘含量。

(3)比较两种方法的测试结果,并解释其原因。

【思考题】

(1)我国食盐中的碘是以什么形式加入的? 能否直接加入单质碘或碘化钾,为什么?

(2)有没有其他可以测定碘的方法? 试简单叙述之。

(3)本实验中采用 Pt 电极作为工作电极,还有什么电极可以使用? 采用 Pt 电极作工作电极有什么不足? 试简单分析之。

(4)差分脉冲伏安法有什么优缺点?

【拓展文献】

[1] 胡会利,李宁. 电化学测量[M]. 北京:国防工业出版社,2007.

[2] 贾铮,戴长松,陈玲. 电化学测量[M]. 北京:化学工业出版社,2006.

[3] 张君,袁卓斌. 丝网印刷微电极测定水中痕量铅的差分脉冲伏安法研究[J]. 分析化学,2006,34(1):47-51.

[4] Shi H, Zhang Y, Zhu F, et al. Portable electrochemical carbon cloth analysis devicefor differential pulse anodic stripping voltammetry determination of Pb^{2+} [J]. Microchimica Acta, 2020, 187: 613-622.

[5] Thais O Nascimento, Fernando R F Leite, Henrique A J L Mourão, et al. Development of an electroanalytical methodology using differential pulse voltammetry for amiloride determination [J]. Journal of Solid State Electrochemistry, 2020, 24:1735-1741.

实验 2.7　气液填充色谱柱的制备

【实验目的】

(1)学习固定液的涂渍方法。

(2)掌握色谱柱填装操作和老化处理技术。

【实验原理】

色谱分析法简称色谱法或层析法(chromatography),是一种物理或物理化学分离分析方法。从 20 世纪初起,特别是在近 50 年中,由于气相色谱法、高效液相色谱法及薄层色谱法的飞速发展,形成了一门专门的科学——色谱学。目前,色谱法已广泛应用于许多领域,成为分离、分析复杂组分的最有效的方法之一。

色谱法创始于 20 世纪初,1906 年俄国植物学家 Tsweet 分离植物色素时采用了该方法。后来不仅用于分离有色物质,还用于分离无色物质,并出现了种类繁多的各种色谱法。但不管是哪种色谱法,其共同的基本特点是具备两个相:固定不动的一相,称为固定相;另一相是携带样品流过固定相的流动体,称为流动相。当混合物随流动相流经色谱柱时,就会与柱中固定相发生相互作用(分配、吸附等),由于混合物中各组分在物理化学性质上和结构上的差异,与固定相相互作用的类型、强弱不同,在同一推动力的作用下,不同组分在固定相中的滞留时间长短不同,从而使混合物中的各组分按先后不同的顺序依次从固定相中流出。这种利用各组分在两相中具有不同的分配系数或吸附系数,使混合物中各组分分离的技术称为色谱法。

色谱法有多种类型,从不同角度出发,有多种分类法。

按流动相的物态,色谱法可分为气相色谱法(流动相为气体)和液相色谱法(流动相为液体)。

按固定相的物态,又可分为气固色谱法(固定相为固体吸附剂)、气液色谱法(固定相为涂布在固体担体上或毛细管壁上的液体)、液固色谱法和液液色谱法。

按固定相使用的形式,又分为柱色谱法(固定相装在色谱柱中)、纸色谱法(滤纸为固定相)和薄层色谱法(将吸附剂粉末制成薄层作固定相)等。

按分离过程的机制,可分为吸附色谱法(利用吸附剂表面对不同组分的物理吸附性能的差异进行分离)、分配色谱法(利用不同组分在两相中有不同的分配系数来进行分离)、离子交换色谱法(利用离子交换原理)和排阻色谱法(利用多孔性物质对不同大小分子的排阻作用不同)等。

1. 色谱图和基本术语

1) 色谱图

色谱分析时,混合物中各组分经色谱柱分离后,随流动相依次流出色谱柱,经检测器把各组分的浓度信号转变为电信号,然后用记录仪将各组分的信号记录下来。色谱图就是各组分在检测器上产生的信号强度对时间 t 所作的图,由于它记录了各组分流出色谱柱的情况,所以又叫色谱流出曲线,其中的突起部分称为色谱峰(见图 2.7.1)。由于电信号强度与物质的浓度成正比,所以流出曲线实际上是浓度-时间曲线,正常的色谱峰为对称的正态分布曲线。

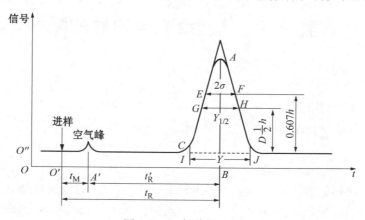

图 2.7.1 色谱图示意

2) 基本术语

(1) 基线。在实验操作条件下,当色谱柱后没有样品流出时,记录仪所记下的流出曲线称为基线。基线反映了仪器的噪声随时间变化的情况。稳定的基线应该是一条水平直线。

(2) 保留值。

① 死时间 t_M:不被固定相吸附或溶解的物质从加入色谱柱到出现峰极大值所需的时间,如图 2.7.1 中 $O'A'$ 所示。它正比于色谱柱中的空隙体积。

② 保留时间 t_R:被测组分从进样开始到柱后出现浓度最大值时所需的时间,如图 2.7.1 中 $O'B$ 所示。

③ 调整保留时间 t'_R:指扣除死时间后的保余时间,即 $t'_R = t_R - t_M$。

④ 死体积 V_M:指色谱柱在填充后,柱管内固定相颗粒间所剩余的空间、色谱仪中管路和连接头间的空间以及检测器的空间的总和。当后两项很小而可以忽略不计时,死体积可由死时间与流动相体积流速 F_0 计算,即 $V_M = t_M F_0$[式中 F_0 为流动相的体积流速(mL·min^{-1})]。

⑤ 保留体积 V_R:指被测组分从进样开始到柱后出现浓度最大值时所通过的流动相体积,$V_R = t_R F_0$。当流动相流速大时,保留时间相应缩短,两者乘积仍为常数,因此 V_R 与 F_0 无关。

⑥ 调整保留体积 V'_R:指扣除死体积后的保留体积,即

$$V'_R = V_R - V_M = (t_R - t_M)F_0 = t'_R F_0 \tag{2.7.1}$$

⑦ 相对保留值 $r_{2,1}$:表示在相同操作条件下组分 2 与组分 1 的调整保留值之比。相对保留值与柱温及固定相的性质有关,而与柱径、柱长、填充情况及流动相流速无关。因此,它是色谱法中特别是气相色谱法中广泛使用的定性数据。

$$r_{2,1} = \frac{t'_{R_2}}{t'_{R_1}} = \frac{V'_{R_2}}{V'_{R_1}} \tag{2.7.2}$$

(3) 区域宽度。区域宽度是表示色谱峰宽度的指标。它反映了分离条件的好坏。通常用以下 3 个量来表示色谱峰的区域宽度。

① 标准偏差 σ:指 0.607 倍峰高时色谱峰宽度的一半,即图 2.7.1 中 EF 的一半。峰高 h 是峰顶到基线的距离,h 和 σ 是描述色谱流出曲线形状的重要参数。

② 半峰宽度 $Y_{1/2}$:指峰高一半处的峰宽,如图 2.7.1 中的 GH 所示。$Y_{1/2}$ 与标准偏差 σ 的关系是 $Y_{1/2} = 2.354\sigma$。由于半峰宽度容易测量,使用方便,因此通常用它来表示区域宽度。

③ 峰底宽度 Y:指通过流出曲线的拐点所作切线在基线上的截距,如图 2.7.1 中 IJ 所示。它与 σ 的关系为 $Y = 4\sigma$。

3) 色谱图提供的信息

(1) 根据色谱峰的个数,可以判断样品中所含组分的最少个数。

(2) 根据色谱峰的保留值(或位置),可以进行定性分析。

(3) 根据色谱峰下的面积或峰高,可以进行定量分析。

(4) 色谱峰的保留值及其区域宽度,是评价色谱柱分离效能的依据。

(5) 色谱峰两峰之间的距离,是评价固定相(和流动相)选择是否合适的依据。

色谱法尽管在不同领域有不同的用途,但最主要的还是作为一种分类和分析手段,即对样品进行定性、定量分析。虽然单靠色谱法本身进行定性分析不能完全解决未知物的鉴定,但它却能做很多有益的工作。至于色谱定量分析则是分析工作中十分重要且有效的手段,而且方法也很成熟。

2. 色谱定性、定量分析方法

1) 定性分析方法

色谱的定性分析就是要确定各色谱峰代表哪种组分,要根据保留值或与其相关的值来进行判断。有时还需要配合其他一些化学方法或仪器方法,以准确地判断某些组分是否存在。常用的定性分析方法有以下几种。

(1) 用已知纯物质对照定性。这是色谱分析工作中最常用的简便可靠的定性方法,只是当没有纯物质时才用其他方法。此法基于在一定操作条件下,各组分的保留时间是一定值的原理。如果未知样品较复杂,可采用在未知混合物中加入已知物,通过未知物中哪个峰增大,来确定未知物中的成分。

(2) 利用文献值进行定性分析。实际工作中会遇到各种各样的未知样品,一个实验室不可能具备全部的纯样品,在某些情况下可利用文献发表的保留值来定性。利用文献发表的保留值定性时常用的有相对保留值和保留指数。

① 利用相对保留值定性。用相对保留值定性比用保留值定性更方便、可靠。在用保留值定性时,必须使两次分析条件完全一致,有时不易做到。而用相对保留值定性时,只要保持柱温不变即可。这种方法要求找一个基准物质,一般选用苯、正丁烷、环己烷等作为基准物。所选用的基准物的保留值应尽量接近待测样品组分的保留值。

② 利用保留指数定性。保留指数又称科瓦茨(Kováts)指数,是一种重现性较其他保留数据都好的定性参数。可根据所用固定相和柱温直接与文献值对照而不需标准样品。

保留指数 I 是把物质的保留行为用两个靠近它的标准物(一般是两个正构烷烃)来标定,并以均一标度(即不用对数)来表示。某物质的保留指数 I 可由下式计算出来:

$$I = 100 \left[\frac{\lg t'_r(x) - \lg t'_r(C_n)}{\lg t'_r(C_{n+1}) - \lg t'_r(C_n)} + n \right] \qquad (2.7.3)$$

式中,t'_r 为调整保留时间;C_n 和 C_{n+1} 为有 n 个和 $n+1$ 个碳原子的正构烷烃;x 为待测物。

(3) 利用保留值随分子结构或性质变化的规律定性。当缺乏纯物质又无保留数值时,有机物可用下述两个规律定性。

① 碳数规律:大量实验证明,在一定温度下,同系物的调整保留时间的对数与分子中碳原子数呈线性关系,即

$$\lg t'_r = A_1 n + C_1 \qquad (2.7.4)$$

式中,A_1 和 C_1 为常数;n 为分子中的碳原子数($n \geq 3$)。该式说明,如果知道某一同系物中两个或更多组分的调整保留值,则可根据上式推知同系物中其他组分的调整保留值。

② 沸点规律:同族具有相同碳数碳链的异构体化合物,其调整保留时间的对数与它们的沸点呈线性关系,即

$$\lg t'_r = A_2 T_b + C_2 \qquad (2.7.5)$$

式中，A_2 和 C_2 为常数；T_b 为组分的沸点（K）。由此可见，根据同族同数碳链异构体中几个已知组分的调整保留时间的对数值，可求得同族中具有相同碳数的其他异构体的调整保留时间。

（4）双柱、多柱定性。对于复杂样品的分析，利用双柱或多柱法更有效、可靠，原来一根柱子上可能出现相同保留值的两种组分，在另一根柱上就有可能出现不同的保留值。

（5）与其他方法结合。气相色谱与质谱、傅里叶红外光谱、发射光谱等仪器联用，既充分利用了色谱的高效分离能力，又利用了质谱、光谱的高鉴别能力，加上用计算机对数据快速处理和检索，是目前解决复杂样品定性分析最有效的工具之一。

综上所述，各种定性方法各有优缺点，应根据具体情况灵活应用。一般，对于同族化合物，如有纯物质，可采用单柱直接对照法定性；如无纯物质，同系物用碳数规律定性，非同系物用沸点规律定性。对于不同族化合物，若含有十多个易于分离的组分，仍可用单柱定性法；若组分较多不易分离，可采用双柱定性法。对于复杂样品，往往需要用色谱与光谱、质谱联用等方法配合使用来进行定性。

2）定量分析方法

色谱分析法的定量分析是基于检测信号（色谱峰面积 A_i 或峰高 h_i）的大小与进入色谱检测器组分的量成正比关系。当各种操作条件保持严格不变时，在一定的进样量范围内，色谱峰的半宽度是不变的，因此对于很窄的色谱峰，可用峰高来定量。

由于同一检测器对不同物质的响应值不同，即对不同物质检测器的灵敏度不同，所以当相同质量的不同物质通过检测器时，产生的峰面积 A_i（或峰高 h_i）不一定相等。或者说，相同的峰面积并不意味着相等的组分的量。因此，在计算时需要将峰面积乘上一个换算系数，使组分的峰面积转换成相应组分的量，即

$$w_i = f'_i A_i \tag{2.7.6}$$

式中，w_i 为组分的量，它可以是质量，也可以是摩尔体积或体积（对气体）；f'_i 为换算系数，又称为定量校正因子，可以表示为

$$f'_i = \frac{w_i}{A_i} \tag{2.7.7}$$

即单位峰面积所相当的组分的量。它主要由仪器的灵敏度决定，受操作条件的影响很大，在实际应用时受到限制。所以在定量工作中都是采用相对校正因子 f_i。

相对校正因子 f_i 为某一组分 i 与标准物质 s 的绝对校正因子之比，即

$$f_i = \frac{f'_i}{f'_r} = \frac{m_i}{m_s} \frac{A_s}{A_i} \tag{2.7.8}$$

式中，A_i 和 A_s 分别为组分和标准物质的峰面积；m_i 和 m_s 分别为组分和标准物质的量，可以用质量、摩尔体积或体积为单位，其所得的相对校正因子分别称为相对质量校正因子、相对摩尔体积校正因子和相对体积校正因子，分别用 f_m、f_M 和 f_V 表示。使用时常将"相对"两字省去。

校正因子的测定方法是准确称取被测组分和标准物，混合后，在实验条件下进样分析

(注意保持进样量在线性范围之内),分别测量相应的峰面积,再通过式(2.7.8)计算即可,如果数次测量数值接近,可取其平均值。

下面介绍几种常用的定量计算方法。

(1) 标准曲线法(外标法)。用标准样品配制成不同浓度的标准系列溶液,在测定的色谱条件下等体积准确量进样,测量各峰的峰面积或峰高,用峰面积或峰高对样品浓度绘制标准曲线。然后在相同色谱条件下对同样量的样品进行测定,得到样品的峰高或峰面积,在标准曲线上即可查出样品的浓度。

外标法的优点是操作简便,计算方便,不需要测定校正因子,但定量结果的准确性取决于操作条件的稳定性和进样量的重现性。该法适用于日常控制分析和大量同类样品的分析。

(2) 归一化法。"归一化"指全部组分峰的面积(或峰高)均可测出且进行累加,再按各组分面积(或峰高)所占百分数求组分含量,即

$$x_i = \frac{A_i f_i}{\sum A_i f_i} \times 100\% \tag{2.7.9}$$

式中,x_i(%)为第 i 组分的百分含量。

若各组分校正因子 f_i 相同或相近(为同系物或同分异构体)则

$$x_i = \frac{A_i}{\sum A_i} \times 100\% \tag{2.7.10}$$

归一化的优点是简便准确,当操作条件如进样量、载气流速等变化时对结果的影响较小,适合于对多组分试样中各组分含量的分析。其缺点是样品中所有组分必须全部出峰,某些不需定量的组分也要测出其校正因子和峰面积。因此,该法在使用中受到一些限制。

(3) 内标法。在准确称取的样品中加入一定量的某纯物质作内标物,根据样品与内标物的质量比及其相应峰面积比求出组分的含量。

因为 $\dfrac{m_i}{m_s} = \dfrac{A_i f_i}{A_s f_s}$,所以 $m_i = \dfrac{A_i f_i m_s}{A_s f_s}$

则

$$x_m = \frac{m_i}{m} \times 100\% = \frac{A_i f_i m_s}{A_s f_s m} \times 100\% \tag{2.7.11}$$

式中,m_s、m 和 m_i 分别为内标、样品和组分的质量;A_s 和 A_i 分别为内标、组分的峰面积;f_s 和 f_i 分别为内标、组分的质量校正因子。

如内标物就是相对校正因子的标准物质,则 $f_s = 1$,$\dfrac{f_i}{f_s} = f_i$,所以上式可简化为

$$x_m = \frac{A_i f_i m_s}{A_s m} \times 100\% \tag{2.7.12}$$

对内标物的要求是:能溶于样品中并能与样品中的组分分开;内标物与待测组分色谱峰位置相近;加入的量也应与待测组分的含量接近。

内标法适用于各组分不能全部流出色谱柱,以及检测器不能对所有组分产生响应信号,而且只需对样品中某几个组分进行定量的情况。内标法的优点是定量准确,操作条件不必严格控制,缺点是必须对样品和内标物准确称量。

色谱柱是气相色谱仪的关键部件之一,制备一根良好的色谱柱与选择合适的固定液与担体、固定液在担体表面涂渍是否均匀、固定液填装是否均匀等因素密切相关。本实验采用静态法涂渍,要求做到担体不破碎,液膜均匀,然后进行柱的填装。填装好的柱子不能马上使用,需要老化处理,即将色谱柱置于高于所要求的柱温下若干时间,以除去残余溶剂和其他杂质,并使固定液均匀、牢固地分布在担体表面。

【仪器与试剂】

1. 仪器

CP3800 气相色谱仪(美国 Varian 公司),(60～80 目)筛子,烘箱,真空泵,漏斗,不锈钢色谱柱管 2 m。

2. 试剂

邻苯二甲酸二壬酯(DNP)色谱固定液,(60～80 目)6201 红色硅藻土担体,乙醚(AR),氢氧化钠(AR)。

【实验步骤】

1. 担体的预处理

市售商品担体过筛后便可使用,但在涂渍前,为除去担体吸附的水分,需在 105℃ 烘箱内烘干 4～6 h。

2. 色谱柱管的清洗

将不锈钢柱用 5%～10% 的热 NaOH 溶液抽洗数次,以除去内壁污物,再用水冲洗干净,烘干备用。

3. 固定液涂渍

固定液的配比:邻苯二甲酸二壬酯(DNP):6201 载体=10:100。

称取 8 g 载体,置于 50 mL 量筒内,记下体积。称取 0.8 g DNP 于小烧杯中。用量筒取略少于担体体积的无水乙醚,并分数次将 DNP 全部转移至 400 mL 烧杯中,将担体倒入,迅速摇匀,使乙醚淹没全部担体。置于通风橱内使乙醚自然挥发,并不时轻缓摇动烧杯,以使固定相在担体上涂渍均匀,直至乙醚挥发完全即可。

4. 柱的填装

在柱一端塞入少许玻璃棉,用数层纱布包住,与真空泵相连,另一端接漏斗,启动真空泵,边抽气边从漏斗上慢慢加入已涂布好的载体,并轻轻敲打柱壁,直至载体不再下沉为止。在另一端也塞上玻璃棉,两端安上螺帽,标明进气方向,即填充完毕。

5. 老化处理

(1) 把填充好的色谱柱的进气口与色谱仪上载气口相连接,色谱柱的出气口直接通大气,不连接检测器,以防检测器受杂质污染。

(2) 开启载气,用肥皂水在各个气路连接处检漏。如果发现有气泡,表明气路连接处漏气,应重新连接,直至不出现气泡为止。

（3）按仪器操作说明打开色谱仪及计算机,将柱温箱温度调至100℃,进行老化处理数小时,然后接上检测器,开启记录仪电源,若记录的基线平直,说明老化处理完毕,柱已可供分析使用。

【实验指导】

（1）选用的溶剂应能完全溶解固定液,不可出现悬浮或分层等现象,同时溶剂应能完全浸润担体。

（2）涂布固定液时,切忌用玻璃棒搅拌载体。

（3）使用乙醚时,应在通风橱内操作。

（4）有些担体需通过酸洗、碱洗或硅烷化、釉化等方式进行预处理,以改进担体孔径结构和屏蔽活性中心,以达到提高柱效的目的。

【思考题】

（1）载体颗粒受外力作用破碎,对分离有何影响?

（2）要装填好一个均匀、紧密的色谱柱,在操作上要注意哪些问题?

（3）色谱柱为什么需要进行老化处理?

【拓展文献】

[1] 朱明华. 仪器分析[M]. 北京:高等教育出版社,2000.

[2] 方能虎. 实验化学(下)[M]. 北京:科学出版社,2005.

[3] 侯孝国. 气相色谱填充色谱柱的技术处理[J]. 仪器仪表与分析监测,1994(2):27-30.

[4] 侯学文,张存玲,王勤. 关于气相色谱填充柱的老化处理[J]. 职业与健康,2004,20(9):50-51.

实验 2.8　色谱柱柱效测定和流速对柱效的影响

【实验目的】

（1）学习色谱柱的柱效测定方法。

（2）理解理论塔板数及理论塔板高度的概念并掌握其计算方法。

（3）学习测绘色谱柱的 H-u 曲线,理解流动相速度对柱效的影响。

【实验原理】

在选择好固定液并制备好色谱柱后,就要测定柱的效率。色谱柱的柱效能（柱效）是色谱柱的一项重要指标,可用理论塔板数 n 或理论塔板高度 H 来衡量。一般来说塔板数越多,或塔板高度越小,色谱柱的分离效能越好。在实际工作中使用有效塔板数 $n_{有效}$ 及有效塔板高度 $H_{有效}$ 来表示更为准确,更能真实反映色谱柱分离的好坏,它们的计算公式为

$$n_{有效} = 5.54 \left(\frac{t'_{R}}{Y_{1/2}} \right)^2 = 16 \left(\frac{t'_{R}}{Y} \right)^2 \tag{2.8.1}$$

$$t'_R = t_R - t_M \tag{2.8.2}$$

$$H_{有效} = \frac{L}{n_{有效}} \tag{2.8.3}$$

式中，L 为色谱柱的长度。

由于各组分在固定相和流动相之间分配系数不同，因而同一色谱柱对各组分的柱效也不同，所以在报告 $n_{有效}$ 或 $H_{有效}$ 时，应注明对什么物质而言。

对气液色谱柱来说，色谱柱的塔板数与许多实验参数有关。但对给定的色谱柱来说，当其他实验条件都确定以后，流动相线速度 u 对 H 的影响可由实验测得。H 与 u 的关系可用简化的范氏方程式来表示：

$$H = A + B/u + Cu \tag{2.8.4}$$

式中，A、B 和 C 为常数，分别代表涡流扩散、纵向分子扩散及两相传质阻力对 H 的贡献。可见，u 过小，使组分分子在流动相中的扩散加剧；u 过大，使组分在两相中的传质阻力增加。两者均会导致柱效下降。显然，在 u 的选择上发生了矛盾。但总可以找到一个合适的流速，在此流速下，兼顾了分子扩散和传质阻力的贡献，柱效最高，H 值最小。此流速称为最佳流速 u_{opt}，相应的 H 值称最小理论塔板高度 H_{min}。

流动相速度可用线速度 u 表示，也可用体积速度表示。线速度用下式表示：

$$u = L/t_M \tag{2.8.5}$$

柱后体积速度可用皂膜流量计测量，单位为 $mL \cdot min^{-1}$。

根据色谱柱长 L 与塔板高度 H 的关系，理论塔板数 $n = L/H$，在某一给定的色谱柱条件下，若在 u_{opt} 下进行操作，可获得最高的柱效。但在实际工作中，为缩短测定时间，往往可以在不影响组分分离的情况下，采用比最佳流速稍大的流速来进行色谱分析。

本实验首先测定柱效，然后在一系列不同的载气流量下，测得相应的 H，并求得载气的平均线速度，以 H 为纵坐标，以 u 为横坐标，描绘出 H-u 的关系曲线，为获得最佳柱效提供依据。

【仪器与试剂】

1. 仪器

CP3800 气相色谱仪（美国 Varian 公司）；色谱柱：邻苯二甲酸二壬酯，10％，2 m×3 mm；氮气钢瓶；热导检测器；微量进样器；皂膜流量计。

2. 试剂

正己烷。

【实验步骤】

（1）开启载气稳定阀，使载气（氮气）通入色谱仪。按操作说明书使仪器正常运行，根据实验条件，将仪器工作条件调节至可进样状态：柱温及检测器温度 80℃；进样口温度 100℃，待仪器达到平衡（基线平直），即可进样。

（2）调节载气流速至某一数值，待基线稳定后，注入 1 μL 正己烷，并记下保留时间 t_R。

再注入 $0.1 \, mL$ 空气(非滞留组分),记下保留时间 t_M,重复两次。用皂膜流量计测定流速。

(3)再分别将载气流量 F_0 调节为 5 种不同的流速(以皂膜流量计测定),每改变一种流速,按步骤 2 进行,并各重复两次。

(4)实验完成后,按仪器操作步骤中的有关要求关闭仪器。

【实验指导】

(1)在改变每一载气流量时,须待仪器重新达到平衡后,方可进样。

(2)必须先通入载气,再开电源。否则,热导池钨丝会有被烧毁的危险。实验结束时,应先关掉电源,待所有温度降为 50℃以下再关闭载气。

【数据处理】

(1)记录实验条件。

(2)根据所测得的正己烷的 t_M、t_R、$Y_{1/2}$ 数据,计算 n、H 和柱效。

(3)绘制正己烷的 H-u 曲线,并从曲线上求出 H_{min} 和 u_{opt} 的值。

【思考题】

(1)用同一根色谱柱,分离不同组分时,其塔板数是否一样? 为什么?

(2)测定色谱柱的 H-u 曲线有何实用意义?

(3)过高或过低流动相速度为什么使柱效下降?

(4)若载气改作氢气后,预测 H-u 曲线的变化,为什么?

【拓展文献】

[1] 赵鹏,秦金平,徐艳莉,等. C_5 及其产品色谱分析条件的优化[J]. 南京工业大学学报(自然科学版),2009,31(6):1671-1675.

[2] 徐董育,秦金平,徐艳莉,等. SE-30 毛细管色谱柱的最佳线速考察及应用[J]. 南京工业大学学报(自然科学版),2009,31(2):43-47.

[3] 郭登峰,潘剑波,严小丽,等. 高效 SE-54 色谱毛细管交联柱的制备和研究[J]. 江苏工业学院学报,2006,18(4):56-59.

[4] 方能虎. 实验化学(下)[M]. 北京:科学出版社,2005.

实验2.9   醇系物的气相色谱法定性、定量分析

【实验目的】

(1)理解用已知纯物质对照定性的方法。

(2)理解用气相色谱归一化法进行定量分析的方法和特点。

(3)了解 GC-2014 气相色谱仪的使用及软件的操作。

(4)掌握微量进样器进样技术。

(5)了解程序升温气相色谱法的原理及基本特点。

【实验原理】

气相色谱法是以气体作为流动相(简称载气)的色谱法。

根据试样中各组分在气固或气液两相间的吸附或分配系数的不同随载气移动而进行分离。分离后的组分按保留时间的先后顺序依次进入检测器,并自动记录检测信号,依据组分的保留时间和响应值进行定性、定量分析。

在仪器允许的汽化条件下,凡是能够汽化且稳定、不具腐蚀性的液体或气体,都可用气相色谱法分析。有的化合物沸点过高难以汽化或因热不稳定而分解,则可通过化学衍生化的方法,使其转变成易汽化或热稳定的物质后再进行分析。气相色谱法具有如下特点。

(1) 高效能、高选择性:可分离性质相似的多组分混合物,如同系、同分异构体等;分离制备高纯物质,纯度可达 99.99%。

(2) 灵敏度高:可检出 $10^{-13} \sim 10^{-11}$ g 的物质。

(3) 分析速度快:通常一个样品的分析可在几分钟到几十分钟内完成。

(4) 应用范围广:可分析气体样品,低沸点、易挥发或可转化为易挥发的液体或固体样品;不仅可分析有机物,也可以分析部分无机物。

气相色谱法的局限性在于:不适用于高沸点、难挥发、热稳定性差的高分子化合物和生物大分子化合物的分析。但近年来裂解气相色谱法(将相对分子质量较大的物质在高温下裂解后进行分离检测,已应用于聚合物的分析)、反应气相色谱法(利用适当的化学反应将难挥发试样转化为易挥发物质,然后用气相色谱法分析)等的应用,大大拓展了该方法的应用范围。目前,气相色谱法被广泛应用于石油工业、冶金、高分子材料、食品工业、农业、商检和环保等多个领域中。此外,气相色谱与其他近代分析仪器联用,如气相色谱与质谱联用、气相色谱与傅里叶变换红外光谱联用,以及气相色谱与原子发射光谱联用等,已逐渐成为结构分析的有力工具。按照所用的固定相不同,气相色谱法可分为:气-固色谱、气-液色谱。按照色谱分离的原理可分为:吸附色谱和分配色谱。前者是使用固体吸附剂,如硅胶、分子筛等作为固定相,该法只适用于气体及低沸点物质的分析;后者是采用涂布在惰性载体上的有机化合物作为固定相,该法应用较为广泛。按照所用的色谱柱不同又可分为:填充柱色谱和毛细管柱色谱。

气相色谱仪一般由气路系统、进样系统、分离系统、温度控制系统(图中未显示)和检测和放大记录系统五部分组成(见图 2.9.1)。

1. 气路系统

该系统由气源(高压气瓶)、气体净化、气体流量控制等部分组成,其作用是为仪器提供纯洁、稳定的载气。常用的载气有氮气和氢气,也可用氦气、氩气或空气。

2. 进样系统

该系统包括进样装置和汽化室。其

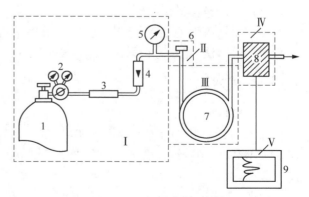

1—高压钢瓶;2—减压阀;3—净化管;4—流量控制;
5—表阀;6—进样口;7—色谱柱;8—检测器;9—记录仪。

图 2.9.1　气相色谱过程示意图

作用是将样品在进入色谱柱前迅速汽化,并定量转入到色谱柱中。要想获得良好的分离结果,进样速度应极快,且样品应在汽化室瞬间汽化。液体样品一般都采用微量进样器,可根据进样量的不同选用不同体积的进样器。对汽化室的要求是热容量要大,温度要足够高且无催化效应。

3. 分离系统

该系统由色谱柱组成,是色谱仪的心脏,其作用是分离样品。色谱柱分为填充柱和毛细管柱两种。

(1) 填充柱由不锈钢或玻璃作为柱管,内填固定相制成,一般内径为 2～4 mm,长 1～3 m。形状有 U 形和螺旋形两种。

(2) 毛细管柱又叫空心柱,毛细管材料可以是不锈钢、玻璃或石英。内径有 0.53 mm、0.32 mm、0.25 mm 等几种规格,长度一般为 10～30 m。它的固定相可以直接涂布或通过化学交联键合在预先经过处理的管壁上。

4. 温度控制系统

在气相色谱法中,温度直接影响到色谱柱的分离选择、检测器的灵敏度和稳定性。因此在仪器中主要是对色谱柱箱、汽化室、检测器三处的温度进行控制。其中色谱柱的温度控制有恒温和程序升温两种方法。对于沸程较宽、组分较多的复杂样品,柱温可选在各组分的平均沸点左右,显然这是一种折中的办法,其结果是:低沸点组分因柱温太高很快流出,色谱峰尖而挤甚至重叠,而高沸点组分因柱温太低,滞留过长,色谱峰扩张严重,甚至在一次分析中不出峰。

程序升温气相色谱法(PTGC)是色谱柱按预定程序连续地或分阶段地进行升温的气相色谱法。采用程序升温技术,可使各组分在最佳的柱温流出色谱柱,以改善复杂样品的分离,缩短分析时间。另外,在程序升温操作中,随着柱温的升高,各组分加速运动,当柱温接近各组分的保留温度①时,各组分以大致相同的速度流出色谱柱,因此在 PTGC 中各组分的峰宽大致相同,称为等峰宽。

5. 检测和放大记录系统

当样品经色谱柱分离后,各组分按保留时间不同随载气进入检测器,检测器将有关各组分含量的信息转化为易于测量的信号(一般为电信号),经过必要的放大传递给记录仪,最后得到该样品的色谱流出曲线。

本实验在极性毛细管色谱柱上,对醇系物样品进行分析,定性分析采用的是利用已知物进行对照的方法;定量分析采用归一化法。

【仪器与试剂】

1. 仪器

GC-2014 气相色谱仪(日本 SHIMADZU 公司),SH-RTX-WAX 毛细管色谱柱(日本 SHIMADZU 公司),氢火焰离子化检测器(FID),微量进样器,氮气钢瓶,空气钢瓶,氢气发生器。

2. 试剂

乙醇,正丁醇,异丁醇。以上试剂均为 AR,按一定体积比配成混合样品。

---

① 在程序升温操作中,组分从进样到出现峰最大值时的柱温叫作该组分的保留温度,用 T_R 表示。

【实验步骤】

（1）按操作规程开启氮气和稳压阀，并调至适当的输出压力，氮气流速为 25 mL·min^{-1}，再接通色谱仪和计算机电源，并根据不同的色谱柱设定进样口、色谱柱和检测器的温度（特别是色谱柱的温度）。

（2）取适量的各单一组分混合，制成混合样品。

（3）分别取上述单一组分和混合组分的样品在每一根色谱柱上进行分析，重复两次，记录各样品对应的文件名。

【实验指导】

应根据进样后各组分出峰的高低情况，调整进样量，不能过多。

【数据处理】

（1）记录色谱条件。

（2）根据色谱图确定各组分的保留时间，并通过保留时间进行定性分析。

（3）测量混合物色谱图中各组分的峰面积，用归一化法计算各组分的含量。

组　　　分		保留时间(t_R)	峰面积(A)	备注
标准样品	溶剂峰			
	正丁醇			
	异丁醇			
未知样品	1 号峰			
	2 号峰			
	3 号峰			
定性结论				

【思考题】

（1）不同极性的固定液是如何影响相同组分的保留性质的？

（2）与恒温色谱法比较，程序升温气相色谱法具有哪些优点？

（3）若要测定柱温对分离情况的影响，请设计实验方案。

【拓展文献】

[1] 蔡小璇,钟新光,彭建梅,等. 血清中丙酮和 3 种醇类的气相色谱内标同时测定法[J]. 环境与健康杂志, 2019,36(4):369-372.

[2] 窦晓蓉,王振华,杜勤,等. 顶空气相色谱法测定中药酒剂中甲醇、乙酸乙酯、正丙醇、正丁醇、仲丁醇、异丁醇和异戊醇[J]. 中药新药与临床药理, 2017,28(2):227-231.

[3] 王洪洋. 气相色谱法分析废气中的挥发性苯系物[J]. 环境科技,2010,23(6):48-49.

[4] 周开锡. 气相色谱法测定环境标准样品中 7 种苯系物[J]. 四川环境,2010,29(3):52-54.

[5] 王亦军,王士霞,崔晓丽,等. 气相色谱法分离苯系物的实验内容改进和教学模式探索[J]. 实验室科学, 2010,13(1):75-78.

[6] 杨万宗,庄定利,徐玮,等. 生活饮用水中苯系物的顶空气相色谱测定法[J]. 化学分析计量,2009,18 (2):54-55.

[7] 唐洪,年娟,汤权,等. 气相色谱法同时测定工作场所中甲醇和苯系物[J]. 中国卫生检验杂志,2008,18 (2):289-291.

[8] 高岩,曲宁,孙宝栋. 溶剂萃取-毛细管气相色谱法测定水及涉水材料中苯系物[J]. 中国卫生检验杂志, 2006,16(1):43-44.

实验 2.10   酱油中苯甲酸含量的气相色谱法测定

【实验目的】

(1) 进一步熟悉 GC-2014 气相色谱仪及软件的使用。

(2) 掌握用标准曲线法(外标法)进行定量分析的方法。

【实验原理】

外标法是最常用的定量方法,就是通常所说的标准曲线法。该法是将待测组分的纯物质配制成不同浓度的标准溶液,使浓度与待测组分相近,然后取固定量的上述标准溶液进行色谱分析,得到标准样品的对应色谱图。以峰面积或峰高对浓度作图,这些数据应是一条通过原点的直线。然后在完全相同的条件下,取制作标准曲线时同样量的试样分析(进样量固定),测定该试样的峰面积或峰高后,由标准曲线即可查出待测组分的含量。

标准曲线法操作简便,但结果的准确性主要取决于进样的重现性和色谱操作条件的稳定性。

苯甲酸(苯甲酸钠)是食品、饮料中常用传统防腐剂之一,过量的使用会对人体造成危害。因此,对食品中苯甲酸含量进行快速且准确的检测是非常重要的一项工作。

本实验选酱油作为样品,首先以氯仿为溶剂,配制不同浓度的苯甲酸标准溶液,在设定的实验条件下,进行测定,在色谱图中测定苯甲酸峰的峰面积,绘制苯甲酸浓度与峰面积关系的标准曲线。然后进样分析处理后的酱油样品,测定苯甲酸的峰面积。再与标准曲线对照,求出样品中苯甲酸的含量。

【仪器与试剂】

1. 仪器

GC-2014 气相色谱仪(日本 SHIMADZU 公司),氢火焰离子化检测器(FID),CP Sil 24CB 毛细管色谱柱(25 m×0.53 mm ID×0.25 μm)(美国 Varian 公司),微量进样器,容量瓶,移液管,小烧杯,离心试管,滴管,氮气钢瓶,空气钢瓶,氢气发生器。

2. 试剂

苯甲酸(AR),氯仿(AR),NaCl(AR),HCl 溶液稀释至 6 mol·L^{-1}。

【实验步骤】

1. 溶液的配制

(1) 1.000 mg·mL^{-1} 苯甲酸贮备液的配制:称取 0.100 0 g 苯甲酸,用氯仿溶解,并转移至 100 mL 容量瓶中,用氯仿定容,摇匀。

(2) 苯甲酸系列标准溶液的配制:依次移取 0.50 mL、1.00 mL、2.00 mL、3.00 mL、4.00 mL 1.000 mg·mL^{-1} 苯甲酸贮备液于 5 只 10 mL 容量瓶中,用氯仿定容,摇匀,得到浓度分别为 0.050 mg·mL^{-1}、0.100 mg·mL^{-1}、0.200 mg·mL^{-1}、0.300 mg·mL^{-1}、0.400 mg·mL^{-1} 的系列苯甲酸标准工作溶液,分别标记为 1、2、3、4、5 号标液。

2. 标准曲线的制作

(1) 仪器初始条件设定。按操作步骤打开载气和空气钢瓶减压阀、氢气发生器,然后再接通色谱仪和计算机电源,编辑相应的测定方法,设定实验条件:载气(N_2)流速为 25 mL·min^{-1},氢气和空气流量比为 1∶10,汽化室温度为 200℃,柱温为 155℃,检测器温度为 200℃。

(2) 用微量进样器依次分别注入 0.5 μL 1~5 号苯甲酸标准溶液,进行分析,得到相应的色谱图,计算峰面积。每种溶液重复进样 3 次。

3. 样品处理

准确移取 10 mL 酱油于离心管中,用 6 mol·L^{-1} HCl 溶液调至 pH 值为 1~2,加 NaCl 至饱和,取上层清液以 1 500 r·min^{-1} 进行离心分离 10 min 后,取出离心管,上层清液用于分析。

4. 样品分析

取 0.5 μL 按步骤 3 处理过的酱油样品上层清液,以同样的实验条件进样分析,绘制色谱图,计算峰面积。重复 3 次。

【实验指导】

(1) 进样器取样时注意要赶走气泡。

(2) 手拿离心后的样品时,注意不要摇动试管。

(3) 实验完毕要及时洗净进样器。

【数据处理】

(1) 记录色谱操作条件,包括检测器类型(FID)、色谱柱类型、汽化室温度、柱温、检测器温度、载气流速、进样量等。

(2) 根据标准系列溶液的色谱图,测定各自的峰面积,3 次测定值取平均值,绘制峰面积平均值与浓度关系的标准曲线。

(3) 将所得样品的峰面积平均值与标准曲线对照,查出样品中苯甲酸的含量。

【思考题】

(1) 标准曲线法的优缺点是什么?

(2) 请设计测定本方法的回收率的实验步骤。

【拓展文献】

[1] 付蒙,江燕,柳艳云,等. 气相色谱法测定苯甲酸中有关物质的含量[J]. 药物分析杂志,2020,40(1): 163-169.

[2] 张冲,徐爱霞,王海琳,等. 气相色谱法测定苯甲醇注射液的有关物质[J]. 药物生物技术,2016,23 (3):241.

[3] 牛波,邹清华. 气相色谱法测定酱油中山梨酸和苯甲酸的含量[J]. 中医药指南,2011,9(12):218-219.

[4] 刘敬兰,李姗,宋文涛,等. 食品中苯甲酸和山梨酸的气相色谱分离分析[J]. 分析试验室,2002,21(3): 12-14.

[5] 胡家元. 酯化衍生气相色谱新法测定苯甲酸与山梨酸[J]. 色谱,1994,12(3):215-216.

[6] 聂洪勇,黄志强,彭三和. 气相色谱法快速测定食品中山梨酸和苯甲酸[J]. 色谱,1992,10(4):244-247.

[7] 张玉雯,杨其富,张启生. 气相色谱法测定酱油中苯甲酸钠[J]. 食品科学,1982,3(8):52-54.

实验 2.11 同系物的高效液相色谱法分析

【实验目的】

(1) 了解高效液相色谱仪的原理与结构。

(2) 了解反相色谱的优点和应用。

(3) 掌握液相色谱微量进样器的使用和进样技术。

【实验原理】

液相色谱法是以液体作为流动相的色谱法。高效液相色谱法是在经典液相色谱法基础上发展起来的一种新型分离、分析技术。经典液相色谱法由于使用粗颗粒的固定相,填充不均匀,依靠重力使流动相流动,因此分析速度慢,分离效率低。随着新型高效的固定相、高压输液泵、梯度洗脱技术以及各种高灵敏度的检测器相继发明,高效液相色谱法得到了迅速的发展。

高效液相色谱法是利用样品中各组分在色谱柱中固定相和流动相间分配系数或吸附系数的差异,将各组分分离后进行检测,并根据各组分的保留时间和响应值进行定性、定量分析。

与经典的液相色谱法或气相色谱法比较,高效液相色谱法主要具有下列特点。

(1) 高效。由于使用了细颗粒、高效率的固定相和均匀填充技术,高效液相色谱法分离效率极高,柱效一般可达每米 10^4 理论塔板数。近几年来出现的微型填充柱(内径 1 mm)和毛细管液相色谱柱(内径 $0.05\ \mu m$),柱效超过每米 10^5 理论塔板数,能实现高效率的分离。

(2) 高速。由于使用高压泵输送流动相,采用梯度洗脱装置,用检测器在柱后直接检测洗脱组分等,高效液相色谱法完成一次分离分析一般只需几分钟到几十分钟,比经典液相色谱快很多。

(3) 高灵敏度。紫外、荧光、电化学、质谱等高灵敏度检测器的使用,使高效液相色谱法的最小检测量可达 $10^{-9}\sim10^{-11}$ g。

（4）高度自动化。计算机的应用,使高效液相色谱法不仅能自动处理数据、绘图和打印分析结果,而且还可以自动控制色谱条件,使色谱系统自始至终都在最佳状态下工作,成为全自动化的仪器。

（5）应用范围广。与气相色谱法相比,高效液相色谱法不受样品挥发度和热稳定性的限制,非常适用于分离生物大分子、离子型化合物、不稳定的天然产物以及高分子化合物等。

（6）流动相可选择范围广。它可用多种溶剂作流动相,通过改变流动相组成来改善分离效果,因此对于性质和结构类似的物质分离的可能性比气相色谱法更大。

（7）馏分容易收集,更有利于制备。

此外,在高效液相色谱法中,液态流动相不仅起到使样品沿色谱柱移动的作用,而且还与样品分子发生选择性的相互作用,通过改变流动相的种类和组成,就可对色谱分离效能产生影响,这就为控制和改善分离条件提供了一个额外的可变因素。

由于具有这些优势,目前,高效液相色谱法已经广泛应用于对生物学和医药有重大意义的大分子物质的分析,如蛋白质、核酸、氨基酸、多糖、高聚物、生物碱、甾体、维生素、抗生素、染料及药物等物质的分离和分析。

一般的高效液相色谱仪由高压输液系统、进样系统、分离系统、检测系统、数据处理系统 5 个部分组成（见图 2.11.1）。另外还可根据需要,配备一些附属系统,如脱气装置、梯度洗脱装置、恒温器、自动进样器、馏分收集器等。其中梯度洗脱装置是尤为重要的附属装置。所谓梯度洗脱方式是指在分离过程中使两种或两种以上不同性质但可互溶的溶剂,溶剂的比例随时间的改变而改变,以连续改变色谱柱中流动相的极性、离子强度或 pH 值等,从而改变被测组分的相对保留值,提高分离效率。这对分离一些组分复杂和分配比 k 相差很大的样品尤为重要。

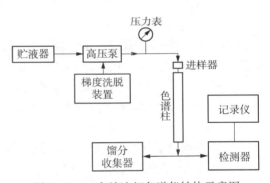

图 2.11.1　高效液相色谱仪结构示意图

由于高效液相色谱使用的固定相颗粒极细,流动相流动时阻力较大,为使流动相快速流动,必须采用高压输液系统。该系统由储液罐、高压输液泵、过滤器、压力脉动阻尼器等部分组成,核心部件是高压输液泵。高压输液泵应满足有足够的输出压力、输出流量稳定且可调范围宽、压力平稳等要求。目前,使用较多的是恒流泵,即在一定的操作条件下,输出的流量保持恒定,而与色谱柱等引起的阻力变化无关。

由于高效液相色谱中使用较短的色谱柱,柱外的谱带展宽效应较为明显（柱外展宽或柱外效应）,这一点与气相色谱不同。柱外展宽通常发生在进样系统、连接管道和检测器中。而进样系统是柱前展宽的主要因素。液相色谱的进样方式主要有三种:直接进样和六通阀进样。直接进样的方式与气相色谱类似,优点是操作简便、装置简单,但允许进样量小,重复性差。六通阀的结构和进样工作原理如图 2.11.2 所示。由于进样可由定量环的体积严格控制,故进样准确,而且进样量的可变范围大、重复性好、耐高压、易于自动化。其不足在于容易造成峰的柱前展宽。

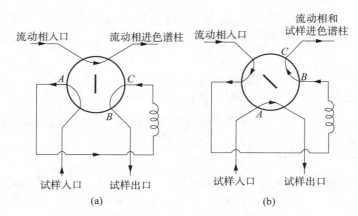

图 2.11.2   旋转式六通阀结构和进样工作原理
(a) 采样位；(b) 进样位

在高效液相色谱仪中,色谱柱是核心部件,色谱柱一般采用优质不锈钢管制作,柱长为 $5\sim30\,cm$,内径为 $4\sim5\,mm$。色谱柱装填的好坏对色谱柱的柱效影响很大。对于细粒度的填料($<20\,\mu m$)一般采用匀浆填充法装柱,先将填料调成匀浆,然后在高压泵的作用下快速将其压入装有洗脱液的色谱柱内,经冲洗后,即可备用。

用于高效液相色谱中的检测器,除应该具有灵敏度高、噪声低、线性范围宽、响应快、死体积小等特点外,还应对温度和流速的变化不敏感。常用的有两类检测器:溶质性检测器和总体检测器。前者仅对被分离组分的物理或物理化学性质有响应,如紫外、荧光、电化学检测器等;而后者对试样和洗脱液总的物理或物理化学性质有响应,如示差折光、介电常数检测器等。

高效液相色谱法按照分离的机制不同,可以分为以下几种类型:液-液分配色谱法、液-固吸附色谱法、离子交换色谱法及凝胶色谱法等。

在液-液分配色谱法中,当固定相的极性大于流动相的极性时,称为正相色谱;反之,流动相的极性大于固定相的极性时,称为反相色谱。本实验采用反相色谱分离方法对对羟基苯甲酸甲酯和对羟基苯甲酸乙酯样品进行分离、分析;定性分析采用的是利用已知物进行对照的方法;定量分析采用归一化法。

尼泊金甲酯亦称对羟基苯甲酸甲酯,由于它具有酚羟基结构,所以抗细菌性能比苯甲酸、山梨酸都强,常应用于食品和化妆品中。

【仪器与试剂】

1. 仪器

高效液相色谱仪(LC-20AT,日本岛津公司),紫外检测器(SPD-20A,日本岛津公司),LCsolution Multi-PDA 色谱工作站(日本岛津公司),Lnertsil ODS-SP 色谱柱(C_{18} 4.6 mm$\times$ 250 mm$\times$5 μm,日本岛津公司),定量环:20 μL,平头微量进样器,超声波清洗机,过滤器:0.45 μm 有机相滤膜。

2. 试剂

乙腈(色谱纯),超纯水,对羟基苯甲酸甲酯(尼泊金甲酯,AR),对羟基苯甲酸乙酯(尼泊金乙酯,AR)。

【实验步骤】

1. 溶液的配制

(1) 标准储备液的配制:于两只 100 mL 容量瓶中分别配制浓度为 1 000 μg/mL 的尼泊金甲酯和尼泊金乙酯的乙醇溶液,摇匀备用。

(2) 标准使用液的配制:于两只 10 mL 的容量瓶中分别用上述标准储备液配制 10 μg/mL 的尼泊金甲酯和尼泊金乙酯的乙醇溶液,摇匀备用。

(3) 标准混合使用液的配制:于 1 只 10 mL 容量瓶中取上述标准储备液配制 10 μg/mL 的尼泊金甲酯、尼泊金乙酯和乙醇的混合溶液,摇匀备用。

2. 仪器操作

(1) 按操作说明打开计算机和色谱仪,建立测定方法,设定色谱条件如下。

流动相:乙腈/水梯度洗脱;流动相流速:1.0 mL·min^{-1};检测波长:254 nm;柱温:室温。

(2) 所有试液均须经 0.45 μm 滤膜过滤后方可进入仪器分析。

(3) 分别取上述标准样品试液和混合样品试液进行分析,重复两次,记录各样品对应的实验数据。

【数据处理】

(1) 记录色谱条件。

(2) 根据标准样品色谱图确定各组分保留时间,记录在表 2.11.1 中,并通过保留时间对混合样品进行定性分析。

(3) 测量混合物色谱图中各组分的峰面积,记录在表 2.11.1 中,用归一化定量方法计算各组分含量。

表 2.11.1　数据记录表

组　　分		保留时间(t_R)	峰面积(A)	备注
标准样品	溶剂峰			
	对羟基苯甲酸甲酯			
	对羟基苯甲酸乙酯			
未知样品	1 号峰			
	2 号峰			
	3 号峰			
定性结论				

【思考题】

(1) 高效液相色谱柱一般可在室温下进行分离,而气相色谱柱则必须恒温,为什么?

(2) 说明紫外检测器的工作原理。

(3) 观察分离所得色谱图,解释不同组分之间分离差别的原因。

【拓展文献】

［1］国振,李秀琴,陈小桐,等.高效液相色谱法同时检测酱油中 8 种防腐剂[J].食品科技,2017,42(11): 316-321.

［2］李青,蓝梦哲,宋光林,等.液相色谱-串联质谱法测定焙烤食品中多种防腐剂含量[J].食品与发酵工 业,2020,46(11):283-287.

［3］曾立华,李其华,雷春华,等. HPLC 法测定联苯苄唑乳膏中尼泊金酯的含量[J].广东化工,2019,46 (21):111-112.

［4］尹烁,合思甜,高冬敖,等.碳纳米管固相萃取-高效液相色谱法同时测定酱油和醋中四种尼泊金酯防腐 剂.现代预防医学,2016, 43(21) ,3978-3982.

［5］肖迪.高效液相色谱法检测食品中四种尼泊金酯类防腐剂研究[J].食品界,2016,4,112-113.

［6］曾立华,李其华,刘利民,等.流动相组成对尼泊金酯色谱流出行为的影响[J].广东化工,2015,42(22): 10-11.

［7］曾铭,喻零春,尹君玲,等.高效液相色谱法测定化妆品中防腐剂[J].理化检验(化学分册),2012,48 (10):1203-1205.

［8］牛欣. 食品防腐剂尼泊金酯检测方法的研究[D].重庆:西南大学,2011.

［9］牛欣,李林,赵舰.高效液相色谱法检测豆干中的尼泊金酯[J].食品研究与开发,2011,32(04):136-138.

［10］杨华梅.高效液相色谱法测定酱油中 4 种尼泊金酯含量[J].中国酿造,2009(10):146-147.

［11］张群林,刘毅,李俊,等.食品和药品中对羟基苯甲酸酯类防腐剂色谱分析法的研究进展[J].安徽医药, 2006,10(4): 241-244.

实验 2.12   可乐中咖啡因的高效液相色谱法测定

【实验目的】

(1) 了解液相色谱仪的基本结构和基本操作。

(2) 了解反相液相色谱法的原理、优点和应用。

(3) 掌握标准曲线定量方法。

【实验原理】

高效液相色谱法是在经典液相色谱法基础上发展起来的一种新型分离、分析技术。经 典液相色谱法由于使用粗颗粒的固定相,填充不均匀,依靠重力使流动相流动,因此分析速 度慢,分离效率低。随着新型高效的固定相、高压输液泵、梯度洗脱技术以及各种高灵敏度 的检测器相继发明,高效液相色谱法得到了迅速发展。

高效液相色谱法是利用样品中各组分在色谱柱中固定相和流动相间分配系数或吸附系 数的差异,将各组分分离后进行检测,并根据各组分的保留时间和响应值进行定性、定量 分析。

本实验以咖啡因为测定对象,以反相高效液相色谱技术来分离检测可乐中的咖啡因 含量。

咖啡因是一种黄嘌呤生物碱化合物，化学名称为 1,3,7-三甲基黄嘌呤，分子式为 $C_8H_{10}N_4O_2$，结构式如下：

属黄嘌呤衍生物，是一种可由茶叶或咖啡中提取而得的生物碱。它能兴奋大脑皮层，使人精神兴奋。咖啡中含咖啡因约为 1.2%~1.8%（质量分数），茶叶中约含咖啡因 2.0%~4.7%（质量分数），可乐饮料、APC 药品等均含咖啡因。

在碱性条件下，用氯仿定量提取样品，采用反相色谱技术进行分离，紫外检测器检测，以咖啡因标准系列溶液色谱峰面积对其浓度作工作曲线，再根据样品中的咖啡因峰面积，由工作曲线得出其浓度。

【仪器与试剂】

1. 仪器

高效液相色谱仪（ProStar210，美国 Varian 公司），紫外检测器（UV 345，美国 Varian 公司），Workstar 色谱工作站（美国 Varian 公司），Kromasil C_{18} 色谱柱（4.6 mm×200 mm，中国科学院大连化物所），定量环：20 μL，平头微量进样器，超声波清洗机，过滤器：0.45 μm（有机相和水相）滤膜。

2. 试剂

甲醇（色谱纯），二次蒸馏水，氯仿（AR），NaOH（AR），NaCl（AR），Na_2SO_4（AR），咖啡因，不同品牌可乐样品若干种。

【实验步骤】

1. 溶液的配制

（1）1000 μg·mL^{-1} 咖啡因标准贮备液：将咖啡因在 110℃ 下烘干 1 h。准确称取 0.1000 g 咖啡因，用氯仿溶解，定量转移至 100 mL 容量瓶中，用氯仿定容，摇匀，备用。

（2）咖啡因标准系列溶液配制：分别用吸量管移取 0.40 mL、0.60 mL、0.80 mL、1.00 mL、1.20 mL、1.40 mL 咖啡因标准贮备液于 6 只 10 mL 容量瓶中，用氯仿定容，摇匀。分别得到浓度为 40.0 μg·mL^{-1}、60.0 μg·mL^{-1}、80.0 μg·mL^{-1}、100.0 μg·mL^{-1}、120.0 μg·mL^{-1}、140.0 μg·mL^{-1} 的系列标准溶液。

2. 样品处理

取约 100 mL 可乐置于 250 mL 洁净、干燥的烧杯中，超声波脱气 10 min，以赶尽二氧化碳。将样品溶液进行干过滤（即用干漏斗、干滤纸过滤），弃去前过滤液，取后面的过滤液。吸取样品滤液 25.00 mL 于 125 mL 分液漏斗中，加入 1.0 mL 饱和氯化钠溶液，1 mL 1 mol·L^{-1} NaOH 溶液，然后用 20 mL 氯仿分三次萃取（10 mL、5 mL、5 mL）。合并氯仿提取液并用装有无水硫酸钠的小漏斗（在小漏斗的颈部放一团脱脂棉，上面铺一层无水硫酸钠）脱水，过滤于 50 mL 容量瓶中，最后用少量氯仿多次洗涤无水硫酸钠小漏斗，将洗涤液合并至容量瓶中，定容至刻度。

以上所有溶液(包括流动相)使用前均须经 $0.45\ \mu m$ 的滤膜过滤后方可使用。

3. 设定色谱条件

按操作说明打开计算机和色谱仪,建立测定方法,设定色谱条件如下。

柱温:室温;流动相:甲醇:水 $= 60:40$;流动相流速:$1.0\ mL \cdot min^{-1}$;检测波长:$275\ nm$。

4. 工作曲线的制作

待仪器基线平稳后,分别进样 $20\ \mu L$ 咖啡因标准系列溶液,重复 3 次,记录峰面积和保留时间。

5. 样品测定

在同样实验条件下,分别进样 $20\ \mu L$ 样品溶液,根据保留时间确定样品中咖啡因色谱峰的位置,记录咖啡因色谱峰面积。

6. 结束

实验结束后洗柱 $30\ min$,按要求关好仪器和计算机。

【实验指导】

(1) 实际样品成分往往比较复杂,如果不先萃取而直接进样,虽然操作简单,但会影响色谱柱寿命。

(2) 为使结果具有良好的重现性,标准和样品的进样量要严格保持一致。

【数据处理】

(1) 根据咖啡因标准系列溶液的色谱图,绘制咖啡因峰面积与其浓度的关系曲线。

(2) 根据样品中咖啡因色谱峰的峰面积,由工作曲线得出可乐中咖啡因的含量(用 $\mu g \cdot mL^{-1}$ 表示)。

【思考题】

(1) 若标准曲线用咖啡因浓度对峰高作图,能给出准确结果吗? 与本实验的标准曲线相比,何种更好? 为什么?

(2) 在样品干过滤时,为什么要弃去前面的过滤液? 这样做会不会影响实验结果? 为什么?

(3) 若要测定茶叶中的咖啡因,请设计样品处理方法。

【拓展文献】

[1] 李赛,李寿林,苏凌璎. 高效液相色谱法测定新生儿咖啡因血药浓度及临床应用[J]. 儿科药学杂志,2023,29(8),31-34.

[2] 乐娟,彭锐,何琪,等. 超高效液相色谱-串联质谱检测血浆咖啡因浓度方法的建立和临床应用[J]. 中华检验医学杂志, 2021, 44(8):703-708.

[3] 李迎丽. 反相高效液相色谱法测定饮料中咖啡因含量[J]. 中国卫生工程学, 2010,9(2):139-141.

[4] 宁丽峰,王慧萍,何轩,等. 高效液相色谱法测定饮料中咖啡因的含量[J]. 中国卫生检验杂志,2009,19(3):560-562.

[5] 吴淑君,庄志辉,朱孟丽,等. 高效液相色谱法测定保健品中的 6 种水溶性维生素及咖啡因[J]. 色谱,2006,24(3):319-322.

[6] 乐健,洪战英. 高效液相色谱法测定绿茶和饮料中的咖啡因[J]. 药物生物技术,2003,10(3):174-176.

[7] 赵正荣,赵永成. 高效液相色谱测定粗茶精中咖啡因含量[J]. 色谱,1995,13(2):136-137.

实验 2.13 离子色谱法测定饮用水中阴离子的含量

【实验目的】

(1) 了解饮用水中的主要无机阴离子,以及检测饮用水中无机阴离子的意义。

(2) 掌握离子色谱仪的工作原理及其使用方法。

(3) 掌握离子色谱图谱的数据分析方法。

【实验原理】

1. 离子色谱的分离与检测原理

采用阴离子交换树脂为分离柱,阴离子与色谱柱上的交换基团进行交换,若交换基团是 CO_3^{2-},有如下的交换过程:

$$R-CO_3^- + Cl^- \rightleftharpoons R-Cl + CO_3^{2-}$$

由于不同的阴离子和固定相 R 的作用力不同,导致不同离子在色谱柱中的保留时间不同,从而使样品得到分离。

淋洗液带着被分离的阴离子通过抑制器,使与之配对的阳离子全部转换成 H^+。淋洗液 $Na_2CO_3 + NaHCO_3$ 溶液通过抑制器转换为 H_2CO_3 溶液降低基底电导,样品 NaCl 和 Na_2SO_4 通过抑制器后,变成 HCl 和 H_2SO_4,提高样品电导,再进入电导检测器。利用 HCl 和 H_2SO_4 的电导响应,得到色谱峰。

2. 分析原理

利用被测样品的电导对浓度的线性关系,配制一系列已知浓度的标准溶液,分别做出各离子工作曲线,然后通过检测待测样品中各离子的电导响应从而计算出待测离子浓度。

【仪器与试剂】

1. 仪器

瑞士万通 880 离子色谱仪,阴离子色谱柱。

2. 试剂

NaF(AR),NaCl(AR),$NaNO_3$(AR),Na_2SO_4(AR),实际水样(实验室自来水)。

【实验步骤】

1. 贮备液的配制

称取 0.2210 g NaF、0.1648 g NaCl、0.1371 g $NaNO_3$ 和 0.1479 g Na_2SO_4 溶于 100 mL 去离子水中,得到 1000 μg·mL^{-1} 的 F^-、Cl^-、NO_3^-、SO_4^{2-} 标准贮备液。

2. 淋洗液的配制

配制 2.0 mmol·L^{-1} Na$_2$CO$_3$＋2.0 mmol·L^{-1} NaHCO$_3$ 溶液。

3. 标准系列溶液的配制

从 F$^-$、Cl$^-$、NO$_3^-$、SO$_4^{2-}$ 标准贮备液移取一定的体积,配制 4 种离子的标准系列溶液。

编号	阴离子浓度/(μg·mL^{-1})			
	F$^-$	Cl$^-$	NO$_3^-$	SO$_4^{2-}$
1	0.2	2.0	2.0	4.0
2	0.4	4.0	4.0	8.0
3	0.6	6.0	6.0	12.0
4	0.8	8.0	8.0	16.0
5	1.0	10.0	10.0	20.0

4. 工作曲线绘制

分别注入标准系列溶液进行分析,平行测定 3 次,取其平均值绘制离子色谱工作曲线。

5. 饮用水中阴离子含量的测定

将未知水样注入离子色谱分析仪,利用保留值定性、工作曲线定量,计算水样中 F$^-$、Cl$^-$、NO$_3^-$、SO$_4^{2-}$ 的含量。

【实验指导】

(1) 本实验中自来水阴离子含量会有波动,标准溶液浓度可根据实际情况加以调整。

(2) 配制氟离子储备液要注意,必须现配现用,不能长久存放。

【数据处理】

(1) 绘制工作曲线并计算其线性相关系数。

(2) 通过工作曲线,计算自来水中 F$^-$、Cl$^-$、NO$_3^-$、SO$_4^{2-}$ 的含量。

【思考题】

(1) 饮用水中阴离子含量对人类健康有何影响?

(2) 化学分析法如何测定 F$^-$、Cl$^-$、NO$_3^-$、SO$_4^{2-}$ 的含量?

(3) 请讨论离子色谱与高效液相色谱之间的关系。

(4) 淋洗液的组成对离子的保留时间和响应值有何影响? 为什么会有这种影响?

(5) 抑制器的工作原理是什么?

(6) 可以使用离子色谱技术同时测定水中的阴离子和阳离子吗?

【拓展文献】

[1] 郑思珩,徐正华,吴嘉文,等. 离子色谱法测定饮用水中常见 4 种阴离子[J]. 食品安全质量检测学报,
    2020,11(1):215-218.

[2] 杨文静.离子色谱法测定饮用水中的 7 种阴离子[J].电子产品可靠性与环境试验,2018,36(2):81-83.

[3] 陈诚.离子色谱法测定水质无机阴离子[J].中国战略新兴产业,2019(38):52.

[4] 张金和.离子色谱法测定饮用水中无机阴离子[J].云南化工,2018,45(8):121-123.

[5] 王娟.离子色谱法同时测定饮用水中 4 种无机阴离子[J].科技视界,2020(14):240-242.

[6] 袁少伟,钱凡.离子色谱法同时测定生活饮用水中 7 种阴离子[J].治淮,2020(9):6-8.

[7] 刘冰冰,刘佳,张辰凌,等.离子色谱法同时测定地下水中 8 种无机阴离子[J].化学分析计量,2020,29(6):28-32.

[8] 方振兴,王希英,谢振华.离子色谱法测定五大连池矿泉水中无机阴离子[J].食品工业,2019,40(4):309-311.

实验 2.14　苯系物的气-质联用(GC-MS)分析

【实验目的】

（1）掌握气-质联用(GC-MS)法的基本原理。

（2）了解 GC-MS 联用仪的基本结构和使用方法。

（3）了解 GC-MS 法分离和测定苯系物的原理。

【实验原理】

质谱法的基本原理是使所研究样品的气态分子形成离子,然后使形成的离子碎片按质荷比 m/z 的大小进行分离、记录,即得到质谱图,根据质谱图中各碎片峰的位置可以进行定性和结构分析,根据峰的大小可以进行定量分析。

质谱仪的分析系统一般由 4 个部分组成(见图 2.14.1)。进样系统的作用是将样品引入离子源,常用的进样装置有 3 种类型:间歇式进样、直接探针进样及色谱进样。离子源是使气态样品中的原子或分子电离生成离子的装置,除了使样品电离外,离子源还必须使生成的离子汇聚成有一定能量和几何形状的离子束后引出。质量分析器是利用电磁场(包括磁场、磁场与电场组合、高频电场、高频脉冲电场等)的作用将来自离子源的离子束中不同质荷比的离子按空间位置、时间先后等形式进行分离的装置。检测器则是用来接收、检测和记录被分离后的离子信号的装置。

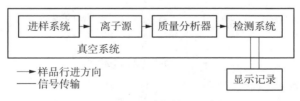

图 2.14.1　质谱仪构造示意图

质谱仪除分析系统外还有电学系统、真空系统和数据处理系统。电学系统为质谱仪的每一个部件提供电源和控制电路。真空系统提供和维持质谱仪正常工作所需要的高真空,通常为 $10^{-3} \sim 10^{-9}$ Pa。数据处理系统用于快速、高效地处理质谱仪获得的数据。

质谱法具有灵敏度高、定性能力强的特点,但对复杂物质的分析就无能为力了。而气相色谱法分离效率高、定量分析简便,但定性能力较差。因此若将气相色谱法高效分离混合物的特点与质谱法高分辨率地鉴定化合物的特点相结合则可相互取长补短,解决许多复杂的分析问题。这种由两种或多种方法结合起来的技术称为联用技术。由气相色谱和质谱结合起来的技术称为气相色谱-质谱联用技术,简称气-质联用(GC-MS)。

GC-MS 的分析过程简述为:当一个混合物样品注入色谱柱后,在色谱柱上进行分离,每种组分以不同的保留时间流出色谱柱,经分子分离器除去载气,只让组分分子进入离子源(若是从毛细管柱流出,则可以直接进入离子源),经电离后,设置在离子源出口狭缝处的总离子流检测器检测到离子流,经放大后即可得到该组分的色谱图,称为总离子流色谱图(TIC)。当某组分出现时,总离子流检测器发出触发信号,启动质谱仪开始扫描从而获得该组分的质谱图。

GC-MS 联用技术的优点是:

(1) 气相色谱仪是质谱法理想的"进样器",试样经色谱法分离后以纯物质的形式进入质谱仪,就可以发挥质谱法的特长。

(2) 质谱仪能检出几乎全部化合物,灵敏度很高,因此是气相色谱法理想的"检测器"。

(3) GC-MS 的定性参数增加,不仅可以提供保留信息,还可以提供质谱图,定性可靠。

GC-MS 的应用十分广泛,从环境污染物分析、食品香味分析鉴定到医疗诊断、药物代谢研究(包括药检)等,都可以应用该方法。

本实验采用苯系物作为分析对象,采用 GC-MS 技术进行分离和检测。

【仪器与试剂】

1. 仪器

日本岛津公司 QP-5000 气-质联用仪,毛细管色谱柱(PTE™-5,30 m × 0.25 mm × 0.25 μm, Supelco, USA),微量进样器,载气:高纯氦气(99.999%)。

2. 试剂

苯,甲苯,乙苯,邻二甲苯,对二甲苯,间甲基乙苯。以上试剂均为 AR,实验所用试样由其中若干种混合得到。

【实验步骤】

(1) 依次打开气相色谱、质谱、计算机电源开关,待仪器自动联机完成后,再执行抽真空步骤。

(2) 待真空度达到要求后依次进行手动检峰,自动调谐。

(3) 设定实验条件。色谱条件如下。

色谱柱温度采用程序升温方式:80℃(10 min) $\xrightarrow{20℃/min}$ 100℃(5 min) $\xrightarrow{20℃/min}$ 120℃(3 min)。

进样口温度:250℃;接口温度:250℃;柱流量:0.4 mL/min。

柱压:50 kPa;进样方式:分流进样;分流比:50∶1;进样量:0.2 μL。

质谱条件如下。

离子源(EI)电压:70 eV;质量范围(m/z):40～350;扫描模式:全扫描;检测器电压:1.5 kV。

(4) 将样品在设定的实验条件下进行分析,得到样品的总离子流色谱图(TIC)。

【数据处理】

根据色谱图上相应各组分的质谱图,通过仪器自带的质谱谱库检索,根据相似度指数判断样品中存在的组分数量并确定组分。

【思考题】

(1) 气-质联用方法较之单一的色谱法或质谱法而言,有何特点?

(2) 在仪器的运转过程中,若真空度不够,对实验结果会产生什么影响?

【拓展文献】

[1] 李中皓,李雪,王庆华,等. 顶空-气质联用内标法检测印刷油墨中的苯及苯系物[J]. 现代食品科技,2011,27(5):587-590.

[2] 张馨予,陈芳芳. 气质联用技术的应用[J]. 现代农业科技,2011(10):13-15.

[3] 王丽琴. 气质联用仪测定电子电气产品中多环芳烃[J]. 化学分析计量,2010,19(5):46-48.

[4] 李海燕,李楠,于丹丹,等. 微波萃取-气质联用测定土壤中的 16 种多环芳烃[J]. 环境监测与预警,2010,2(1):20-23.

实验 2.15　有机化合物的紫外可见光谱及溶剂的影响

【实验目的】

(1) 熟悉芳香族化合物紫外吸收光谱的特征吸收谱带、精细结构及溶剂效应。

(2) 了解紫外-可见分光光度计的原理与结构。

(3) 掌握 Tu-1901 紫外-可见分光光度计的使用。

【实验原理】

紫外-可见吸收光谱属于分子光谱,光谱的产生涉及分子外层电子的能级跃迁,对应的吸收波长通常位于紫外光区和可见光区。该方法主要用于吸光物质的定量分析,也是许多化合物,尤其是有机化合物的定性和结构鉴定的重要工具之一。

1. 分子吸收光谱的形成

分子中的电子总是处在某一种运动状态中,每一种状态都具有一定的能量,属于一定的能级。当这些电子吸收了外来辐射的能量,就从一个能量较低的能级跃迁到一个能量较高的能级。但是由于分子内部运动牵涉到的能级变化比较复杂,分子吸收光谱也就比较复杂。在分子内部除了电子运动状态外,还有核间的相对运动,即核的振动和分子绕着重心的转动。由量子力学理论可知,振动能和转动能是不连续的,即具有量子化的性质。一个分子吸收了外来辐射之后,它的能量变化 ΔE 为其振动能变化 ΔE_v、转动能变化 ΔE_r 以及电子运动

能量变化 ΔE_e 的总和,即

$$\Delta E = \Delta E_v + \Delta E_r + \Delta E_e$$

上式中 ΔE_e 最大,一般为 $1\sim20\ eV$。由于电子能级的跃迁而产生的吸收光谱位于紫外到可见光区。

分子的振动能级间隔 ΔE_v 大约为 ΔE_e 的 $\frac{1}{10}$,一般为 $0.05\sim1.0\ eV$。纯振动能级跃迁产生的吸收光谱位于近红外到中红外区。在发生电子能级跃迁的同时,必然也要发生振动能级之间的跃迁,故得到的是一系列谱线。

分子的转动能级间隔 ΔE_r 大约为 ΔE_v 的 $\frac{1}{100}\sim\frac{1}{10}$,一般小于 $0.05\ eV$。纯转动能级跃迁产生的吸收光谱位于远红外到微波区。当发生电子能级和振动能级之间的跃迁时,也必然发生转动能级之间的跃迁。由于得到的谱线彼此间的波长间隔比较小而使它们连在一起,呈现带状,称为带状光谱。

由于各种物质分子内部结构不同,分子的能级千差万别,各种能级之间的间隔也互不相同,这样就决定了它们对不同波长光线的选择吸收。如果改变通过某一吸收物质的入射光波长,并记录该物质在每一波长处的吸光度 A,然后以波长为横坐标,以吸光度为纵坐标作图,就得到该物质的吸收光谱或吸收曲线。某物质的吸收光谱反映了它在不同光谱区域内吸收能力的分布情况,这可从波形、波峰强度、位置及其数目看出来,从而为研究物质的内部结构提供重要的信息。

2. 紫外吸收光谱与分子结构的关系

在有机分子中,各种能级的高低顺序是:$\sigma<\pi<n<\pi^*<\sigma^*$;6 种可能的跃迁为:$\sigma\rightarrow\sigma^*$、$\sigma\rightarrow\pi^*$、$\pi\rightarrow\sigma^*$、$\pi\rightarrow\pi^*$、$n\rightarrow\sigma^*$、$n\rightarrow\pi^*$(见图 2.15.1)。由于与 σ 成键和反键轨道有关的 4 种跃迁:$\sigma\rightarrow\sigma^*$、$\sigma\rightarrow\pi^*$、$\pi\rightarrow\sigma^*$ 和 $n\rightarrow\sigma^*$ 所产生的吸收谱多位于真空紫外区。只有 $n\rightarrow\pi^*$ 和 $\pi\rightarrow\pi^*$ 跃迁的能量较小,相应波长出现在近紫外区甚至可见光区,是紫外-可见吸收光谱研究的重点区域。

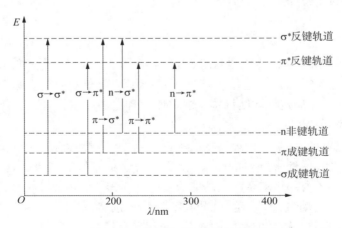

图 2.15.1 电子跃迁能级示意图

芳香族化合物的特征吸收是由苯环结构中 3 个乙烯的环状共轭体系跃迁而产生的两个强吸收带,分别位于 185 nm 和 204 nm,称为 E_1 和 E_2 吸收带。在 230~270 nm 处有一系列的较弱吸收带,称为精细结构吸收带,也称为 B 带,这是由于 $\pi \rightarrow \pi^*$ 跃迁和苯环振动的重叠而引起的,其精细结构常用来辨认芳香族化合物,但当苯环上有取代基时,复杂的 B 吸收带会简单化。

有些溶剂(特别是极性溶剂)会和溶质发生相互作用,因此会对吸收带的波长、强度和形状产生影响。

3. 紫外-可见光谱的应用

1) 定性分析

紫外-可见光谱应用于定性分析是让不同波长的光通过待测物,得到该物质的吸收光谱或吸收曲线。由于不同物质的结构不同,分子能级的能量(各种能级能量总和)或能量间隔不同,因此不同物质将选择性地吸收外来辐射,反映在光谱图上就是在不同的位置有特征吸收峰的存在,而这些吸收峰又与分子的结构有关,因此根据吸收曲线的特性(峰强度、位置及数目等)可以进行定性分析。

2) 结构分析

紫外-可见光谱应用于结构分析主要是用于确定一些化合物的构型和构象,如可根据顺反异构体或互变异构体分子结构的不同,通过紫外-可见光谱上吸收峰位置和强度的变化来进行判别。

紫外-可见分光光度法应用于无机元素的定性分析较少,而在有机化合物的定性鉴定和结构分析中,由于紫外-可见光谱较简单,特征性不强,该法的应用也有一定的局限性。但是它适用于不饱和有机化合物,尤其是共轭体系的鉴定,以此推断未知物的骨架结构。此外,可配合红外光谱、核磁共振波谱法和质谱法进行定性鉴定和结构分析。因此它仍不失为是一种有用的辅助方法。

3) 定量分析

光的吸收定律 物质对光的吸收遵守朗伯-比尔(Lambert-Beer)定律,即当一定波长的光通过某物质的溶液时,入射光强度 I_0 与透过光强度 I_t 之比的对数与该物质的浓度及液层厚度成正比。其数学表达式可写为

$$A = \lg \frac{1}{T} = \lg \frac{I_0}{I_t} = kbc \tag{2.15.1}$$

式中,A 为吸光度;T 为透过率;b 为液层厚度,单位通常为 cm;c 为吸光物质的浓度;k 为比例系数,其值与溶液性质、温度、入射波长以及浓度 c 所采用的单位有关。

当浓度的单位为 $g \cdot L^{-1}$ 时,k 称为吸光系数,以 a 表示,即

$$A = abc \tag{2.15.2}$$

当浓度的单位为 $mol \cdot L^{-1}$ 时,k 称为摩尔吸光系数,以 ε 表示,即

$$A = \varepsilon bc \tag{2.15.3}$$

在特定波长和溶剂情况下,ε 是吸光物质(分子或离子)的一个特征常数。ε 越大,表示该方法的灵敏度越高。由于 ε 与波长有关,因此,ε 常以 ε_λ 表示。

由式(2.15.3)可知,当液层厚度 b 一定时,吸光度 A 正比于被测物的浓度。因此,通过测定溶液对一定波长入射光的吸光度,即可求出该物质在溶液中的浓度和含量。这是利用紫外-可见分光光度法进行定量分析的理论依据。

对于单一组分的定量,常用的方法有标准曲线法和标准对比法。前者是实际工作中用得最多的一种方法。具体做法是配制一系列不同含量的标准溶液,以不含被测组分的空白溶液为参比,在相同条件下测定标准溶液的吸光度,绘制吸光度-浓度曲线。这种曲线就是标准曲线。理想的标准曲线应该是通过原点的直线。再在相同条件下测定未知试样的吸光度,从标准曲线上就可以找到与之对应的未知试样的浓度。在建立一个方法时,首先要确定符合朗伯-比尔定律的浓度范围,即线性范围,定量测定一般在线性范围内进行。标准对比法是在相同条件下测定试样溶液和某一浓度的标准溶液的吸光度 A_x 和 A_s,由标准溶液的浓度 c_s 可计算出试样中被测物的浓度 c_x:

$$A_s = Kc_s, \quad A_x = Kc_x, \quad c_x = \frac{c_s A_x}{A_s}$$

这种方法比较简便,但只有在测定的浓度范围内溶液完全遵守朗伯-比尔定律且 c_s 和 c_x 很接近时,才能得到较为准确的结果。

对于多组分的定量,可根据吸光度具有加和性的特点,利用解联立方程的方法,在同一试样中测定两个以上的组分;也可采用双波长分光光度法或导数分光光度法进行测定。

根据吸收定律建立起来的各种分光光度分析方法广泛用于痕量组分、超痕量组分、常量组分的测定以及混合物中多组分的同时测定。随着有机试剂的开发,只要经过适当的化学处理,绝大多数元素都可用分光光度法进行定量测定。

4) 配合物研究

分光光度法是研究溶液中配合物的组成、配位平衡和测定配合物稳定常数的有效方法之一。

测定配合物组成的方法有摩尔比法(饱和法)、等摩尔连续变化法(Job 法)等。

5) 酸碱离解常数的测定

光度法是测定分析化学中应用的指示剂或显色剂离解常数的常用方法。因为它们大多是有机弱酸或弱碱,只要它们的酸色形和碱色形的吸收曲线不重叠。该法特别适用于溶解度较小的弱酸或弱碱。

4. 紫外-可见分光光度计

紫外-可见分光光度计是用于测量和记录待测物质对紫外光、可见光的吸光度及紫外-可见吸收光谱,以进行定性、定量和结构分析的仪器。其基本结构主要有 5 个部分:光源、单色器、吸收池、检测器和显示器(见图 2.15.2)。

图 2.15.2   紫外-可见分光光度计组件结构示意图

（1）光源。光源是提供入射光的装置。要求在所需的光区,发射连续的具有足够强度和稳定度的紫外光或可见光,并且辐射强度随波长的变化尽可能小,使用寿命长。在可见光区常用的光源为钨灯,可用的波长范围为 350～1 000 nm。在紫外光区常用的光源为氢灯或氘灯,它们发射的连续波长范围为 180～360 nm。其中氘灯的辐射强度大、稳定性好、寿命长。

（2）单色器。单色器是将光源辐射的复合光分成单色光的光学装置。单色器一般由狭缝、色散元件及透镜系统组成。最常用的色散元件是棱镜和光栅。

（3）吸收池。用于盛装试液的装置。吸收池材料必须能够透过所测光谱范围的光,一般可见光区使用玻璃吸收池,紫外光区使用石英吸收池。

（4）检测器。是将光信号转变成电信号的装置。要求其灵敏度高,响应时间短,噪声水平低,且有良好的稳定性。常用的检测器有硒光电池、光电管、光电倍增管和光电二极管阵列检测器。硒光电池构造简单、价格便宜,但长期曝光易"疲劳",灵敏度也不高;光电管灵敏度比硒光电池高,它能将所产生的光电流放大,可用来测量很弱的光;光电倍增管比普通光电管更灵敏,是目前高中档分光光度计中常用的一种检测器;而光电二极管阵列检测器是紫外可见光度检测器的一个重要进展。这类检测器用光电二极管阵列作检测元件,阵列由数百个光电二极管组成,各自测量一窄段即几十微米的光谱。通过单色器的光含有全部的吸收信息,在阵列上同时被检测,并用电子学方法及计算机技术对二极管阵列快速扫描采集数据,由于扫描速度非常快,可以得到三维 (A,λ,t) 光谱图。

（5）显示器。显示器是将检测器输出的信号放大并显示出来的装置。常用的装置有表头指示、数字指示和计算机指示等。

紫外-可见分光光度计主要有单光束分光光度计、双光束分光光度计、双波长分光光度计及光电二极管阵列分光光度计。

【仪器与试剂】

1. 仪器
Tu-1901 型紫外-可见分光光度计,石英比色皿,移液管,容量瓶。
2. 试剂
苯,苯酚,苯甲酸,环己烷,乙醇。以上试剂均为 AR。

【实验步骤】

（1）溶液的配制。
苯-环己烷溶液:取 1 滴苯于刻度试管中,用环己烷稀释至 10 mL 为母液,取 5 滴母液于另一刻度试管中,用环己烷稀释至 10 mL 作为测试液。

苯酚-环己烷溶液:称取 10 mg 苯酚,溶解在 10 mL 环己烷中为母液,取 10 滴母液于另一刻度试管中,用环己烷稀释至 10 mL 作为测试液。

苯酚-乙醇溶液:称取 10 mg 苯酚,溶解在 10 mL 乙醇中为母液,取 10 滴母液于另一刻度试管中,用乙醇稀释至 10 mL 作为测试液。

苯甲酸-乙醇溶液:称取 10 mg 苯甲酸,溶解在 10 mL 乙醇中为母液,取 10 滴母液于另一刻度试管中,用乙醇稀释至 10 mL 作为测试液。

（2）按操作要求,打开紫外-可见分光光度计、计算机和操作软件,等待仪器自检完成并且工作状态稳定。

（3）在 200～400 nm 范围内,以相应溶剂作参比溶液,分别扫描苯-环己烷测试液、苯酚-环己烷测试液、苯酚-乙醇测试液、苯甲酸-乙醇测试液的吸收光谱,并保存。

（4）实验结束后,按操作步骤关闭软件、计算机和光度计。

【实验指导】

每更换一种测试溶液时,需用待测溶液或参比液将石英比色皿润洗三次,避免残留组分的干扰。

【数据处理】

（1）指出图谱中各吸收谱带的类型和跃迁归属。

（2）比较苯酚在不同溶剂中吸收带的差异。

（3）了解苯环上取代基对吸收带的影响。

【思考题】

（1）样品溶液的浓度过大或过小,对测量结果有何影响? 如何调整?

（2）不同的光谱带宽对光谱扫描结果有何影响?

【拓展文献】

[1] 方能虎. 实验化学(下)[M]. 北京:科学出版社,2005.

[2] 朱明华. 仪器分析(第三版)[M]. 北京:高等教育出版社,2000.

[3] 张学亚,刘卓,周密. 溶剂对 TCNQ 的红外和紫外-可见吸收光谱的影响[J]. 吉林大学学报(理学版),2010,48(1):104-108.

[4] 徐海,于道永,阙国和. 金属卟啉在不同溶剂中紫外可见吸收光谱的研究[J]. 石油大学学报(自然科学版),2003,27(2):110-115.

[5] 杨胜科,张金平,徐永花,等. 苏丹Ⅲ在不同溶剂中的紫外-可见光谱研究[J]. 光谱学与光谱分析,2007,27(2):325-328.

[6] 王芳,杨延荣,杨仁杰,等. 应用紫外-可见吸收光谱测定葡萄酒中合成色素胭脂红[J]. 农技服务,2016,33(6):15-16.

实验 2.16   分光光度法同时测定铬和钴的混合物

【实验目的】

（1）学习用分光光度法测定 ε 值,以及进行定量分析的方法。

（2）掌握分光光度法同时测定混合物组分的原理和方法。

【实验原理】

如果样品中只含有一种吸光物质,可根据测定的该物质的吸光光谱曲线,选择适当的吸收波长(一般选择最大吸收波长),根据朗伯-比尔定律,可得标准曲线,从而求出未知液中待测物的含量。如果样品中含有多种吸光物质,在一定条件下分光光度法不经分离即可对混合物进行多组分分析。这是由于吸光度具有加和性,在某一波长下总吸光度等于各组分吸光度的总和,因此可以在同一试样中同时测定多个组分。对于多组分混合液的测定,可根据具体情况分别测定各个成分含量。设试样中有两组分 X 和 Y,将其显色后,分别绘制吸收曲线,会出现如图 2.16.1 所示的三种情况。

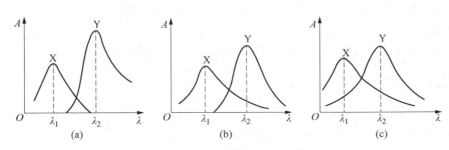

图 2.16.1 混合组分吸收光谱
(a) 不重叠;(b) 部分重叠;(c) 相互重叠

(1) 对于(a)的情况,X、Y 组分的最大吸收波长不重叠,这是多组分同时测定的理想情况,相互不干扰,可在各自最大吸收波长处按单一组分的方法测定。

(2) 对于(b)的情况,测定 X 组分没有干扰,但是测定 Y 组分时,如果选择最大吸收波长就会有干扰。

(3) 对于(c)的情况,由于 X、Y 两组分相互干扰严重,采用单纯的单波长分析已不可能,而只能采用吸光度的加和性原则,通过适当的数学处理来进行测定。

具体方法为:分别在 X、Y 的最大吸收波长 λ_1 和 λ_2 处,测定混合物的吸光度 $A_{\lambda_1}^{X+Y}$ 和 $A_{\lambda_2}^{X+Y}$,然后通过解联立方程组求得 X 和 Y 的浓度:

$$A = \varepsilon bc$$
$$A_{\lambda_1}^{X+Y} = \varepsilon_{\lambda_1}^{X} bc_X + \varepsilon_{\lambda_1}^{Y} bc_Y$$
$$A_{\lambda_2}^{X+Y} = \varepsilon_{\lambda_2}^{X} bc_X + \varepsilon_{\lambda_2}^{Y} bc_Y \tag{2.16.1}$$

其中,X、Y 组分在波长 λ_1 和 λ_2 处的摩尔吸光系数 ε 可由已知浓度的 X、Y 纯溶液测得。解方程组(2.16.1),可求得 c_X 及 c_Y:

$$c_X = \frac{A_{\lambda_1}^{X+Y} \cdot \varepsilon_{\lambda_2}^{Y} - A_{\lambda_2}^{X+Y} \cdot \varepsilon_{\lambda_1}^{Y}}{(\varepsilon_{\lambda_1}^{X} \cdot \varepsilon_{\lambda_2}^{Y} - \varepsilon_{\lambda_2}^{X} \cdot \varepsilon_{\lambda_1}^{Y}) \cdot b} \tag{2.16.2}$$

$$c_Y = \frac{A_{\lambda_2}^{X+Y} \cdot \varepsilon_{\lambda_2}^{X} - A_{\lambda_2}^{X+Y} \cdot \varepsilon_{\lambda_1}^{X}}{(\varepsilon_{\lambda_2}^{X} \cdot \varepsilon_{\lambda_1}^{Y} - \varepsilon_{\lambda_1}^{X} \cdot \varepsilon_{\lambda_2}^{Y}) \cdot b} \quad \text{或} \quad c_Y = \frac{A_{\lambda_1}^{X+Y} - \varepsilon_{\lambda_1}^{X} bc_X}{\varepsilon_{\lambda_1}^{Y} b} \tag{2.16.3}$$

如果有 n 个组分相互重叠,就必须在 n 个波长处测定其吸光度的加和值,然后解 n 元一次方程组,才能分别求出各组分的含量。但随着组分数的增加,实验结果的误差也将增大。

本实验采用分光光度法测定 Co^{2+} 和 Cr^{3+} 的混合物。具体方法是:先分别配制 Co^{2+} 和

Cr^{3+} 的系列标准溶液,在 λ_1 和 λ_2 处分别测量 Co^{2+} 和 Cr^{3+} 的系列标准溶液的吸光度,并绘制标准曲线,两标准曲线的斜率即为 Co^{2+} 和 Cr^{3+} 在 λ_1 和 λ_2 处的摩尔吸光系数,代入公式即可求出 Co^{2+} 和 Cr^{3+} 的浓度。

【仪器与试剂】

1. 仪器

Tu-1901 型紫外-可见分光光度计,玻璃比色皿,容量瓶,吸量管。

2. 试剂

$0.350\ mol \cdot L^{-1}$ $Co(NO_3)_2$ 溶液,$0.100\ mol \cdot L^{-1}$ $Cr(NO_3)_3$ 溶液。

【实验步骤】

1. 准备工作

(1) 清洗容量瓶、移液管及所需玻璃器皿。

(2) 配制 $0.350\ mol \cdot L^{-1}$ $Co(NO_3)_2$ 溶液及 $0.100\ mol \cdot L^{-1}$ $Cr(NO_3)_3$ 溶液。

(3) 按照仪器使用说明检查仪器,开机预热 20 min,并调试至工作状态。

(4) 选择合适的工作模式,设置相关参数。

2. 标准溶液的配制

取 5 只 50 mL 容量瓶,分别加入 2.00 mL、4.00 mL、6.00 mL、8.00 mL、10.00 mL $0.350\ mol \cdot L^{-1}$ $Co(NO_3)_2$ 溶液。另取 5 只 50 mL 容量瓶,分别加入 2.00 mL、4.00 mL、6.00 mL、8.00 mL、10.00 mL $0.100\ mol \cdot L^{-1}$ $Cr(NO_3)_3$ 溶液,均以蒸馏水稀释至刻度,摇匀。

3. 确定最大吸收波长 λ_1 和 λ_2

取步骤 2 配制的 $Co(NO_3)_2$ 和 $Cr(NO_3)_3$ 溶液各一份,以蒸馏水为参比,从 420 nm 到 700 nm,分别扫描出 Co^{2+} 和 Cr^{3+} 的吸收光谱,并确定 λ_1 和 λ_2。

4. 标准曲线的制作

以蒸馏水为参比,在 λ_1 和 λ_2 处分别测定步骤 2 配制的 $Co(NO_3)_2$ 和 $Cr(NO_3)_3$ 系列溶液的吸光度。

5. 未知试液的测定

准确移 5 mL 未知试液于 50 mL 容量瓶中,用蒸馏水定容,摇匀。在 λ_1 和 λ_2 处分别测量试液的吸光度 $A_{\lambda_1}^{Cr+Co}$ 和 $A_{\lambda_2}^{Cr+Co}$ 并记录。

【实验指导】

(1) 对一系列标准溶液进行测试时,需要用空白液(蒸馏水)做一次校正。同时还应注意比色皿内不得粘有小气泡,否则影响测试结果。

(2) 本试验采用双波长法,分别绘制 $Co(NO_3)_2$ 和 $Cr(NO_3)_3$ 标准溶液在 λ_1 和 λ_2 处的标准曲线(4 条)。

(3) 测量完毕后,关闭仪器电源,取出吸收池,清洗晾干后放入盒内保存。清理工作台,罩上仪器防尘罩,填写仪器使用记录。清洗容量瓶及其他所用的玻璃器皿,并放回原处。

【数据处理】

（1）根据 Co^{2+} 和 Cr^{3+} 的吸收光谱，确定 λ_1 和 λ_2。

（2）分别绘制 Co^{2+} 和 Cr^{3+} 在 λ_1 和 λ_2 处的标准曲线，并求出 $\varepsilon_{\lambda_1}^{Cr}$、$\varepsilon_{\lambda_2}^{Cr}$、$\varepsilon_{\lambda_1}^{Co}$、$\varepsilon_{\lambda_2}^{Co}$。

（3）由测得的未知试液的吸光度 $A_{\lambda_1}^{Cr+Co}$ 和 $A_{\lambda_2}^{Cr+Co}$，用公式求未知试液中 Co^{2+} 和 Cr^{3+} 的浓度。

【思考题】

（1）同时测定两组分混合液时，如何选择吸收波长？

（2）若同时测定三组分混合液，如何设计实验？

【拓展文献】

[1] 唐祝兴,王昊. 双波长分光光度法同时测定电镀液中铜和铁[J]. 电镀与精饰,2011,33(1):38-41.

[2] 石磊. 双波长分光光度法测定铝土矿中微量磷[J]. 分析试验室,2010,29(12):87-89.

[3] 姚宏亮,李方实,董江水. 双波长分光光度法同时测定水杨醛和苯酚[J]. 理化检验(化学分册),2010,46(1):41-43.

[4] 汤家华,程乐华,邢会会. 溴邻苯三酚红双波长分光光度法测定铝合金中铜[J]. 理化检验(化学分册),2018,54(5):551-553.

[5] 辜忠春,李光荣,洪海彦,等. 双波长分光光度法测定杨梅叶中总黄酮的研究[J]. 食品工业,2018,39(1):295-297.

实验 2.17　化学振荡反应及其催化剂的影响

【实验目的】

（1）通过对 B-Z 类化学振荡反应的研究,了解非平衡态时的化学现象。

（2）了解耗散结构理论。

（3）理解振荡反应产生的原因,即某些原理平衡态的系统,通过消耗能量和物质,有可能达到一种时间或空间有序的状态。

【实验原理】

人们所研究的化学反应,其反应物和产物的浓度呈单调变化,最终达到不随时间变化的平衡态,而某些化学反应体系会出现非平衡非线性现象,即有些组分的浓度会呈现周期性变化,该现象称为化学振荡。该体系在远离平衡态下,由于本身的非线性动力学机制产生的宏观时空有序结构,Prigogine 等称其为耗散结构(dissipative structure)。最典型的耗散结构是 B-Z 体系的时空有序结构。所谓 B-Z 体系是指由溴酸盐、有机物在酸性介质中,在有(或无)金属离子催化剂催化下构成的体系。它是由苏联科学家 Belousov 发现,后经 Zhabotinski 发展而得名。

大量的实验研究表明,化学振荡现象的发生必须满足以下 3 个条件：

(1) 必须是远离平衡态的敞开体系；

(2) 反应历程中应含有自催化步骤；

(3) 体系必须具有双稳态,即可在两个稳态之间来回振荡。

有关 B-Z 振荡反应的机理,目前为人们所普遍接受的是 FKN 机理。对于本实验的振荡反应：

$$2BrO_3^- + 3CH_2(COOH)_2 + 2H^+ \xrightarrow{Ce^{4+}, Br^-} 2BrCH(COOH)_2 + 3CO_2 + 4H_2O$$

FNK 机理认为,在硫酸介质中以铈离子作催化剂的条件下,丙二酸被溴酸盐氧化的过程至少涉及 9 个反应。

(1) 当上述反应中 Br^- 离子浓度较大时,BrO_3^- 通过下面系列反应被还原为 Br_2:

$$Br^- + BrO_3^- + 2H^+ \longrightarrow HBrO_2 + HOBr \tag{1}$$

$$HBrO_2 + Br^- + H^+ \longrightarrow 2HOBr \tag{2}$$

$$HOBr + Br^- + H^+ \longrightarrow Br_2 + H_2O \tag{3}$$

其中反应(3)是控速步骤,它反应产生的 Br_2 使丙二酸溴化：

$$Br_2 + CH_2(COOH)_2 \longrightarrow BrCH(COOH)_2 + Br^- + H^+ \tag{4}$$

因此,导致丙二酸溴化的总反应为上述 4 个反应之和：

$$BrO_3^- + 2Br^- + 3CH_2(COOH)_2 + 3H^+ \longrightarrow 3BrCH(COOH)_2 + 3H_2O \tag{a}$$

(2) 当 Br^- 离子浓度较小时,溶液的下列反应导致了铈离子的氧化：

$$2HBrO_2 \longrightarrow BrO_3^- + HOBr + H^+ \tag{5}$$

$$H^+ + BrO_3^- + HBrO_2 \longrightarrow 2BrO_2 + H_2O \tag{6}$$

$$H^+ + BrO_2 + Ce^{3+} \longrightarrow HBrO_2 + Ce^{4+} \tag{7}$$

上面 3 个反应的总和组成了下列反应：

$$BrO_3^- + 4Ce^{3+} + 5H^+ \longrightarrow HOBr + 4Ce^{4+} + 2H_2O \tag{b}$$

该反应是振荡反应发生所必需的自催化反应。

最后,Br^- 可通过下列两步反应而得到再生：

$$BrCH(COOH)_2 + 4Ce^{4+} + 2H_2O \longrightarrow Br^- + HCOOH + 2CO_2 + 4Ce^{3+} + 5H^+ \tag{8}$$

$$HOBr + HCOOH \longrightarrow Br^- + CO_2 + H^+ + H_2O \tag{9}$$

上述两式偶合得到的反应为

$$BrCH(COOH)_2 + 4Ce^{4+} + HOBr + H_2O \longrightarrow 2Br^- + 3CO_2 + 4Ce^{3+} + 6H^+ \tag{c}$$

如将上述反应式(a)(b)和(c)相加就组成了反应系统中的一个振荡周期,即得到总反应式。在总反应中铈离子和溴离子已经抵消,起到了真正的催化作用。

测定和研究 B-Z 化学振荡可以采用离子选择性电极法、分光光度法和电化学法等方法。

本实验采用分光光度法,测定不同物种浓度、外界超声时间和不同支持电解质对振荡的影响。

【仪器与试剂】

1. 仪器

TU-1901 紫外分光光度计。

2. 试剂

丙二酸(MA),H_2SO_4,$KBrO_3$,$Ce(SO_4)_2 \cdot 4H_2O$,Na_2SO_4,$MnSO_4$。以上试剂均为 AR,配制溶液均用去离子水。

【实验步骤】

在室温条件下,依次在烧杯中加入反应物料丙二酸、$KBrO_3$ 搅拌均匀,然后快速加入 $Ce(SO_4)_2$ 并开始计时,搅拌均匀后迅速放入仪器的光路,选用波长为 320 nm,运行 $A\text{-}t$ 模式,记录吸光度和时间的曲线图,直至振荡结束。上述反应体系中,反应物的初始浓度:MA 为 $0.3\,mol \cdot L^{-1}$;$KBrO_3$ 为 $0.09\,mol \cdot L^{-1}$;Ce^{4+} 为 $0.004\,mol \cdot L^{-1}$。

分别改变催化剂 Ce^{4+} 的浓度、$KBrO_3$ 的浓度;改变超声时间;加入一定量的 Na_2SO_4、$MnSO_4$,重复上述操作。测定诱导期、振荡寿命、振幅随各种影响因素的变化而产生的影响。

【实验指导】

(1) 分光光度计跟踪反应过程,记录不同时刻的吸光度。溶液刚进入光路时,吸光度会有所下降。几分钟后吸光度来回摆动,呈现周期性变化,后期振荡周期延长,呈阻尼振荡趋势。

(2) 上述各种溶液的配制均用 $1\,mol \cdot L^{-1}\ H_2SO_4$ 配制和稀释定容。

(3) 注意该实验中试剂正确的加入顺序。

(4) 实验反应完毕后,各种溶液分别倒入 4 个标记的试剂瓶中回收。

【数据处理】

将吸光度随时间的变化关系做记录,并用软件作图,得到振荡曲线。由振荡曲线来分析诱导期、振荡寿命、振幅、频率与各种影响因素的关系。

【思考题】

(1) 以 MA 为底物的振荡体系,增大其浓度,振幅会有何变化? 当改变 $KBrO_3$ 的起始浓度,诱导期和振荡寿命如何变化? 从机理入手试着解释该现象。

(2) 其他活性亚甲基化合物如丙酮、柠檬酸是否也可以代替 MA 作为反应底物?

【拓展文献】

[1] 高锦章,牛秀丽,任杰,等. Na_2SO_4 溶液对 B-Z 振荡体系非线性行为的影响[J]. 西北师范大学学报(自然科学版),2009,45(4):60-65.

[2] Lucyane C Silva, Roberto B Faria. Complex dynamic behavior in the bormate-oxalic acid-acetone-Mn(Ⅱ) oscillating in a continuous stirred tand reactor(CSTR) [J]. Chemical Physics Letters,2007,440:79-82.

［3］ Marco Masia, Nadia Marchettini, Vincenzo Zambrano. Effect of temperature in a closed unstirred Belousov-Zhabotinsky system［J］. Chemical Physics Letters, 2001, 341:285-291.

［4］ Federico Rossi, Federico Pulselli, Enzo Tiezzi, et. al. Effects of the electrolytes in a closed unstirred Belousov-Zhabotinksy medium［J］. Chemical Physics, 2005, 313:101-106.

［5］ Mauro Rustici, Mario Branca, Carlo Caravati, et. al. Evidence of a chaotic transient in a closed unstirred cerium catalyzed Belousov-Zhabotinsky system［J］. Chemical Physics Letters, 1996, 263:429-434.

［6］ 于敏, 王传岭, 张嘉娴. BZ 振荡法对几种有机酸含量测定的研究［J］. 山东化工, 2020, 49(4):98-100.

［7］ 于敏, 王传岭, 张嘉娴. BZ 振荡法测定维生素 C 的含量［J］. 山东化工, 2019, 48(22):81-83.

实验 2.18　薄膜和固体有机物的红外光谱测定

【实验目的】

(1) 掌握红外光谱分析的基本原理。

(2) 学习傅里叶变换红外光谱仪的工作原理及使用方法。

(3) 比较各种羰基在不同结构化合物中的红外吸收频率,理解取代效应和共轭效应的作用。

(4) 掌握固体样品的制样技术。

【实验原理】

1. 红外光谱的产生

红外吸收光谱是一种分子光谱,是由分子振动能级的跃迁同时伴随转动能级跃迁而产生的,因此红外光谱的吸收峰是有一定宽度的吸收带。

物质分子吸收红外辐射应满足两个条件:

(1) 某红外光具有刚好能满足物质振动能级跃迁时所需要的能量;

(2) 红外光与物质之间有耦合作用。

因此,当样品受到频率连续变化的红外光照射时,如果分子中某个基团的振动频率与其一致,两者就会产生共振,此时光的能量通过分子偶极矩的变化而传递给分子,这个基团就吸收一定频率的红外光,产生振动跃迁,这时物质的分子就产生红外吸收,使相应的这些吸收区域的透射光强度减弱。记录红外光的百分透射比与波数或波长的关系曲线,就得到红外光谱图。

一般红外吸收光谱的纵坐标为百分透射比 $T(\%)$,因此吸收峰向下,向上时则为谷;其横坐标是波数 $\sigma(\sigma=1/\lambda,\ \mathrm{cm}^{-1})$。中红外区的波数范围是 $400\sim4\,000\ \mathrm{cm}^{-1}$。

除了对称分子外,几乎所有的有机化合物和许多无机化合物都有相应的红外吸收光谱,而且其特征性很强,所以具有不同结构的化合物有不同的红外光谱。谱图中的吸收峰与分子中各基团的振动特性相对应,所以红外吸收光谱是确定化学基团、鉴定未知物结构的最重要的工具之一。

2. 基团的特征吸收峰

在有机化合物分子中,组成分子的各种基团(官能团),如 O—H、N—H、C—H、

C≡C、C═O 等都有自己特定的红外吸收区域。通常把能代表某基团存在并有较高强度的吸收峰的位置,称为该基团(官能团)的特征频率(简称基团频率),对应的吸收峰则称为特征吸收峰。基团的特征吸收峰可用于鉴定官能团。

由于同一类型化学键的基团在不同化合物的红外光谱中吸收峰位置是大致相同的,这一特性提供了鉴定各种基团(官能团)是否存在的判断依据,从而成为红外光谱定性分析的基础。

3. 红外光区的划分

红外光在可见光区和微波光区之间,波长范围为 $0.75\sim1000\,\mu m$。根据仪器技术和应用不同,习惯上将红外光区分为 3 个区:近红外光区($0.75\sim2.5\,\mu m$)、中红外光区($2.5\sim25\,\mu m$)和远红外光区($25\sim1000\,\mu m$)。

近红外光区的吸收带($0.75\sim2.5\,\mu m$)主要是由低能电子跃迁、含氢原子团(如 O—H、N—H、C—H)伸缩振动的倍频吸收产生。该区的光谱可用来研究稀土和其他过渡金属离子的化合物,并适用于水、醇、某些高分子化合物以及含氢原子团化合物的定量分析。

中红外光区吸收带($2.5\sim25\,\mu m$)是绝大多数有机化合物和无机离子的基频吸收带[由基态振动能级($n=0$)跃迁至第一振动激发态($n=1$)时所产生的吸收峰称为基频峰]。由于基频振动是红外光谱中吸收最强的振动,所以该区最适合进行红外光谱的定性和定量分析。同时,中红外光谱仪最为成熟、简单,而且目前已积累了该区大量的数据资料,因此它是应用极为广泛的光谱区。通常,将中红外光谱法简称为红外光谱法。

远红外光区吸收带($25\sim1000\,\mu m$)是由气体分子中的纯转动跃迁、振动-转动跃迁、液体和固体中重原子的伸缩振动、某些变角振动、骨架振动以及晶体中的晶格振动所引起的。由于低频骨架振动能灵敏地反映出结构变化,所以对异构体的研究特别方便。此外,还能用于金属有机化合物(包括络合物)、氢键、吸附现象的研究。但由于该光区能量弱,除非其他波长区间内没有合适的分析谱带,一般不在此范围内进行分析。

4. 红外光谱法的特点

红外光谱法主要研究在振动中伴随有偶极矩变化的化合物(没有偶极矩变化的振动在拉曼光谱中出现)。因此,除了单原子和同核分子如 Ne、He、O_2、H_2 等之外,几乎所有的有机化合物在红外光谱区均有吸收。而且除光学异构体、某些相对分子质量高的高聚物以及在相对分子质量上只有微小差异的化合物外,凡是具有结构不同的两个化合物,一定不会有相同的红外光谱。多原子分子的红外光谱与其结构的关系,一般是通过实验手段获得。即通过比较大量已知化合物的红外光谱,从中总结出各种基团的吸收规律。

红外吸收带的波数位置、波峰的数目以及吸收谱带的强度反映了分子结构的特点,谱图中的吸收峰与分子中各基团的振动形式相对应,可以用来鉴定未知物的结构组成或确定其化学基团;而吸收谱带的吸收强度与分子组成或化学基团的含量有关,可用以进行定量分析和纯度鉴定。

由于红外光谱分析特征性强,气体、液体、固体样品都可测定,并具有用量少、分析速度快和不破坏样品的特点。因此,红外光谱法不仅能进行定性和定量分析,而且是鉴定化合物和测定分子结构的有效方法之一。

5. 傅里叶变换红外光谱仪原理

傅里叶(Fourier)变换红外光谱仪(FT-IR)是 20 世纪 70 年代出现的基于干涉调频分光

的新一代红外光谱测量的仪器。这种仪器不用狭缝,因而消除了狭缝对光能的限制,可以同时获得光谱所有频率的信息。

仪器主要由光源(硅碳棒、高压汞灯)、Michelson 干涉仪、检测器、计算机和记录仪组成。核心部分为 Michelson 干涉仪,它将光源来的信号以干涉图的形式送往计算机进行傅里叶变换的数学处理,最后将干涉图还原成光谱图。图 2.18.1 为傅里叶变换红外光谱仪工作原理示意图。

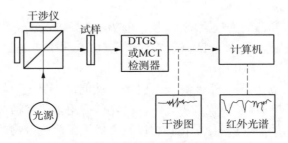

图 2.18.1　傅里叶变换红外光谱仪工作原理示意图

仪器中干涉仪的作用是将光源发出的光分成两光束后,再以不同的光程差重新组合,发生干涉现象。当两束光的光程差为 $\frac{\lambda}{2}$ 的偶数倍时,则落在检测器上的相干光相互叠加,产生明线,其相干光强度有极大值;相反,当两束光的光程差为 $\frac{\lambda}{2}$ 的奇数倍时,则落在检测器上的相干光相互抵消,产生暗线,相干光强度有极小值。由于多色光的干涉图等于所有各单色光干涉图的加合,故得到的是具有中心极大,并向两边迅速衰减的对称干涉图。

干涉图包含光源的全部频率和与该频率相对应的强度信息。因此,如果将一个有红外吸收的样品放在干涉仪的光路中,由于样品能吸收特征波数的能量,故得到的干涉图强度曲线就会相应地产生一些变化。包括每个频率强度信息的干涉图,可借数学上的傅里叶变换技术对每个频率的光强进行计算,从而得到吸收强度或透过率和波数变化的普通光谱图。

傅里叶变换红外光谱具有扫描速度快、分辨率高、灵敏度高的特点,除此之外,还有光谱范围宽($1\,000 \sim 10 \text{ cm}^{-1}$)、测量精度高(重复性可达 0.1%)、杂散光干扰小、样品不受因红外聚焦而产生热效应的影响等特点。

【仪器与试剂】

1. 仪器

傅里叶变换红外光谱仪(Avatar360,美国 Nicolet 公司),压片机,压模,玛瑙研钵。

2. 试剂

苯甲酸,二苯甲酮,聚苯乙烯,溴化钾。以上试剂均为 AR。

【实验步骤】

(1) 对所选定的样品按照要求进行制样(固体样品用压片法制样)。

(2) 设定仪器参数,测定各样品的红外光谱,并用仪器自带软件优化谱图。

【实验指导】

(1) 固体样品压片时,取 1～2 mg 试样与 200 mg 纯 KBr 混匀研细,置于模具中,用 30 MPa 压力在油压机上压成透明薄片,即可用于测定。试样和 KBr 都应经干燥处理,研磨到粒度小于 2 μm,以免散射光影响。在实验过程中,注意保证干燥的操作环境。

(2) 解释红外光谱时,只需指认各基团的特征吸收峰,不必对每一吸收峰作出解释。

【数据处理】

(1) 记录实验条件。

(2) 在红外谱图上,从高波数到低波数,标出各特征吸收峰的频率,并指出其归属于何种基团的何种振动。

【思考题】

(1) 若用氯原子代替烷基,羰基特征吸收峰会发生何种变化?

(2) 讨论芳香类取代基对羰基特征吸收峰的影响。

【拓展文献】

[1] 朱明华. 仪器分析(第三版)[M]. 北京:高等教育出版社,2000.

[2] 方能虎. 实验化学(下)[M]. 北京:科学出版社,2005.

[3] 回瑞华,侯冬岩,关崇新,等. 红外光谱法测定奶粉中苯甲酸钠的含量[J]. 食品科学,2003, 24(8): 121-123.

[4] 姜承志,李媛,李笑冉. 活性炭吸附-红外光谱法定性分析空气中的苯[J]. 辽宁化工,2020,49(12):1581-1584.

[5] Kazuhiko Ohashi, Hayato Takeshita. Infrared spectroscopic and computational studies of Co(ClO₄)₂ dissolved in N, N-dimethylformamide (DMF). Vibrations of DMF influenced by Co^{2+} or ClO_4^- or both [J]. Spectrochimica Acta Part A: Molecular and Biomolecular Spectroscopy, 2021, 248:119289-119297.

实验 2.19　荧光法测定乙酰水杨酸和水杨酸

【实验目的】

(1) 掌握用荧光法测定药物中乙酰水杨酸和水杨酸的方法。

(2) 了解 Cary Eclipse 型荧光光谱仪的基本操作。

【实验原理】

1. 分子荧光的产生

室温下,多数分子处在基态的最低振动能级,而基态分子中偶数电子成对地存在于各个分子轨道中,根据 Pauli 不相容原理,分子中同一轨道所占据的两个电子必须具有相反的自旋方向,所以电子净自旋等于零,即 $s=0$,分子的多重态磁量子数 $M=2s+1=1$,这种电子称单重态,用 S_0 表示。分子吸收能量后,若电子在跃迁过程中不发生自旋方向的变化,这时分子处于激发的单重态,第一、第二激发单重态分别以 S_1、S_2 表示。如果电子在跃迁过程中还伴随自旋方向的改变,这时分子便具有两个自旋不配对的电子,即 $s=1$,分子的多重态 $M=3$,处于激发的三重态,以 T_1、T_2 表示。按照洪特规则,处于分立轨道上的非成对电子,平行自旋要比成对自旋更稳定,所以三重态能级总是比相应的单重态能级稍低(见图 2.19.1)。

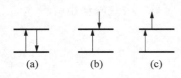

图 2.19.1   电子激发的状态
(a) 单重基态;(b) 单重激发态;
(c) 三重激发态

处于激发态的分子,可以通过无辐射的方式去活,将多余的能量转移给其他分子或经激发态分子内部的振动或转动能级的内部转换后,回到第一激发单重态的最低振动能级,然后再以发射辐射的方式去活,跃迁回至基态各振动能级,发射出荧光。当第一激发态单重态和三重态之间发生振动耦合,则可以通过无辐射方式去活,回至最低三重态,然后以发射辐射的方式去活,跃迁回至基态时,便发射出磷光(见图 2.19.2)。

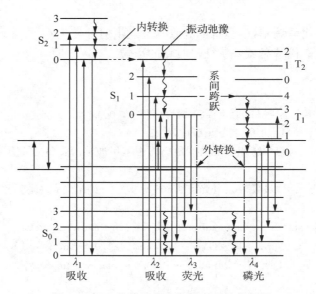

图 2.19.2   分子吸收和发射过程的能级图

2. 激发光谱与荧光光谱

由于荧光是光致发光,因此必须选择合适的激发光波长,这可以根据它们的激发光谱曲线来确定。固定荧光发射波长(λ_{em}),测定不同波长激发光下物质溶液发射的荧光强度 F,作 F-λ 曲线即得激发光谱曲线。由激发光谱曲线可得到最大激发波长 λ_{ex}。选择 λ_{ex} 作激发波长,然后测定不同发射波长时的荧光强度,即得荧光光谱曲线。

3. 荧光与分子结构的关系

分子产生荧光必须具备两个条件:一是分子必须具有与所照射的辐射频率相适应的结构,才能吸收激发光;二是吸收了与其本身特征频率相同的能量之后,必须具有一定的荧光量子效率。

荧光量子效率 φ 也称荧光效率或荧光量子产率,反映了荧光物质发射荧光的能力,可以表示为物质发射荧光的分子数与吸收激发光的分子数的比值:

$$\varphi = \frac{发射荧光的分子数}{吸收激发光的分子数} \tag{2.19.1}$$

φ 数值在 $0\sim1$ 之间,其值越大物质发射的荧光越强。而其值的大小取决于物质分子的化学结构及环境(温度、体系的 pH 值、溶剂的性质等)。

荧光分子与溶剂或其他溶质分子之间相互作用,使荧光强度减弱的现象称为荧光猝灭。引起荧光强度降低的物质称为猝灭剂。而当荧光物质的浓度过大时,会产生自猝灭现象。

分子结构是影响物质发射荧光和荧光强度的重要因素。

具有芳环或具有多个共轭双键的有机化合物容易产生荧光,稠环化合物也会产生荧光。π 电子共轭程度越大,荧光强度就越强。饱和的或只有一个双键的化合物,没有明显的荧光。

取代基对分子发射荧光的影响非常显著,当苯环上取代基为给电子基团时,使 π 电子共轭程度增加,使荧光强度增强,如:$—CH_3$,$—NH_2$,$—OH$,$—OR$ 等;当苯环上取代基为吸电子基团时,荧光强度减弱甚至熄灭,如:$—COOH$,$—CHO$,$—NO_2$,$—N=N—$等。

共平面性高和刚性结构的分子,可使分子与溶剂或其他溶质分子的相互作用减小,因而有利于荧光的发射。

大多数无机盐类金属离子不能产生荧光,但在某些情况下,金属螯合物却能产生很强的荧光。

4. 荧光强度与溶液浓度的关系

荧光是由物质吸收光能后发射的,因此,溶液的荧光强度 F 与溶液吸收光能的程度以及物质的荧光频率有关:

$$F \propto (I_0 - I_t) \rightarrow F = K'(I_0 - I_t) \tag{2.19.2}$$

式中,K' 为取决于荧光物质的量子效率 φ 的常数;I_0 为入射光强度;I_t 为经过厚度为 b 的介质后的光强。根据朗伯-比尔定律

$$\frac{I_t}{I_0} = 10^{-\varepsilon bc} \rightarrow I_t = I_0 \cdot 10^{-\varepsilon bc} \tag{2.19.3}$$

式中,ε 是荧光分子的摩尔吸光系数;c 是荧光物质的浓度。将式(2.19.3)代入式(2.19.2)得

$$F = K'(I_0 - I_0 10^{-\varepsilon bc}) = K'I_0(1 - 10^{-\varepsilon bc}) = K'I_0(1 - e^{-2.303\varepsilon bc}) \tag{2.19.4}$$

将式(2.19.4)中 $e^{-2.303\varepsilon bc}$ 展开,得

$$F = K'I_0\left(2.303\varepsilon bc - \frac{(2.303\varepsilon bc)^2}{2!} + \frac{(2.303\varepsilon bc)^3}{3!} + \cdots\right) \tag{2.19.5}$$

当 $2.303\varepsilon bc \leqslant 0.05$ 时(浓度很小,溶液较稀时),上式括号内第一项以后的各项均可忽略不计,所以有

$$F = K'I_0 2.303\varepsilon bc \tag{2.19.6}$$

当 I_0 及 b 一定时,有

$$F = Kc \tag{2.19.7}$$

即在低浓度($2.303\varepsilon bc \leqslant 0.05$)时,溶液的荧光强度与荧光物质的浓度成正比关系。

5. 荧光分析仪

用于测量荧光的仪器通常都由光源、单色器、样品池、检测器等几部分组成。光学系统示意图如图 2.19.3 所示。

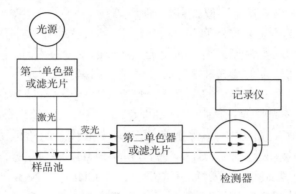

图 2.19.3 荧光光谱仪光学系统示意图

由光源发出的光,经过第一单色器(激发光单色器)后,得到所需要的激发光波长。若其强度为 I_0,通过样品池后,由于一部分光线被荧光物质所吸收,故其透射强度减为 I_t。荧光物质被激发后,将发射荧光,为消除入射光和散射光的影响,荧光的测量应在与激发光成直角的方向进行。仪器中的第二单色器称为荧光单色器,其作用是消除溶液中可能共存的其他光线的干扰。荧光作用于检测器上,得到相应的电信号,放大后,再用适当的记录器记录。

阿司匹林的主要成分为乙酰水杨酸(ASA),将其水解可以生成水杨酸(SA),在阿司匹林中,都或多或少存在一些水杨酸。用氯仿作为溶剂,用荧光法可以分别测定它们的含量。加入少许醋酸可以增加两者的荧光强度。在 1‰醋酸-氯仿中,乙酰水杨酸和水杨酸的激发光谱和荧光光谱如图 2.19.4 所示。

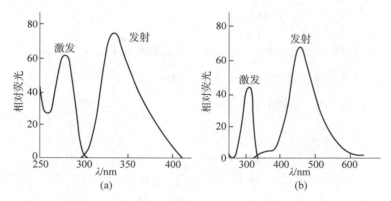

图 2.19.4 1‰醋酸-氯仿中的激发光谱和荧光光谱
(a) 乙酰水杨酸;(b) 水杨酸

【仪器与试剂】

1. 仪器
Cary Eclipse 荧光光谱仪,石英比色皿,容量瓶,移液管。

2. 试剂

乙酰水杨酸（AR），水杨酸（AR），醋酸（AR），氯仿（AR），阿司匹林。

【实验步骤】

1. ASA 和 SA 贮备溶液的配制

(1) ASA 贮备液的配制：称取 0.400 0 g 乙酰水杨酸溶于 1％醋酸-氯仿溶液中，用 1％醋酸-氯仿溶液定容于 1 000 mL 容量瓶中，摇匀，备用。

(2) SA 贮备液的配制：称取 0.750 g 水杨酸溶于 1％醋酸-氯仿溶液中，用 1％醋酸-氯仿溶液定容于 1 000 mL 容量瓶中，摇匀，备用。

2. ASA 和 SA 激发光谱和荧光光谱的绘制

将 ASA 和 SA 贮备液分别稀释 100 倍（分两次完成，每次稀释 10 倍）。用得到的溶液分别扫描 ASA 和 SA 的激发光谱和荧光光谱曲线，并分别确定它们的最大激发波长和最大发射波长。

3. 标准曲线的制作

1) ASA 标准曲线的制作

用移液管分别准确移取浓度为 4.00 $\mu g \cdot mL^{-1}$ 的 ASA 溶液 2.00 mL、4.00 mL、6.00 mL、8.00 mL、10.00 mL 至 5 只 50 mL 容量瓶中，用 1％醋酸-氯仿溶液定容，摇匀。分别测量它们的荧光强度。

2) SA 标准曲线的制作

用移液管分别准确移取浓度为 7.5 $\mu g \cdot mL^{-1}$ 的 SA 溶液 2.00 mL、4.00 mL、6.00 mL、8.00 mL、10.00 mL 至 5 只 50 mL 容量瓶中，用 1％醋酸-氯仿溶液定容，摇匀。分别测量它们的荧光强度。

4. 阿司匹林药片中乙酰水杨酸和水杨酸的测定

取 5 片阿司匹林药片磨成粉末，准确称取 0.40 mg 并用 1％醋酸-氯仿溶液溶解，全部转移至 100 mL 容量瓶中，用 1％醋酸-氯仿溶液定容。迅速通过定量滤纸干过滤，用该滤液在与标准溶液同样的测定条件下测量 SA 的荧光强度。

将上述滤液稀释 1 000 倍（通过 3 次稀释来完成），在与标准溶液同样的测定条件下测量 ASA 的荧光强度。

【实验指导】

(1) 为了消除不同药片之间的差异，可取几片药片同时研磨，然后取样进行分析。

(2) 阿司匹林药片溶解后，在 1 h 内要完成测定，否则 ASA 的含量将降低。

【数据处理】

(1) 从绘制的 ASA 和 SA 的激发光谱和荧光光谱曲线上，确定它们的最大激发波长和最大发射波长。

(2) 分别绘制 ASA 和 SA 的标准曲线，从标准曲线上确定试样溶液中 ASA 和 SA 的浓度，并计算每片阿司匹林药片中 ASA 和 SA 的含量（mg），将 ASA 的测定值与说明书上的值进行比较。

【思考题】

根据 ASA 和 SA 的激发光谱和荧光光谱曲线,解释这种分析方法可行的原因。

【拓展文献】

[1] 方能虎. 实验化学(下)[M]. 北京:科学出版社,2005.

[2] 张勇余,李少霞,朱亚先,等. 同步荧光法同时测定苯甲酸和水杨酸的研究[J]. 分析科学学报,1995,
11(1):29-32.

[3] 买尔旦. 荧光分光光度法测定水杨酸的含量[J]. 新疆医学院学报,1988,11(3):182-184.

[4] 戚琦,李蕾,李勋,等. 聚乙二醇 800-PVP 双水相体系萃取荧光测定阿司匹林肠溶片中水杨酸[J]. 光谱
实验室,2005,22(1):103-105.

[5] 孙艳涛,李美锡,刘仕聪,等. 荧光法测定水杨酸片中水杨酸的含量[J]. 吉林师范大学学报(自然科学
版),2020,41(2):83-88.

[6] 韩迎春,赵丽华,龚时琼,等. 荧光测定阿司匹林肠溶片中水杨酸实验的绿色化[J]. 实验室科学,2018,
21(4):4-7.

[7] 胡佳欣,邹倩,郭勇金,等. 荧光光谱法测定水杨酸条件的改进探究. 2019,8:82-85.

实验 2.20   原子吸收分光光度法测定饮用水中的镁

【实验目的】

(1) 学习耶拿 NOVA350 原子吸收分光光度计的结构及使用方法。

(2) 掌握用标准曲线法和标准加入法进行定量测定的方法。

【实验原理】

通常情况下,原子处于基态。当通过基态原子的某辐射线所具有的能量(或频率)恰好符合该原子从基态跃迁到激发态所需的能量(或频率)时,该基态原子就会从入射辐射吸收能量跃迁到高能态,从而产生原子吸收光谱。由于原子的能级是量子化的,所以原子对不同频率辐射的吸收也是有选择性的。这种选择吸收的关系服从 $\Delta E = h\nu = h\dfrac{c}{\lambda}$。当原子的外层电子从基态跃迁到能量最低的激发态即第一电子激发态时产生的吸收谱线称为第一共振吸收线。这种跃迁所需的能量最低,跃迁最容易,因此大多数元素的第一共振吸收线就是该元素的灵敏线。选择该线进行分析干扰较少。

待测元素在进行原子化时,其中必有一部分原子吸收了较多的能量而处于激发态,根据热力学原理,当在一定温度下处于热力学平衡时,激发态原子数与基态原子数之比服从玻尔兹曼分配定律:

$$\frac{N_j}{N_0} = \frac{g_j}{g_0} e^{-\frac{E_j}{kT}} \tag{2.20.1}$$

式中,g_j 和 g_0 是激发态和基态的统计权重;E_j 是激发能;k 是玻尔兹曼常数;T 是绝对温度。

从中可以看出,N_j/N_0 的大小主要与激发能和温度有关。温度越高,N_j/N_0 越大,即激发态原子数随温度升高按指数关系增加;温度不变时,激发能越小,吸收线波长越长,N_j/N_0 越大。尽管如此,在原子吸收光谱法中,激发态和基态原子数之比小于千分之一,因此,激发态原子可以忽略,可以认为处于基态的原子数近似地等于所生成的总原子数 N。

原子吸收光谱应用于定量分析时是在光源发射线的半宽度小于吸收线的半宽度的条件下(即采用锐线光源),以一定光强 I_0 的单色光通过一定厚度的原子蒸气,然后测出被基态原子吸收后的光强 I_t。这个吸收过程符合朗伯-比尔定律:

$$I_t = I_0 e^{(-K'NL)} \tag{2.20.2}$$

式中,K' 为吸收系数。将式(2.20.2)变换为

$$\lg \frac{I_0}{I_t} = 0.434 K'NL \tag{2.20.3}$$

当实验条件一定时,N 为自由原子总数(近似于基态原子数),正比于待测元素的浓度 c,其他有关的参数也是常数,故式(2.20.3)简化为

$$A = \lg \frac{I_0}{I_t} = Kc \tag{2.20.4}$$

式(2.20.4)即为原子吸收光谱法定量分析的依据。

原子吸收光谱法具有灵敏度高,火焰原子法可达 10^{-6} 量级,有时可达 10^{-9} 量级;石墨炉可达 $10^{-9} \sim 10^{-14}$ g;准确度高,相对标准偏差约为 $1\% \sim 3\%$;选择性高;分析速度快;测定范围广等特点。

但该法也有不足之处,如:多元素同时测定有困难,对非金属及难熔元素的测定尚有困难,对复杂样品分析干扰也较严重。

原子吸收分光光度计由光源、原子化器、单色器、检测器等 4 个主要部分组成,仪器原理如图 2.20.1 所示。图 2.20.1(a)为单道单光束型仪器,这种仪器结构简单,但会因光源不稳定而引起基线漂移。图 2.20.1(b)为单道双光束型仪器,光源发出并经调制的光被斩光器分成两束光,一束是测量光,另一束是参比光(不经过原子化器)。两束光交替地进入单色器,然后进行检测。由于两束光来自同一光源,可以通过参比光束的作用,克服光源不稳定造成的漂移的影响。

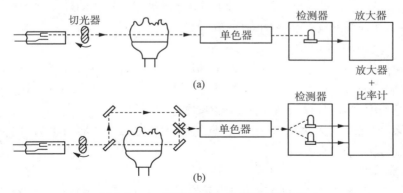

图 2.20.1　原子吸收分光光度计示意图

(a) 单道单光束;(b) 单道双光束

标准曲线法是原子吸收分析中最常用的一种定量方法,常用于未知试液中共存的基体成分较为简单的情况。首先配制一系列标准溶液,在同样测量条件下,测定标准溶液和样品溶液的吸光度,制作吸光度和浓度关系的标准曲线,从标准曲线上查出待测元素的含量。

如果溶液中共存的基体成分比较复杂,可采用标准加入法,以消除或减少基体效应(指试样在转移、蒸发过程中任何物理因素变化而引起的干扰效应)带来的干扰。

以 c_x、c_0 分别表示试液中待测元素的浓度及试液中加入的标准溶液浓度,则 $c_x + c_0$ 为加入后的浓度;以 A_x、A_0 分别表示试液及加入标准溶液后的吸光度。根据朗伯-比尔定律:

$$A_x = Kc_x \tag{2.20.5}$$

$$A_0 = K(c_0 + c_x) \tag{2.20.6}$$

则

$$c_x = \frac{A_x}{A_0 - A_x}c_0 \tag{2.20.7}$$

应该注意,标准加入法是建立在吸光度与浓度成正比的基础上的,因此,要求相应的标准曲线是一条通过原点的直线,被测元素的浓度应在此线性范围内。而且,本法不能消除背景干扰。

【仪器与试剂】

1. 仪器

耶拿 NOVA350 型原子吸收分光光度计(附空心阴极灯),无油空气压缩机,乙炔钢瓶,移液管,容量瓶。

2. 试剂

盐酸,MgO(AR)。

【实验步骤】

1. 溶液的配制

(1) 镁贮备液($1.000\ g \cdot L^{-1}$)的配制:准确称取 MgO $1.658\ g$,用 1∶1 盐酸 20 mL 完全溶解后,移入 1000 mL 容量瓶中,用去离子水稀释至刻度,摇匀,备用。

(2) 镁标准溶液($10.00\ mg \cdot L^{-1}$)的配制:准确移取 1 mL 镁的贮备液于 100 mL 容量瓶中,用去离子水稀释至刻度,摇匀,作为标准溶液备用。

2. 标准曲线的制作

分别准确移取 0.00 mL、1.00 mL、2.00 mL、3.00 mL、4.00 mL、5.00 mL、6.00 mL 镁的标准溶液($10.00\ mg \cdot L^{-1}$)于 7 只 100 mL 容量瓶中,再分别加入 1 mL 盐酸(1∶1),用去离子水稀释至刻度,摇匀,待测(系列标准溶液,作标准曲线)。

另准确移取 2 mL 自来水于 100 mL 容量瓶中,加入 1 mL 盐酸(1∶1),用去离子水稀释至刻度,摇匀,待测(未知水样)。

3. 标准加入法

取 6 个 100 mL 容量瓶,分别加入 2.5 mL 自来水和 1 mL 盐酸(1∶1),然后再依次加入 0.00 mL、0.30 mL、0.60 mL、0.90 mL、1.20 mL、1.50 mL 镁标准溶液($10.00\ mg \cdot L^{-1}$),

用去离子水稀释至刻度,摇匀,待测。

4. 仪器测量

按耶拿 NOVA350 型原子吸收分光光度计的使用说明启动仪器,设定操作条件,并分别测定各待测溶液的吸光度并记录。

【数据处理】

(1) 记录实验条件:吸收波长、灯电流、狭缝宽度、燃烧头高度、乙炔流量、空气流量等。

(2) 以测得的镁的系列标准溶液的吸光度绘制标准曲线,并根据未知水样的吸光度求出自来水中的镁含量。

(3) 用标准加入法测出自来水中的镁含量,并比较两种方法测量的结果。

【思考题】

(1) 原子吸收分光光度法为何要用待测元素的空心阴极灯作为光源? 能否用氢灯或钨灯代替?

(2) 在本实验中,如何选择最佳的实验条件?

(3) 标准曲线法和标准加入法测定水样中的镁含量的结果会有什么不同? 标准加入法和标准曲线法各有哪些优缺点?

【拓展文献】

[1] 缪建洋,江晓蕾. 火焰原子吸收法同时测定降水中钾钠钙镁[J]. 环境监测管理与技术,1996,8(4): 34-35.

[2] 张云禄. 原子吸收分光光度法测定电解质中氟化镁[J]. 冶金分析,1990,10(5):62.

[3] 陆静好,黄晓雷. 原子吸收分光光度法分析饱和盐水中的痕量钙镁[J]. 氯碱工业,1981,06:23-29.

[4] 裴秀. 火焰原子吸收光谱法定肉苁蓉中钙、镁、锌的含量[J]. 广州化工,2020,48(22):132-134.

[5] 张亮亮,吴锐红,张方. 火焰原子吸收光谱法测定锌合金中镁[J]. 化学分析计量,2021,30(1):24-28.

[6] 袁宁宁. 火焰原子吸收分光光度法测定土壤中 4 种元素的方法验证[J]. 质量安全与检验检测,2020,30 (6):32-34.

实验 2.21　X 射线衍射法测定二氧化钛的晶胞常数

【实验目的】

(1) 了解 X 射线衍射仪简单结构及使用方法。

(2) 掌握 X 射线粉末衍射法的原理,测出 TiO_2 的晶型、晶胞常数。

【实验原理】

若固态物质中的分子(或离子、原子)按一定的周期在三维空间呈周期性、有规律的排列,则该物质称为晶体物质。反映整个晶体结构的最小平行六面体单元称为晶胞。晶胞的形状及大小可通过夹角 α、β、γ 和 3 个边长 a、b、c 来描述。因此,α、β、γ、a、b 和 c 称为晶胞常数。

　　晶体中分子、原子或离子排列的周期大小与 X 射线波长相当,所以 X 射线作用在晶体上可以产生衍射现象,从 X 射线的衍射图谱可以得到晶体内部结构的各种信息。因此,X 射线衍射是分析晶体结构的重要实验方法。X 射线是在真空度约为 10^{-4} Pa 的 X 光管内,由高压电场加速的一束高速电子冲击阳极金属靶时产生的。由于高速电子的动能不同,所产生的 X 射线通常有白色 X 射线和单色 X 射线两种。白色 X 射线的波长与靶的金属性质无关,是各种波长的混合射线,常用于单晶的衍射实验。而单色 X 射线常用于多晶粉末衍射,其波长与靶的金属性质有关。在多晶粉末衍射中常用的单色 X 射线是 Cu 靶的 K_α 射线,其波长为 154.18 pm。

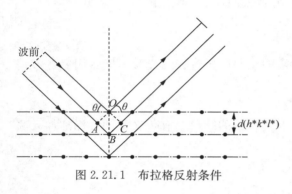

图 2.21.1　布拉格反射条件

　　一个晶体的结构可以看成是由其邻近两晶面的间距为 d 的一簇平行晶面所组成,也可看成是由另一簇面间距为 d' 的晶面所组成,其数无穷。若以一簇平行晶面在晶轴上截数的倒数之比作为这一簇平行晶面的晶面指标($h^* k^* l^*$,为互质整数比),则当某一波长为 λ 的单色 X 射线以一定的方向 θ 投射晶体时,晶体内的这些晶面像镜面一样反射入射线。但不是任何反射都是衍射,只有满足布拉格(Bragg)方程时,才可产生衍射,如图 2.21.1 所示。

$$2d(h^* k^* l^*)\sin\theta(nh^* nk^* nl^*) = n\lambda \qquad (2.21.1)$$

式中,n 为整数,表示两相邻晶面反射的光程差为波长的整数倍,所以 n 又称作衍射级数;$nh^* nk^* nl^*$ 常用 hkl 表示,称为衍射指标。

　　如果样品与入射线夹角为 θ,晶体内某一簇晶面符合布拉格方程,则其衍射方向与入射线方向的夹角为 2θ,如图 2.21.2(a)所示。对于粉末晶体样品(粒径为 20~30 μm),晶粒有各种取向,与入射 X 射线成角度 θ 且间距为 d 的晶面有无数多个,会产生无数个衍射,分布在以半顶角为 2θ 的圆锥面上,如图 2.21.2(b)所示。晶体中存在许多不同晶面指标的晶面,当它们满足衍射条件时,相应地会形成许多张角不同的衍射线,共同以入射 X 射线为中心轴,分散在 $2\theta(0°\sim180°)$ 的范围内。

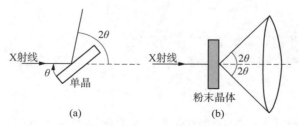

(a)　　　　　　　　(b)

图 2.21.2　单晶和粉末晶体衍射示意图

(a) 单晶;(b) 粉末晶体

　　本实验采用的 X 射线衍射仪,由 3 个基本部分构成:X 光源——发射强度稳定的 X 光发射器;衍射角测量部分——精密分度的测角仪;X 光强度测量记录部分。如图 2.21.3 所示。

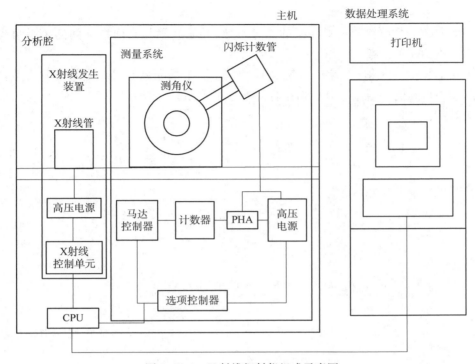

图 2.21.3　X 射线衍射仪组成示意图

　　实验时,将研细的样品压成平片后,放在衍射仪的测角器中心底座上,计数管始终对准中心,绕中心旋转。样品每转 θ 角,计数管则转 2θ 角,电子记录仪的记录纸也同步转动,将各种衍射峰的位置与高度记录下来,显示在计算机画面上。在所得的衍射图中,横坐标表示衍射角 2θ,纵坐标表示衍射强度的相对大小。衍射峰位置 2θ 与晶面间距(即晶胞大小与形状)有关,而衍射线的强度(即峰高)与该晶胞内原子、离子或分子的种类、数目以及它们在晶胞中的位置有关。由于任何两种晶体的晶胞形状、大小和内含物总存在差异,所以 2θ 和相对强度(I/I_0)可作为物相分析的依据。

　　同一晶体中不同晶面指标的各组平行晶面的相邻晶面间距是不同的,晶面间距由晶面指标确定。对于不同晶系的晶体,由几何结晶学可知,其晶面间距的计算公式不同。

　　对于正交晶系:晶胞常数 $a \neq b \neq c$,$\alpha = \beta = \gamma = 90°$,晶面间距的计算公式为

$$\frac{1}{d} = \sqrt{\frac{h^{*2}}{a^2} + \frac{k^{*2}}{b^2} + \frac{l^{*2}}{c^2}} \tag{2.21.2}$$

　　对于四方晶系,因 $a = b \neq c$,$\alpha = \beta = \gamma = 90°$,晶面间距的计算公式为

$$\frac{1}{d} = \sqrt{\frac{h^{*2} + k^{*2}}{a^2} + \frac{l^{*2}}{c^2}} \tag{2.21.3}$$

对于立方晶系,因 $a=b=c$, $\alpha=\beta=\gamma=90°$, 晶面间距的计算公式为

$$\frac{1}{d}=\sqrt{\frac{h^{*2}+k^{*2}+l^{*2}}{a^2}} \tag{2.21.4}$$

至于六方、三方、单斜和三斜晶系的晶胞常数、晶面间距与晶面指标间的关系可参阅 X 射线结构分析的相关书籍。

由于在本实验中 X 射线采用 Cu 靶的 K_α 射线,而不同晶系有其特定的晶胞常数,因此,从衍射图谱中得到的衍射角与其衍射指标间有如下关系。

正交晶系:

$$\sin^2\theta=\frac{\lambda^2}{4}\left[\frac{n^2h^{*2}}{a^2}+\frac{n^2k^{*2}}{b^2}+\frac{n^2l^{*2}}{c^2}\right]=\frac{\lambda^2}{4}\left[\frac{h^2}{a^2}+\frac{k^2}{b^2}+\frac{l^2}{c^2}\right] \tag{2.21.5}$$

四方晶系:

$$\sin^2\theta=\frac{\lambda^2}{4}\left[\frac{n^2h^{*2}+n^2k^{*2}}{a^2}+\frac{n^2l^{*2}}{c^2}\right]=\frac{\lambda^2}{4}\left[\frac{h^2+k^2}{a^2}+\frac{l^2}{c^2}\right] \tag{2.21.6}$$

立方晶系:

$$\sin^2\theta=\frac{\lambda^2}{4}\left[\frac{n^2h^{*2}+n^2k^{*2}+n^2l^{*2}}{a^2}\right]=\frac{\lambda^2}{4a^2}\left[h^2+k^2+l^2\right] \tag{2.21.7}$$

现以立方晶系为例,由式(2.21.7)可知,$\sin^2\theta$ 与 $(h^2+k^2+l^2)$ 成正比。由于存在系统消光现象,使得:

简单立方晶系各衍射线相应的 $\sin^2\theta$ 之比为 $\sin^2\theta_1$: $\sin^2\theta_2$: $\sin^2\theta_3$: $\sin^2\theta_4$: $\sin^2\theta_5$: $\sin^2\theta_6$: $\sin^2\theta_8$: $\cdots=1:2:3:4:5:6:8:\cdots$(缺 7、15、23 等);

体心立方晶系各衍射线相应的 $\sin^2\theta$ 之比值为 $1:2:3:4:5:6:7:8:9:\cdots$;

面心立方晶系各衍射线相应的 $\sin^2\theta$ 之比值为 $3:4:8:11:12:16:19:\cdots$。

因此,对于立方晶系的各衍射峰的 $\sin^2\theta$ 值,以其中最小的值除之,所得 $\dfrac{\sin^2\theta_1}{\sin^2\theta_1}$: $\dfrac{\sin^2\theta_2}{\sin^2\theta_1}$: $\dfrac{\sin^2\theta_3}{\sin^2\theta_1}$: $\dfrac{\sin^2\theta_4}{\sin^2\theta_1}$: $\dfrac{\sin^2\theta_5}{\sin^2\theta_1}$: $\cdots$ 的数列应为一整数列,再与立方晶系中 3 种晶型的 $\sin^2\theta$ 比值规律相比较,符合哪一种,则该晶体就属于哪种晶型。同时按 θ 角增大的顺序,标出各衍射线的衍射指标,(hkl) 为 100、110、200……

表 2.21.1   立方点阵衍射指标规律

$h^2+k^2+l^2$	简单(P)	体心(I)	面心(F)	$h^2+k^2+l^2$	简单(P)	体心(I)	面心(F)
1	100			14	321	321	
2	110	100		15			
3	111		111	16	400	400	400
4	200	200	200	17	410,322		

（续表）

$h^2+k^2+l^2$	简单(P)	体心(I)	面心(F)	$h^2+k^2+l^2$	简单(P)	体心(I)	面心(F)
5	210			18	411,330	411	
6	211	211		19	331		331
7				20	420	420	420
8	220	220	220	21	421		
9	300, 221			22	332	322	
10	310	310		23			
11	311		311	24	422	422	422
12	222	222	222	25	500,430		
13	320			……			

若一待测晶体的各衍射峰的 $\sin^2\theta$ 比值不符合上述任何一个数值,则说明该晶体不属于立方晶系,需要对对称性较低的四方、六方……由高到低的晶系逐一来分析尝试决定,此需查 PDF(粉末衍射)卡片[又称为 JCPDS(粉末衍射标准联合委员会)卡片]。

由于每一种晶体都有其特定的结构,不可能有两种晶体的晶胞大小、形状,以及晶胞中原子的数目和位置完全一样,因此,晶体的粉末衍射图谱就如同人的指纹一样各不相同。自 1969 年以来从文献上已收集了几万种 X 光粉末衍射数据,且每年增加一批。在本实验中,JCPDS 卡片资料已存入与 X 射线衍射仪相连的计算机中。将在"Overlapping Peak Separation(Profile Fitting)"软件中处理过的样品衍射峰调入"Crystal System Determination"软件,通过比对,即可得知待测样品所属晶型。再通过"Precise Lattice Constants Determination"软件,即可计算出该晶体中的晶胞常数。若实验中使用的 X 射线衍射仪不是全自动的,JCPDS 卡片也没有做成相应软件,则需查《X 射线粉末衍射资料集》,具体查阅方法参见孙尔康、徐维清、邱金恒编写的《物理化学实验》。

知道了晶胞常数,就知道晶胞体积,在立方晶系中,每个晶胞中的内含物(原子或离子,或分子)的个数 n 可按下式求得:

$$n=\frac{\rho a^2 c}{M/N_0} \tag{2.21.8}$$

式中,M 为待测样品的摩尔质量;N_0 为阿伏伽德罗常数;ρ 为该样品的晶体密度;c 为晶胞常数。

晶体粒径可利用 Scherrer 公式计算,二氧化钛粉末的粒径为

$$d=\frac{K}{Y_{1/2}\cos\theta} \tag{2.21.9}$$

式中,d 为粒径;K 为影响因子;λ 为 X 射线波长,本实验采用 Cu 靶,$\lambda=0.154\,18\,\text{nm}$;$Y_{1/2}$ 为半峰宽度;θ 为衍射峰对应的角度。

【仪器与试剂】

1. 仪器

X-RAY DIFFRACTOMETER-6000(日本岛津公司)。

2. 试剂

二氧化钛粉末。

【实验步骤】

1. 开机

接通总电源,打开制冷-循环水泵总开关,待显示水温后依次打开循环水泵电源、X 射线衍射仪电源。待仪器稳定 3 min 以上后打开计算机,进入桌面"pmgr"软件界面。

2. XRD 衍射仪操作条件

将样品板 1 插入衍射仪的样品台上,并对准中线。在"pmgr"软件界面上点击 Display&Setup→Close(进行自动校正)→该界面最小化(决不能关闭),再点击"Right Gonio Condition"和"Right Gonio Analysis"按表 2.21.2 进行条件设置,然后点击"Start",启动 X 射线衍射仪,最终得到二氧化钛粉末的衍射图。

表 2.21.2   XRD 条件选择

靶材料	Cu (1.540 60 Å①)	限制狭缝	1.00°
电压	40.0 kV	发射狭缝	1.00°
电流	30.0 mA	接收狭缝	0.30 mm
扫描步长	0.020 0°	分析范围	30°~80°
扫描速度	4°/min	时间常数	0.30 s

3. 关机

先退出 X 射线衍射仪软件界面,关闭 X 射线衍射仪电源,待 X 射线射衍仪冷却 15 min 后,关闭循环水泵电源,关闭制冷-循环水泵总开关,最后关闭总电源。

【实验指导】

使用 X 射线衍射仪时,必须严格按操作规程进行。

【数据处理】

(1) X 射线衍射仪扫描完毕后,依次点击"Basic process""Search match"等进行数据处理与分析,最后点击"File Maintenance"把自存文件转成 ASCII 码。

(2) 确定二氧化钛粉末所属晶系,确定其晶胞常数。

(3) 按公式 $n = \dfrac{\rho a^2 c}{M/N_0}$ 算出单一晶胞中所含的微粒个数。

---

① 1 Å = 10^{-10} m。

【分析讨论】

（1）用于粉末衍射的样品，其粒径应为 $20\sim30~\mu m$（相当于 $200\sim325$ 目），以保证晶粒与入射线有机遇分布，否则衍射不呈连续。因此采用纳米合成技术合成微晶。

（2）X 射线物相分析的优点是能直接分析样品物相，用量少，且不破坏原样品；其局限性是已知物的 JCPDS 卡片有限（目前国内约有 $50\,000$ 张卡片），超过这范围的样品就难以鉴定。对于混合样品，一般某一物相的含量低于 3% 时就不易鉴定出，特别是对于摩尔质量相差悬殊的混合物，因衍射能力的差异极大，有时甚至含量达 40% 亦鉴别不出。在混合相太多的时候，因衍射线重叠分不开，也会造成鉴定困难。此时，在其他分析方法的配合下，应用一系列物理方法（如重力、磁力等）或化学方法把一部分物相分离出去，然后分别鉴别。所以 X 射线衍射物相分析是一种分析手段，但不是唯一最佳的手段，它还需与其他仪器和方法如化学分析、光谱分析等配合使用。

（3）要得到精确的晶胞常数，必须先得到精确的 θ 值。除了调节扫描步长与扫描速度，使 θ 读数精确外，还要尽量用高 θ 角的衍射峰。因从三角函数可知，当 θ 愈接近 $90°$，$\sin\theta$ 的变化愈小，θ 角大，即使读数有点误差，亦可得到相当精确的 $\sin\theta$ 值，这也可从误差分析来证明。由布拉格方程

$$\sin\theta=\frac{n\lambda}{2d}$$

微分得

$$\cos\Delta\theta=-\frac{n\lambda}{2d^2}\Delta d=-\frac{\sin\theta}{d}\Delta d$$

移项整理后得

$$\frac{\Delta d}{d}=-\cot\theta\Delta\theta \tag{2.21.10}$$

对于立方晶系的粉末样品，a 和 d 成正比，$a=d\sqrt{h^2+k^2+l^2}$，故

$$\frac{\Delta a}{a}=\frac{\Delta d}{d}=-\cot\theta\Delta\theta$$

当 $\theta=90°$ 时，$\cos\theta=0$，故

$$\frac{\Delta d}{d}=\frac{\Delta a}{a}=0$$

不同 θ 角引起的晶面间距误差如表 2.21.3 所示。

表 2.21.3　不同 θ 角引起的晶面间距误差对照

θ /(°)	20	40	50	60	70	75	80	82	84	85
$\frac{\Delta d}{d}$ /%	0.275	0.12	0.084	0.058	0.036	0.027	0.018	0.014	0.01	0.009

另外,晶胞体积随温度升降而增减,因此当精确测定晶胞常数时,必须说明测试时的试样温度及可能的温度误差范围。

(4) 若要计算晶体中微粒的半径,只要由 X 射线衍射实验求得该晶体的晶胞常数,对于原子晶体,原子半径等于两原子距离的一半。若待测样品是离子晶体,由于大多数离子具有全满或半满电子壳层,虽然它们具有球状电子云分布,但对离子半径的确切定义是困难的,只能理解为在晶体中相邻离子间的平衡距离 r_e 是对应的正负离子半径之和,即 $r_e = r_+ + r_-$。r_e 可以根据 X 射线结构分析确定,但如何来确定正负离子的分界线,不同的确定方法,结果略有不同。按照鲍林的划分法,离子的大小取决于最外层电子的分布,对于相同的电子层的离子,其半径与有效核电荷成反比,即

$$r_1 = \frac{C_n}{Z - \sigma}$$

式中,r_1 为单价离子半径;C_n 为与离子最外电子层的主量子数 n 有关的常数;σ 为屏蔽常数;Z 为原子序数。对于 Ar 型,$\sigma = 11.25$。 以 KCl 晶体为例,

$$\frac{r_{K^+}}{r_{Cl^-}} = \frac{Z_{Cl^-} - \sigma}{Z_{K^+} - \sigma}$$

只要由 X 射线衍射实验求得 KCl 的晶胞常数,就可求得 r_{K^+} 和 r_{Cl^-}。

【思考题】

(1) 多晶体衍射能否用含有多种波长的多色 X 射线?为什么?

(2) 为什么在不同工艺条件下合成的二氧化钛粉末的衍射峰有差异?该差异说明了什么?

【拓展文献】

[1] 方能虎. 实验化学(下)[M]. 北京:科学出版社,2005.

[2] 陈琦丽,唐超群,肖循. TiO₂ 纳米微粒的溶胶-凝胶法制备及 XRD 分析[J]. 材料科学与工程,2002,20(2):224-226.

[3] 张泽南. X 射线衍射在纳米材料物理性能测试中的应用[J]. 浙江工业大学学报,2002,30(1):31-35.

[4] 尹荔松,周歧发,唐新桂,等. 纳米 TIO₂ 粉晶的 XRD 研究[J]. 功能材料,1999,30(5):498-500.

[5] Muhammad Nasir Khan, Javaid Bashir. Small angle neutron scattering and X-ray diffraction: studies of nanocrystalline titanium dioxide[J]. Journal of Modern Physics, 2011, 2(9): 962-965.

[6] 司志琛. 高活性二氧化钛的制备及去除甲基橙的研究[D]. 大连:大连理工大学,2019.

[7] 赵芬芬. 基于二氧化钛纳米管复合材料的制备及光催化性能研究[D]. 浙江理工大学,2019.

实验 2.22   核磁共振波谱法研究乙酰丙酮的互变异构现象

【实验目的】

(1) 了解用核磁共振法测定互变异构现象的原理。

（2）练习寻找典型氢原子的化学位移。

（3）了解核磁共振波谱仪的结构和使用方法。

（4）利用核磁共振波谱法测定互变异构体的相对含量。

【实验原理】

1. 核的自旋运动

核与电子一样,也存在自旋运动,用核自旋量子数 I 来描述。核自旋量子数 I 是核的特性常数,不同核的 I 值不同。I 的大小取决于核的质量数,当组成质量数的中子和质子都为偶数时,核的自旋量子数 $I=0$,称为非磁性核,在核磁共振中不起作用;当质量数为偶数、质子和中子数都为奇数时,I 为整数;当质量数为奇数时,I 为半整数。凡 I 不为零的核都为磁性核。

具有核自旋量子数的核,其自旋角动量为

$$M_I = \sqrt{I(I+1)}\,h \tag{2.22.1}$$

可见角动量的能级差为 $h/2\pi$ 的整数或半整数倍,但在无外磁场存在时,各状态的能量相同。

由于原子核是带正电粒子,故在自旋时产生核磁矩 $\boldsymbol{\mu}$。核磁矩 $\boldsymbol{\mu}$ 和自旋角动量 $\boldsymbol{M}$ 都是矢量,方向相互平行,根据量子力学可证明 $\boldsymbol{\mu}$ 和 $\boldsymbol{M}$ 之间有如下关系:

$$\boldsymbol{\mu} = \gamma \boldsymbol{M} \tag{2.22.2}$$

式中,γ 为磁旋比,是原子核的特征常数。

2. 自旋核在磁场中的行为

若将自旋核放入场强为 H_0 的磁场中,由于磁矩与磁场相互作用,核磁矩相对于外加磁场有不同的取向。按照量子力学原理,它们在外磁场方向的投影是量子化的,可用自旋磁量子数 m_I 描述之。m_I 可取下列数值:$I, I-1, I-2, \cdots, -I$。

自旋量子数为 I 的核在外磁场中可有 $(2I+1)$ 个取向,每种取向各对应一定的能量。因此,外磁场对于 $I \neq 0$ 的核所起的作用,就是把它们原来简并的 $(2I+1)$ 个能级显示出来,这些能级称塞曼(Zeemen)能级。

就氢核来说,$I=1/2$,因此有两个取向:$m_I=1/2$ 和 $m_I=-1/2$,对应的能量(见图 2.22.1)分别为

$$E_1 = -\frac{\gamma h}{4\pi} H_0, \quad E_2 = \frac{\gamma h}{4\pi} H_0$$

式中,E_1 为低能态能量;E_2 为高能态能量;H_0 为磁场强度。两种取向的能量差为

$$\Delta E = \frac{\gamma h}{2\pi} H_0 \tag{2.22.3}$$

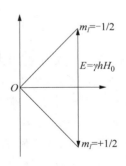

图 2.22.1 质子在外磁场中的能级

显然这一能级差值正比于外磁场强度 H_0,当某种频率的电磁辐射提供 ΔE 时,原子核就由低能态跃迁到高能态。可见核磁共振也是一种吸收光谱,所以式(2.22.3)可改写成

$$h\nu = \frac{\gamma h}{2\pi}H_0, \quad \nu = \frac{\gamma}{2\pi}H_0 \qquad (2.22.4)$$

式(2.22.4)是发生核磁共振时的条件。同时说明以下两点:

(1) 对于不同的原子核,由于磁旋比 γ 不同,发生共振时 ν 和 H_0 的相对值不同。

(2) 对于同一种核,磁旋比 γ 一定,当外磁场一定时,共振频率也一定;当磁场强度改变时,共振频率也随之改变。

3. 化学位移的产生

任何原子核都被电子云包围,在外加磁场的作用下,核外电子的运动会产生一个与外磁场方向相反的感应磁场。这种对抗外磁场的作用,称为电子的屏蔽效应,其结果是使原子核实际受到的磁场作用减小。为使核发生共振,就必须增加外加磁场的强度以抵消电子云的屏蔽作用。在这种情况下,质子实际上受到的磁场强度 H 等于外加磁场 H_0 减去其外围电子产生的感应磁场强度 H',其关系可用下式表示:

$$H = H_0 - H' \qquad (2.22.5)$$

由于感应磁场的大小正比于所加的外磁场强度,即 $H' \propto H_0$,故上式可写为

$$H = H_0 - \sigma H_0 = H_0(1-\sigma) \qquad (2.22.6)$$

式中,σ 为屏蔽常数。它与原子核外的电子云密度及所处的化学环境有关。电子云密度越大,屏蔽程度越大,σ 值也越大;反之,则小。

考虑到屏蔽效应,氢核发生核磁共振时,应满足如下关系:

$$\nu_{共振} = \frac{\gamma H}{2\pi} = \frac{\gamma H_0(1-\sigma)}{2\pi}$$

或

$$H_0 = \frac{2\pi\nu_{共振}}{\gamma(1-\sigma)} \qquad (2.22.7)$$

分子中处于不同化学环境中的质子,核外电子云的分布情况也各异,因此,不同化学环境中的质子,受到不同程度的屏蔽作用(即屏蔽常数不同),其共振峰将分别出现在核磁共振谱的不同频率区域或不同磁场强度区域。这种由于核周围分子环境不同使共振频率发生位移的现象称为化学位移。若固定射频频率,由于磁屏蔽效应,则需增加外磁场强度,才能达到共振;若固定外磁场强度,则需降低射频频率才能达到共振。由此可见,分子中氢核共振峰的位置取决于它的 σ 值。受屏蔽效应强的质子,σ 值大,共振峰出现在高磁场,反之在低磁场出现。由此可进行氢核结构类型的鉴定。

4. 化学位移的表示

在有机化合物中,化学环境不同的氢核化学位移的变化,只有百万分之十左右。如选用 60 MHz 的仪器,氢核发生共振的磁场变化范围为(14 092 ± 0.140)G;如选用 14 092 G 的核磁共振仪扫描,则频率的变化范围相应为(60 ± 0.000 6)MHz。在确定结构式时,常常要求测定共振频率的绝对值的准确度达正负几赫兹。要达到这样的精确度,显然是非常困难的。但是,测定位移的相对值比较容易。因此,一般都以适当的化合物[如四甲基硅烷(TMS)]为

标准试样测定相对的频率变化值来表示化学位移。因为 TMS 的结构对称,谱图上仅有一个尖单峰,而且由于它的氢原子屏蔽作用比绝大多数氢核都大,共振频率最小(共振峰位于高磁场);此外,TMS 还具有沸点较低、易回收、化学性质不活泼、与样品不发生缔合等优点。一般将 TMS 的化学位移规定为零,其他氢核的化学位移通常都在它的左侧。从式(2.22.7)可知,共振频率与外部磁场成正比。为了消除磁场强度变化所产生的影响,以使在不同核磁共振波谱仪上测定的数据统一,通常用样品和标样共振频率之差与所用仪器频率的比值 δ 来表示。由于该数值很小,故通常乘以 10^6。这时,δ 值的单位为百万分之一:

$$\delta = \frac{\nu_{试样} - \nu_{TMS}}{\nu_0} \times 10^6 = \frac{\Delta\nu}{\nu_0} \times 10^6 \tag{2.22.8}$$

式中,δ 和 $\nu_{试样}$ 分别为样品中质子的化学位移和共振频率;ν_{TMS} 是 TMS 的共振频率,一般 $\nu_{TMS} = 0$;$\Delta\nu$ 是样品与 TMS 的共振频率差;ν_0 是操作仪器所选用的频率。不难看出,用 δ 表示化学位移,就可以使不同磁场强度的核磁共振波谱仪测得的数据统一起来。

5. 自旋耦合与耦合常数

$I \neq 0$ 的核在外磁场中有 $(2I+1)$ 种自旋状态,磁矩大小各不相同,所形成的附加磁场通过成键电子作用于其他核,这种相互之间的作用就是自旋-自旋耦合。耦合的结果导致谱线进一步分裂为多支(各支谱线的强度之比取决于处于不同取向的核数目之比),而其裂距便称为耦合常数。对这种精细结构的分析便可以确定分子内各种基团之间的关联关系,进而获得有关分子总体的空间结构信息。

6. 核磁共振波谱仪

用来获取核磁共振(NMR)谱图的仪器称为核磁共振波谱仪。其种类和型号有很多,按扫描方式分连续波核磁共振(CW-NMR)波谱仪和脉冲傅里叶变换核磁共振(PFT-NMR)波谱仪。

根据核磁共振条件可知,一般的 CW-NMR 应包括磁铁、探头、射频发生器、扫描单元以及信号检测、放大和记录单元等部分,如图 2.22.2 所示。

(1) 磁铁。磁铁是 NMR 波谱仪中最重要的部分,仪器的灵敏度和分辨率主要取决于磁铁的质量和强度,它要求磁铁能够提供强且稳定、均匀的磁场。通常用对应的质子共振频率来描述不同的场强。核磁共振常用的磁铁有永久磁铁、电磁铁和超导磁体 3 种。永久磁铁磁场强度固定不能改变,一般可以提供 0.704 6 T(特斯拉,磁感应强度单位,$1\text{ T} = 10^4 \text{ G}$)或 1.4 T,对应质子共振频率为 30 MHz 和 60 MHz;电磁铁场强可调,可提供对应于 60 MHz、90 MHz 和 100 MHz 的共振频率;超导磁体是用超导材料制成的,可以提供更高的磁场,可达到 800 MHz 的共振频率,但价格昂贵且必须用液氦。

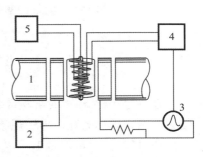

1—磁铁;2—扫描磁极和扫描发生器;
3—示波器和记录仪;4—检波器;
5—射频发生器。
图 2.22.2　核磁共振波谱
仪的基本构造

为了消除磁场的不均匀性对样品测定的影响,还会在磁场的不同平面加入一些匀场线圈,同时样品探头还装有气动涡轮机,以使样品管能沿其纵轴旋转,使磁场的不均匀性平均化,以提高灵敏度和分辨率。

(2)探头。探头是一种用来使样品管保持在磁场中某一固定位置以检测核磁共振信号的器件。探头除包括样品管外,还包括扫描线圈和接收线圈。待测样品放在样品管内,再置于绕有两个线圈的套管内,磁场和频率源通过探头作用于样品。

(3)射频发生器。NMR 波谱仪通常采用恒温下石英晶体振荡器产生基频,经过倍频、调谐及功率放大后得到所需的射频信号源。

(4)扫描单元。核磁共振仪的扫描方式有两种:一种是保持频率恒定,线性地改变磁场,称为扫场;另一种是保持磁场恒定,线性地改变频率,称为扫频。相对于扫场方式来说,扫频工作起来比较复杂,但目前许多仪器同时具有这两种扫描方式。

(5)信号检测、放大和记录单元。从探头预放大器得到的载有核磁共振信号的射频输出,经一系列检波、放大后,显示在示波器和记录仪上,得到核磁共振谱。若将样品重复扫描数次,并使各点信号在计算机中进行累加,则可以提高连续波核磁共振仪的灵敏度。考虑到仪器稳定性的影响,一般扫描次数以 100 次左右为宜。最后将得到的信息经射频波接收器检测、放大,送入记录器绘制出 NMR 谱图。

CW-NMR 波谱仪采用的是单频发射和接收方式。它在很短的时间间隔内,只能记录谱图中很窄的一部分信息,即单位时间内获得的信息很少。

为提高单位时间的信息量,大大提高分析速度,PFT-NMR 波谱仪以适当宽度的射频脉冲作为“多道发射机”,使所选的核同时激发,得到核的多条谱线混合的自由感应衰减信号(FID),即时间域函数,然后以计算机进行快速的傅里叶变换作为“多道接收机”,变换出各条谱线在频率中的位置和强度,得到正常的 NMR 谱。PFT-NMR 波谱仪的测定速度快,且易于实现信号累加技术,从而大大提高了灵敏度。

醛、酮分子中,与羰基相连的 α-H 因受到羰基的影响而具有一定的酸性,表现在可以由 H^+ 形式解离并转移到羰基的氧原子上而得到烯醇式结构:

$$R-\overset{\overset{\displaystyle O}{\|}}{C}-\overset{\displaystyle H_2}{C}-R' \Longleftrightarrow R-\overset{\overset{\displaystyle OH}{|}}{C}=CHR'$$

酮式　　　　　　　烯醇式

(2.22.9)

在一定条件下,两种异构体共同存在,达到动态平衡。这种同分异构体之间互相转化的动态平衡现象称为互变异构现象。一般的醛、酮的酮式和烯醇式的平衡体系中,酮式占绝对的优势,烯醇式含量仅占 10^{-6} 左右。但是在 β-酮酸酯及其他 β-二羰基化合物中烯醇式可达 10^{-2} 以上。这主要是因为分子中的活性亚甲基受到两边羰基(或者一边羰基另一边酯基)的双重影响,亚甲基的 pKa 进一步增大,酸性增强,氢原子更加容易以质子的形式转移到羰基氧上从而形成烯醇式结构,而形成的烯醇式与另一个羰基为共轭体系,其体系能量较低,稳定性因此增加[见式(2.22.10)];烯醇式的羟基氢与另一个羰基氧形成了六元环的分子内氢键,使得其结构的稳定性进一步提高[见式(2.22.11)]。

$$R-\overset{\overset{\displaystyle O}{\|}}{C}-\overset{\displaystyle H_2}{C}-\overset{\overset{\displaystyle O}{\|}}{C}R'(OR') \Longleftrightarrow R-\overset{\overset{\displaystyle OH}{|}}{C}=\overset{\displaystyle C}{\underset{\displaystyle H}{}}-\overset{\overset{\displaystyle O}{\|}}{C}R'(OR')$$

pKa较小,酸性增强　　　　　　　　　烯醇式共轭体系

(2.22.10)

$$R-\underset{\underset{H}{|}}{\overset{\overset{OH}{|}}{C}}=C-\overset{\overset{O}{\|}}{C}R'(OR') \rightleftharpoons R-\underset{\underset{C}{\overset{||}{C}}}{\overset{O\cdots H\cdots O}{C}}-R'(OR') \qquad (2.22.11)$$

分子内氢键,六元环

由于互变异构是一种动态平衡,一般的化学方法难以将其异构体进行分离测定,但可以利用核磁共振波谱法在非分离状态下对具有不同的化学位移氢的异构体(即活性亚甲基与烯醇式结构上的质子)进行测定和研究,从而很方便地得出各种产物在平衡混合物中的含量,并通过类比法大致推断外界条件(温度、溶剂的极性等)对平衡混合物组分的影响。

本实验通过选取 2,4-戊二酮(乙酰丙酮)和乙酰乙酸乙酯这两种典型的 β-二羰基化合物,通过核磁共振波谱法,对各种结构含量进行分析来研究互变异构平衡。这两种质子化学位移 δ 值分别为 5.5(烯醇式)和 3.7(酮式)左右,同时又是单峰互不重叠,故可以选取作为定量用峰。根据面积关系,可以得到烯醇式异构体的质量分数计算公式:

$$\omega_{烯醇} = A_{烯醇}/(A_{烯醇} + A_{酮}/2) \times 100\% \qquad (2.22.12)$$

式中,$A_{烯醇}$ 是烯醇式氢的峰面积;$A_{酮}$ 是酮式亚甲基氢的峰面积。

一般而言,在极性溶剂中,分子间氢键易于形成,酮式异构体比较稳定;在非极性溶剂中,容易形成分子内氢键,烯醇式异构体比较稳定。除了溶剂极性的影响外,浓度的改变对两种异构体的相对含量也会有影响。

【仪器与试剂】

1. 仪器

Magritek Spinsolve 60 核磁共振仪,样品管。

2. 试剂

乙酰丙酮,四氯化碳,苯,甲醇,四甲基硅烷(TMS)。以上试剂均为 AR。

【实验步骤】

(1) 以不同溶剂配制摩尔分数为 0.2 的乙酰丙酮溶液:

取乙酰丙酮 0.205 mL、四氯化碳 0.777 mL,混溶;

取乙酰丙酮 0.205 mL、苯 0.711 mL,混溶;

取乙酰丙酮 0.205 mL、甲醇 0.335 mL,混溶。

(2) 将所配制的溶液放置 24 h,达到平衡后,将试剂加入样品管中约 3/8 高度处,并加入 1～2 滴 TMS 作为内标。

(3) 分别扫描上述样品,记录 NMR 信号并进行积分,打印所得谱图。

【实验指导】

(1) 实验所需试剂密度如表 2.22.1 所示。

表 2.22.1　所需试剂密度(20℃)①

样品名称	密度/$(g \cdot mL^{-1})$	相对分子质量
乙酰丙酮	0.975	100.11
四氯化碳	1.594	153.81
苯	0.874	78.108
甲醇	0.791	32.04
乙酰乙酸乙酯	1.021	130.14

(2) TMS 的沸点为 22℃,非常容易挥发,因此可将 TMS 加入溶剂中备用。

【数据处理】

根据所得到的样品核磁共振谱图,进行数据处理,并按式(2.22.12)计算在不同溶剂中两种结构的含量。

【思考题】

(1) 解释为何在不同溶剂中,两种结构的含量有所区别,溶剂的极性是如何影响平衡的?

(2) 请设计测定其他 β-酮酸酯的互变异构体百分含量的方案。

【拓展文献】

[1] 章本礼,卓金聪,桂明德,等. 不对称 β-二酮分子内氢键及酮-烯醇互变异构的 ^{1}H-NMR 研究[J]. 高等学校化学学报. 1990, 11(4):376-379.

[2] 何玉尊,艾克蕙,廖明祥,等. ^{1}H NMR 法研究 β-二羰基化合物的酮-烯醇互变异构体系的溶剂效应[J]. 四川大学学报(自然科学版),1992,29(3):404-410.

[3] 彭勒纪,张明嘉,李慕洁,等. 吡啶酮系偶氮染料腙式-偶氮式互变异构的研究[J]. 波谱学杂志,1989,6(2):169-176.

[4] 方能虎. 实验化学(下)[M]. 北京:科学出版社,2005.

[5] 郑义,陆辉,丁宁,等.二甲基姜黄素酮-烯醇互变异构化的 NMR 研究[J].扬州大学学报(自然科学版),2017,20(4):24-28.

[6] 郑春阳,汪敦佳,范玲,等. 几种 β-二酮化合物互变异构体的光谱性质研究[J].分析测试学报,2009,28(4):445-448.

实验 2.23　蔗糖水解的动力学参数测定

【实验目的】

(1) 学习测定在酸催化下,蔗糖水解反应的速率常数、半衰期和活化能。

---

① 摘自 Aldrich 公司试剂手册。

（2）了解蔗糖转化反应的反应物浓度与旋光度之间的关系。

（3）了解旋光仪的基本原理，掌握旋光仪的使用方法。

【实验原理】

一级反应是反应速率与反应物浓度的一次方成正比的反应。按照一级反应的特征，以反应物某一时刻的浓度的对数对应时间作图，可得直线，由斜率可求得速率常数。原则上只要找到与浓度相关且成比例的量，进行物理或化学测量，就能够得到浓度与时间的函数关系。蔗糖水解属于准一级反应，可以利用旋光度随时间递变的关系，进而求得速率常数；若同法测量其他温度的旋光度随时间变化的关系，则可求得不同温度下的速率常数，然后求得该反应的活化能。

蔗糖水溶液在酸催化作用下，可转化为葡萄糖和果糖。由于反应过程中水是大大过量的，其浓度可认为不变，则作为催化剂的 H^+ 浓度也不变。故此反应可视作一级反应，也称为准一级反应。

$$C_{12}H_{22}O_{11} + H_2O \xrightarrow{\quad H^+ \quad} \underset{葡萄糖}{C_6H_{12}O_6} + \underset{果糖}{C_6H_{12}O_6}$$

设时间为 t 时，蔗糖浓度为 c_A，则反应速率方程为

$$-\frac{dc_A}{dt} = k_1 c_A \tag{2.23.1}$$

式中，k_1 为反应速率常数，当催化剂 H^+ 浓度一定时，k_1 只与温度有关。令反应开始时，$t=0$，蔗糖的初始浓度为 c_{A0}，上式积分得

$$\ln c_A = \ln c_{A0} - k_1 t \tag{2.23.2}$$

蔗糖、葡萄糖和果糖都是旋光性物质。物质的旋光能力，即旋光度 α，可在旋光仪中测定。物质的旋光度除与物质本身属性有关外，还与温度、光线通过物质的距离及光源波长有关。只有在一定温度、一定的光源和样品管的长度条件下，旋光度才与物质的浓度 c 成正比：

$$\alpha = kc \tag{2.23.3}$$

所以，原则上，可在反应过程中测定不同时间的 α 来代替对应的溶液浓度 c，据式（2.23.3）求得速率常数 k_1。

设当 $t=0$ 时，旋光度为 α_0，显然 α_0 对应于反应物蔗糖的初始浓度（蒸馏水的旋光度为0），即

$$\alpha_0 = k_{蔗} c_{A0} \tag{2.23.4}$$

当 $t=t$ 时，测得旋光度为 α，是此时浓度为 c_A 的反应物以及浓度为 $(c_{A0}-c_A)$ 产物的旋光度之和，即

$$\alpha_t = k_{蔗} c_{A0} + k_{葡}(c_{A0}-c_A) + k_{果}(c_{A0}-c_A) \tag{2.23.5}$$

当 $t=\infty$ 时，蔗糖转化完毕，此时旋光度 α_∞ 应与浓度为 c_{A0} 的产物对应：

$$\alpha_\infty = k_{葡} c_{A0} + k_{果} c_{A0} \tag{2.23.6}$$

联立式(2.23.4)~式(2.23.6),得

$$c_{A0} = \frac{1}{k_{蔗} - k_{葡} - k_{果}}(\alpha_0 - \alpha_\infty) \tag{2.23.7}$$

$$c_A = \frac{1}{k_{蔗} - k_{葡} - k_{果}}(\alpha_t - \alpha_\infty) \tag{2.23.8}$$

将式(2.23.7)和式(2.23.8)代入式(2.23.2),得

$$\ln(\alpha_t - \alpha_\infty) = -k_1 t + \ln(\alpha_0 - \alpha_\infty) \tag{2.23.9}$$

根据式(2.23.9),若以 $\ln(\alpha_t - \alpha_\infty)$ 对时间 t (min)作图,应为直线,从其斜率可求出 k_1。由此也可以计算出在某一温度下反应的半衰期 $t_{1/2}$。

通常有两种方法测定 α_∞,一是将反应液放置 48 h 以上,让其反应完全后测定 α_∞;二是将反应液放在 60~65℃水浴中加热 1 h 以上,再冷却到实验温度测定 α_∞。前一种方法时间太长,而后一种方法容易产生副反应,使溶液颜色变黄。本实验采用后一种方法。但应严格控制温度,不使其超过 65℃。依据两个温度(T_1,T_2)下的速率常数,按下式可以求得蔗糖水解反应的活化能。

$$E_a = R\left(\frac{T_1 T_2}{T_2 - T_1}\right)\ln\frac{k_1(T_2)}{k_1(T_1)} \tag{2.23.10}$$

式中,E_a 为蔗糖水解反应的活化能($J \cdot mol^{-1}$)。

最后需要指出,因蔗糖是右旋([α]$_D^{20}$ = 66.6),水解后的产物果糖是左旋([α]$_D^{20}$ = -91.9),葡萄糖是右旋([α]$_D^{20}$ = 52.5),但由于果糖的旋光度大于葡萄糖,所以水解后,溶液的右旋光度逐渐减小,最后至某一瞬间系统的旋光度可恰好为零,而后变成左旋,直至蔗糖完全转化,这时左旋角达到最大值 α_∞。

【仪器与试剂】

1. 仪器

旋光仪 1 套,恒温装置 1 套,150 mL 磨口锥形瓶 4 个,50 mL 移液管 2 支,秒表 1 个。

2. 试剂

2 mol·L^{-1} 盐酸溶液,新鲜配制的 20%蔗糖溶液。

【实验步骤】

实验前,要熟悉旋光光度仪的使用方法。

(1) 在恒温水浴锅中烧 300~400 mL 的水,温度控制在(25±1)℃。

(2) 用 50 mL 移液管分别移取 2 mol·L^{-1} 盐酸和 20%蔗糖溶液各一份,置于预先干燥的两个磨口锥形瓶中,在 25℃的水浴锅中水浴,约需要 15 min。

(3) 在恒温期间可以用蒸馏水练习测定旋光度的方法,特别是练习如何装旋光管(如何才能使管中没有气泡)。

(4) 预先准备好一块抹布,把已恒温 25℃的盐酸和蔗糖溶液取出,迅速擦去瓶外面的水珠后,立刻把其中的一瓶倒入另一瓶中相互混合,并同时开始计时,再将混合液倒回原瓶中,反复几次。

用混合好的溶液冲洗旋光管 2～3 次,最后将溶液充满旋光管,注意,千万不要把气泡留在管中。

注意:从混合到装好旋光管并擦净,动作要快,以免温度有较大的变化。

(5) 将装好反应液的旋光管擦净,两端透光玻璃片用擦净纸擦干,置于旋光仪上 5 min 时,读取数据。如此,每隔 5 min 测定一次(如选用短的旋光管,时间间隔要小),共测定 10 组读数(注意每次测出读数的同时,记录相对应的时间)。

(6) 将步骤(4)中的混合溶液装满旋光管后,剩下的溶液需水溶加热(要加塞防止溶液蒸发)至 60～65℃约 1 h,加热温度不宜超过 65℃,以防蔗糖分解,在 25℃时装旋光管测定其旋光度,该值为 α_∞。

(7) 实验结束以后,认真清洗实验用旋光管和锥形瓶。

(8) 用同样的方法测定 35℃时的数据。

注:反应温度也可选择一个是室温,一个是室温＋10℃。

【数据处理】

1. 数据记录与处理

把 25℃和 35℃时的读数经如下处理,求出 25℃和 35℃时的反应速率常数。

(1) 将实验数据按表 2.23.1 的形式列出。

表 2.23.1　蔗糖水解实验数据

室温_____℃;实验温度_____℃;α_0_____;α_∞_____

时间 t/min										
α_t										
$\alpha_t - \alpha_\infty$										
$\ln(\alpha_t - \alpha_\infty)$										

(2) 以 $\ln(\alpha_t - \alpha_\infty)$对 t(min)作图求速率常数 k_i。

(3) 求不同温度下反应的半衰期 $t_{1/2}$。

2. 计算反应活化能 E_a

根据所求得的两个温度下的速率常数,求出蔗糖水解反应的活化能。

【思考题】

(1) 本实验要求每隔 5 min 测定一个读数,但是否每次间隔必须准确至 5 min 呢? 为什么?

(2) 本实验要求蔗糖和盐酸相混合的同时开始计时,作为反应的起始时间。是否也可以在测出第一个旋光度时记为 $t=0$,开始计时呢? 为什么?

(3) 当蔗糖溶液与盐酸溶液相互混合时,你认为是把盐酸倒入蔗糖好呢,还是反之更好? 请说出理由。

(4) 变化过程中所测定的旋光度 α_t 是否需要零点校正? 为什么?

(5) 实验所用蔗糖不纯,对实验有什么影响?

(6) 配制的 20%蔗糖溶液为何浓度不需精确?

【拓展文献】

[1] 崔献英,柯燕雄,单绍纯. 物理化学实验[M]. 合肥:中国科学技术大学出版社,2000.

[2] 孙尔康,徐维清,邱金恒. 物理化学实验[M]. 南京:南京大学出版社,1998.

[3] 复旦大学等. 物理化学实验(第二版)[M]. 北京:高等教育出版社,1993.

[4] 齐鹏,王艳娜,蒋建国. 蔗糖水解反应实验的动力学设计[J]. 广州化工,2020,48(23):21-23.

[5] 王凯振,邹桂华,马晓迪,等. 蔗糖水解实验初步研究[J]. 实验室科学,2018,21(2):32-34.

第3章　研究性综合实验

实验 3.1　五氰-亚硝酰合铁(Ⅲ)酸钠的制备及检验

【实验目的】

(1) 通过本实验熟悉无机化合物的合成方法并锻炼文献查阅能力。

(2) 合成五氰-亚硝酰合铁(Ⅲ)酸钠并定性检验。

【实验原理】

五氰-亚硝酰合铁(Ⅲ)酸钠也叫作硝普钠盐,分子式为 $Na_2[Fe(CN)_5(NO)] \cdot 2H_2O$。
制备方法:

$$K_4[Fe(CN)_6] + 6HNO_3 \Longrightarrow H_2[Fe(CN)_5(NO)] + 4KNO_3 + NH_4NO_3 + CO_2$$
$$H_2[Fe(CN)_5(NO)] + Na_2CO_3 \Longrightarrow Na_2[Fe(CN)_5(NO)] + H_2O + CO_2$$

【仪器与试剂】

1. 仪器

磁力搅拌器,水浴锅,布氏漏斗,烧杯。

2. 试剂

$K_4[Fe(CN)_6] \cdot 3H_2O$,$HNO_3$,$Na_2CO_3$,$FeSO_4$,乙醇,$Na_2S$,$Na_2SO_3$。以上试剂均为 AR。

【实验步骤】

取 40 g $K_4[Fe(CN)_6] \cdot 3H_2O$ 用 60 mL 温水溶解后放入水浴中,在搅拌下加入 64 mL 浓硝酸并加热半小时。取溶液 1 滴与 1 滴硫酸亚铁溶液反应,当不变为蓝色而生成暗绿色沉淀时,表明反应结束。慢慢地加入 Na_2CO_3 中和此溶液,注意不要加过量(溶液中不再产生气泡时即可)。然后将溶液煮沸后过滤,迅速浓缩滤液,冷却后加入等体积的乙醇,这时大部分硝酸钾结晶出来,将其滤出,再将滤液蒸发,迅速赶走乙醇。浓缩后的暗红色溶液经冷却、放置后析出结晶。抽滤,用极少量冷水洗涤结晶,浓缩滤液,还可以回收一些配合物。

【数据处理】

(1) 将所得样品称重,并计算产率。

(2) 该钠盐为红色斜方晶系结晶,密度为 $1.72 \text{ g} \cdot \text{cm}^{-3}$,在 100 mL 水中可溶解 40 g

(16℃)。本品可用作 S^{2-} 离子和 SO_3^{2-} 离子的检测试剂。

【思考题】

(1) 在本实验中,$K_4[Fe(CN)_6]$ 在硝酸中是否可能放出 HCN?

(2) 本实验中判断反应完全的根据是什么?

(3) 如何提高该反应的反应产率?

(4) 查文献资料,如何鉴定本产品?

(5) 通过查阅文献,制定测定该配合物组成的研究方案。

【拓展文献】

[1] 方能虎. 实验化学(下)[M]. 北京:科学出版社,2005.

[2] Chacón M E, E L Villalba, P J Aymonino Varetti. Cyanide infrared stretching bands of the ^{13}C isotopomers of sodium nitroprusside dihydrate[J]. Vibrational Spectroscopy,1992,4(1):109-113.

[3] Chacón Villalba M E, Varetti E L, Aymonino P J. A new vibrational study of sodium nitroprusside dihydrate. Ⅱ. A quantum chemistry vibrational study of the nitroprusside anion, $[Fe(CN)_5NO]^{2-}$ [J]. Spectrochimica Acta Part A: Molecular and Biomolecular Spectroscopy,1999,55(7-8):1545-1552.

[4] Chacón Villalba M E, Varetti E L, Aymonino P J. New vibrational study of sodium nitroprusside dihydrate. Ⅰ. Isotopic data for ^{54}Fe,^{13}C and $^{15}N(O)$ substituted species[J]. Vibrational Spectroscopy, 1997,14(2): 275-286.

[5] Srinivas D, Subramanian S. Hydrogen bonding in sodium nitroprusside dihydrate: A broad-line NMR study [J]. Journal of Physics and Chemistry of Solids,1986,47(7): 731-733.

实验 3.2　三草酸合铁(Ⅲ)酸钾的合成、组成分析及结构测定

【实验目的】

(1) 了解从配合物的制备、分析到测定的过程和方法。

(2) 掌握电荷测定和磁化率的测定方法。

【实验原理】

三草酸合铁(Ⅲ)酸钾合成可首先用硫酸亚铁铵与草酸反应制备草酸亚铁,反应为

$$(NH_4)_2Fe(SO_4)_2 \cdot 6H_2O + H_2C_2O_4 \longrightarrow FeC_2O_4 \cdot 2H_2O + (NH_4)_2SO_4 + H_2SO_4 + 4H_2O$$

然后在过量草酸根存在下,用过氧化氢氧化草酸亚铁即可得到三草酸合铁(Ⅲ)酸钾,同时有氢氧化铁生成:

$$6FeC_2O_4 \cdot 2H_2O + 3H_2O_2 + 6K_2C_2O_4 \longrightarrow 4K_3[Fe(C_2O_4)_3] + 2Fe(OH)_3 + 12H_2O$$

加入适量草酸使 $Fe(OH)_3$ 转化为三草酸合铁(Ⅲ)酸钾:

$$2Fe(OH)_3 + 3H_2C_2O_4 + 3K_2C_2O_4 \longrightarrow 2K_3[Fe(C_2O_4)_3] + 6H_2O$$

再加入乙醇,放置即可析出产物。后几步的总反应式为

$$2FeC_2O_4 \cdot 2H_2O + H_2O_2 + 3K_2C_2O_4 + H_2C_2O_4 \longrightarrow 2K_3[Fe(C_2O_4)_3] \cdot 3H_2O$$

要确定所制得的配合物的组成,必须综合应用各种方法:化学分析可以确定各种组分的含量,从而确定分子式;电导法可以确定其电荷,以确定配合物内、外界的形式;磁天平法可以测定其分子的磁性以了解其中心原子的杂化类型和 d 电子的组态。

(1) 配合物各组分的分析可利用中心离子铁和配体草酸根的各种性质(包括酸性、氧化还原性、挥发性等)用酸碱滴定、氧化还原滴定、分光光度法、电导滴定法、重量分析等方法进行测定,以确定其组成和含量。

(2) 配离子电荷的测定对于了解配合物的结构和性质有着重要的作用,最常用的测定配离子电荷的方法有离子交换法和电导法。以下仅介绍电导法。

电导就是电阻的倒数,用 L 表示,单位是 Ω^{-1}。溶液的电导是该溶液传导电流能力的量度。在电导池中,电导 L 的大小与两电极之间的距离 l 成反比,与电极的面积 S 成正比:

$$L = \kappa S / l$$

式中,κ 为电导率或比电导,即 l 为 1 cm、S 为 1 cm^2 时溶液的电导,也就是 1 cm^3 溶液中所含的离子数和该离子的迁移速率所决定的溶液的导电能力。因此,电导率 κ 与电导池的结构无关。

电解质溶液的电导率 κ 随溶液中离子数目的变化而变化,即随溶液浓度的变化而变化。因此,通常用摩尔电导率 Λ_m 衡量电解质溶液的导电能力,摩尔电导率 Λ_m 的定义为 1 mol 电解质溶液置于相距为 1 cm 的两电极间的电导,摩尔电导率与电导率之间有如下关系:

$$\Lambda_m = \kappa \times 1000 / c$$

式中,c 为电解质溶液的物质的量浓度。

如果测得一系列已知离子数物质的摩尔电导率 Λ_m,并和被测配合物的摩尔电导率 Λ_m 相比较,即可求得配合物的离子总数,或直接测定其配离子的摩尔电导率 Λ_m,由 Λ_m 的数值范围来求得其配离子数,从而可以确定配离子的电荷数。在 25℃ 时,在稀的水溶液中电离出 2 个、3 个、4 个、5 个离子的摩尔电导率的范围如下。

离子数	2	3	4	5
摩尔电导率/($\Omega^{-1} \cdot cm^2 \cdot mol^{-1}$)	118~131	235~273	408~435	523~560

(3) 磁性是物质的基本性质之一,并且与物质的其他基本性质(如光学、电学、热学等)有密切的联系,所以测定物质的磁性是研究物质结构的基本方法之一。

将物质置于强度为 H 的磁场中,物质被磁化,其内部的磁感应强度为

$$B = H + \Delta H \tag{3.2.1}$$

式中,H 的单位为 A·m^{-1};磁感应强度 B 的单位为 T;ΔH 为物质磁化时产生的附加磁场强度。

$$\Delta H = \Delta \pi I \tag{3.2.2}$$

式中,I 为磁化强度。

对于非铁磁性物质,磁化强度与外磁场强度成正比,即

$$I = KH \tag{3.2.3}$$

式中,K 为比例常数,称为单位体积磁化率,其物理意义是当物质在单位外磁场强度的作用下,所产生磁化强度的大小和方向。对顺磁性物质,I 和 H 的方向相同,$K > 0$;对于反磁性物质,I 和 H 的方向相反,$K < 0$。

在化学上常用比磁化率 χ(或称单位质量磁化率)和摩尔磁化率 χ_M 来表示物质的磁性。

$$\chi = K/d \tag{3.2.4}$$

式中,d 为物质的密度;χ 的单位是 cm^3/g。

$$\chi_M = \chi M = KM/d \tag{3.2.5}$$

式中,M 是物质的摩尔质量;χ_M 的单位是 cm^3/mol,而物质的摩尔磁化率又是物质顺磁磁化率 χ_P 和反磁磁化率 χ_D 之和,即

$$\chi_M = \chi_P + \chi_D \tag{3.2.6}$$

物质在外磁场的作用下,在轨道上的电子将受到洛伦兹力的作用而改变其运动方向,并由此产生诱导磁场,其诱导磁场的方向与外磁场方向相反,因此,它们具有反磁性。反之,如果原子、离子或分子中除了轨道上的成对电子,还具有一个或几个未成对电子,则它们具有永久磁矩,就如同一个小磁体,在外磁场的作用下要被迫转向,使其磁力线方向与外磁场方向一致,从而产生顺磁性。又因为顺磁效应比反磁效应大得多,因此,凡具有未成对电子的物质都是顺磁性物质。另外,由于电子绕核运动所产生的轨道磁矩很小,所以化合物的顺磁性通常可用电子自旋矩来代表。

在研究物质结构时,化学上常用有效磁矩 μ_{eff} 来进行计算,有效磁矩 μ_{eff} 与摩尔磁化率 χ_M 的关系为

$$\mu_{eff} = 2.282\,8\sqrt{\chi_M T} \tag{3.2.7}$$

式中,T 为热力学温度;μ_{eff} 的单位为玻尔磁子,常用 B. M. [1 B. M. $= 9.274\,009\,994(57) \times 10^{-24}$ J·T^{-1}]表示。

根据泡利原理,同一轨道上成对电子的自旋磁矩相反,互相抵消。故只有未成对电子才能产生磁矩。因此,有效磁矩的大小可由下式表示:

$$\mu_{eff} = \sqrt{4S(S+1) + L(L+1)} \tag{3.2.8}$$

式中,S 为总的自旋量子数;L 为总的轨道量子数。

实际上,在过渡元素配合物中,轨道的贡献要比自旋的贡献小,通常其轨道磁矩可忽略。因此对过渡元素可取下式作近似表示:

$$\mu_{\text{eff}} = \sqrt{4S(S+1)} \tag{3.2.9}$$

因为 $S = \sum s$，而自旋量子数只有 $s = \pm 1/2$，如用 n 表示未成对电子数目，则上式可改写为

$$\mu_{\text{eff}} = \sqrt{n(n+2)} \tag{3.2.10}$$

因此，当通过实验测得单位体积磁化率后即可按式(3.2.4)、式(3.2.5)分别求得比磁化率 χ 和摩尔磁化率 χ_M，再根据式(3.2.7)、式(3.2.10)算出有效磁矩 μ_{eff} 和未成对电子数 n。反之，若已知 n，则可算出有效磁矩 μ_{eff}。

$n = 1, \mu_{\text{eff}} = 1.73\text{B.M.}$ ；$n = 2, \mu_{\text{eff}} = 2.83\text{B.M.}$ ；$n = 3, \mu_{\text{eff}} = 3.87\text{B.M.}$ ；$n = 4, \mu_{\text{eff}} = 4.90\text{B.M.}$ ；$n = 5, \mu_{\text{eff}} = 5.92\text{B.M.}$。 按式(3.2.10)的计算值与实验值往往有一定的误差，这是轨道磁矩被忽略的缘故。

帕斯卡在对大量有机化合物的摩尔磁化率的测定和分析中发现，有机化合物的摩尔磁化率具有加和性，即每一原子的结构单元（例如双键、苯环）可指定一数值，而摩尔磁化率等于两者之和，可用下式表示：

$$\chi_M = \sum n_A \chi_A + \sum n_B \chi_B \tag{3.2.11}$$

式中，n_A 为分子中原子的摩尔磁化率 χ_A 的数目；n_B 为分子中不同结构磁化率修正数 χ_B 的数目。常见原子的摩尔磁化率 χ_A、配体的反磁磁化率 χ_D 和结构磁化率修正数 χ_B 见附录 A。

要测定某一原子或离子的磁化率，可以先测出化合物的磁化率，再扣除其他原子或离子的反磁磁化率和结构磁化率修正数，即为该原子或离子的磁化率。若研究的是配合物，则必须从测得的磁化率中减去配体的磁化率以及外界各离子的磁化率，才能得出其中心原子或离子的磁化率，并推断其结构。

在过渡金属配合物中，由于配体的影响，使中心原子中原本能量相同的 d 轨道分裂为能量不同的两组或两组以上的轨道。在分裂的 d 轨道上，电子究竟如何排列，取决于分裂能 Δ 和成对能 P 的大小，如果 $\Delta > P$，电子尽可能占据能量低的 d 轨道自旋成对而形成低自旋配合物；如果 $\Delta < P$，则电子尽可能占据最多的 d 轨道自旋平行形成高自旋配合物。凡属强场则表现为低自旋，其成对电子数比高自旋的少，磁性亦弱。反之，弱场则表现为高自旋，其未成对电子数比强场的多，磁性较强。

本实验是用古埃磁天平测定磁化率。把圆柱形样品管悬在两个磁极的正中，样品管下端位于磁场强度最大的 H 区域，而另一端位于磁场强度很弱的 H_0 区域，若 H_0 可忽略不计，则磁场对样品管作用力 F 与样品管的截面积 A、样品的单位体积磁化率 K 之间有如下关系：

$$F = \frac{1}{2} K H^2 A \tag{3.2.12}$$

当测定磁化率时，把样品悬在天平的一臂上，设 Δ 为加磁场前后砝码质量之差，显然，

$$F = \frac{1}{2} K H^2 A = g\Delta \tag{3.2.13}$$

式中，g 为重力加速度。

已知 H 和 A,测出 Δ 即可求出磁化率 K,为计算方便,可把上式改为

$$g\Delta = \frac{1}{2l}\chi H^2 m \qquad (3.2.14)$$

式中,m 为样品质量;l 为样品管长度;χ 为比磁化率。

若外加磁场强度一定,样品管长度一定,则在同一磁场强度 H、同一样品管中进行测定,对不同物质而言,$2lg/H^2 =$ 常数,此常数以 β 表示,称为样品管校正系数。则式(3.2.14)可简化为

$$\chi = \beta\Delta/m \qquad (3.2.15)$$

取已知 χ 的标准样品,测定其 m 和加磁场前后的 Δ 值,即可求出 β 值。

在实际测定中,样品管为玻璃管,玻璃管在磁场作用下具有反磁性,会产生质量变化,设 δ 为玻璃管在磁场作用下的质量变化(因质量变化是减轻的,故计算时应减去 δ),则

$$\chi = (\Delta - \delta)\beta/m \qquad (3.2.16)$$

若进一步考虑空气磁化率的影响和校正,则 χ 的计算应按下式进行:

$$\chi = (0.029 \times 10^{-6} \times V)/d_{air} + (\Delta - \delta)\beta/m \qquad (3.2.17)$$

【仪器与试剂】

1. 仪器

古埃磁天平,玻璃样品管(直径 8 mm,长度 100 mm),研钵,DDS-11A 型电导仪,其他常用玻璃仪器,化学分析所用仪器自定。

2. 试剂

$(NH_4)_2Fe(SO_4)_2 \cdot 6H_2O$,草酸,草酸钾,硫酸,过氧化氢,无水乙醇,三(乙二胺)合镍(Ⅱ)硫代硫酸盐 $[Ni(en)_3]S_2O_3]$。以上试剂均为 CP 级。

【实验步骤】

1. 三草酸合铁(Ⅲ)酸钾的制备

称取 25 g $(NH_4)_2Fe(SO_4)_2 \cdot 6H_2O$ 固体倒入 200 mL 烧杯中,加入 40 mL 蒸馏水和 10 滴 3 mol·L^{-1} 硫酸,加热使其溶解。然后加入 130 mL 饱和 $H_2C_2O_4$ 溶液,加热至沸腾,并不断搅拌。静置,得黄色 $FeC_2O_4 \cdot 2H_2O$ 晶体。沉降后用倾析法弃去上层清液,往沉淀物中加 20 mL 水,并温热,再弃去清液(尽可能把清液倾倒干净)。加入 50 mL 饱和 $K_2C_2O_4$ 溶液于上述沉淀中,水浴加热至约 40℃,用滴管慢慢加入 10 mL 30% H_2O_2,不断搅拌并保持温度在 40℃左右(此时会有氢氧化铁沉淀)。滴加完 H_2O_2 后将溶液加热至沸腾,再加入 40 mL 饱和 $H_2C_2O_4$(开始的 25 mL 一次加入,最后 15 mL 慢慢加入),并保持接近沸腾的温度。趁热将溶液过滤到一个 100 mL 的烧杯中,加入 10 mL 无水乙醇,加热,以使可能生成的晶体再溶解。用一小段棉线悬挂到溶液中,用表面皿盖住烧杯,放置一段时间即有晶体在棉线上析出。用倾析法分离晶体,在滤纸上吸干,称重,计算产率,晶体样品留待后用。

2. 化学法或仪器分析法测定配合物中 Fe^{3+}、$C_2O_4^{2-}$ 的含量

测定方法自行设计,要求说明:

(1) 测定方法名称;

(2) 测定方案(包括简单的步骤、试剂用量、可能出现的现象);

(3) 将通过自行设计方案测定的结果进行数据处理,并进行结果讨论。

3. 用电导法测定配离子的电荷

配置 100 mL1.0×10^{-3} mol·L^{-1} 的 $K_3[Fe(C_2O_4)_3]$溶液,测定其溶液在 25℃的电导率。

4. 配合物磁化率的测定

1) 样品管的标定

(1) 在样品管中装入事先研细的已知磁化率的标定物 $Ni(en)_3S_2O_3$。在装填粉末样品时,必须不断将样品管垂直往桌面上轻轻撞击,以使粉末样品均匀填实,再继续装填充实,直到装至 1.5 mL 刻度为止。

(2) 小心地将样品管挂在右边天平盘下悬丝上(注意:样品管的底部是否位于磁场强度最大的区域,样品管是否悬在两级的正中),调节磁极间距为 27 mm。待悬丝不再摇摆后,称量样品管质量。然后通上电流(4A),用调压变压器调节,并精确读取称量样品管的质量,将加磁场与不加磁场的质量差记为 Δ。

(3) 倒去标定物,洗净样品管,并用少量丙酮清洗后用电吹风吹干。待样品管冷却后,按前面方法称量加磁场前后样品管的质量变化,并将所得的质量记为 δ。

2) 样品(自制的配合物)磁化率的测定

按前法将研细的自制配合物——三草酸合铁(Ⅲ)酸钾粉末装入样品管中,注意装样品的紧密程度尽可能与装标定物时一致,装样量同样为 1.5 mL。

按前法在加磁场和不加磁场时测定其质量的变化,并记录。

在洗净的样品管中加入蒸馏水至装样品的体积刻度,称取水的质量。由水的质量计算在测定温度时样品管的体积。为简化计算,忽略空气的影响。

记录测定时的温度。

【数据处理】

将化学法或其他方法分析的配合物的组成和含量的结果列出并讨论。

1) 电导法测定配离子电荷

(1) 将所测得的配离子溶液的电导率填入下表:

配离子	电导率	摩尔电导	离子数	配离子电荷
$[Fe(C_2O_4)_3]^{3-}$				

(2) 由测得配合物溶液的电导率,根据下面关系式

$$\Lambda_m = K \times 1000/C$$

计算出该配合物的摩尔电导 Λ_m,从 Λ_m 的数值范围来确定其离子数,从而可确定配离子的电荷。

2) 磁化率的测定

将磁化率的测定结果填入下表。

实验温度 $t=$ _____℃

电流/A	样品管的质量/g	δ/mg	样品管＋标定物的质量/g	Δ/mg
0				
4				

(1) 校正系数 β 的测定。

$\Delta-\delta=$ _____ mg;样品质量 $=$ _____ mg;

$$X_t=\frac{11.03\times10^{-6}\times(293-43)}{273-43+t}=\frac{2\,757.5\times10^{-6}}{230+t}=\underline{\qquad};$$

$$\beta=\frac{x_t m}{(\Delta-\delta)}=\underline{\qquad}。$$

(2) $K_3Fe(C_2O_4)_3\cdot3H_2O$ 的磁化率 χ 的测定。

电流/A	样品管＋$K_3[Fe(C_2O_4)_3]\cdot3H_2O$ 的质量/g	Δ/mg
0		
4		

$\Delta-\delta=$ _____ mg;样品重 _____ mg。

3) 磁化率的计算

(1) 摩尔磁化率的计算:

$$\chi_M=\chi M$$

(2) Fe^{3+} 的摩尔磁化率 χ_M:

$$\chi'_M=\chi_M-\left(\sum n_A\chi_A+n_B\chi_B\right)$$

(3) Fe^{3+} 的有效磁矩:

$$\mu_{eff}=2.828\sqrt{\chi'_M T}$$

(4) $K_3[Fe(C_2O_4)_3]$ 中,中心离子的未成对电子数 n:可由 Fe^{3+} 的有效磁矩 μ_{eff},按照式(3.2.10)求出该配合物中心原子未成对电子数 n。为简化计算(当两种样品的 $\sum n_A\chi_A+n_B\chi_B$ 相差不太大时),可按等物质的量换算,分别求出 Δ'_1 和 Δ'_2 的值,然后按下式计算出 n 的近似值。

$$\frac{\Delta'_2}{\Delta'_1}=\frac{n(n+2)}{u_{eff}^2},\ n=-1+\sqrt{1+\frac{\Delta'_2}{\Delta'_1}\mu_{eff}^2}$$

(5) 从磁化率的测定结果说明配合物的性质和中心原子的杂化形式。

附:标定物 Ni(en)₃S₂O₃ 的合成

将 60 gNi(NO₃)₂·6H₂O 与 60 mL 乙二胺加入 150 mL 水中,另取 60 gNa₂S₂O₃·5H₂O 溶于 600 mL 水中,两种溶液混合后煮沸 1 min,冷却时快速搅拌,得到紫色晶体,过滤并用冷水和乙醇洗涤,在 100℃下干燥。

其 $\chi_{20℃}$ 为 $11.03×10^{-6}$ cm³/g(外斯常数 θ 为 $-43℃$),实验时室温下的 χ 为

$$\chi = \chi_{20℃}(T_{20℃} + \theta)/(T_t + \theta)$$
$$= 11.03×10^{-6}(293-43)/(273+t-43)$$
$$= 2\,757.5×10^{-6}/(230+t)$$

【思考题】

(1) 在制备配合物的过程中应注意哪些环节,才能使配合物的产量及质量得到保证?

(2) 你自己设计的测定配合物组成的方法的优缺点有哪些?对整个实验结果可能会产生怎样的影响?

(3) 在计算配合物中心形成体有效磁矩之前,为什么必须先做反磁磁化率的校正?

(4) 在其他条件完全相同的情况下,改变电流的大小来测定同一样品,请问其摩尔磁化率是否一致?

(5) 在测定 K₃[Fe(C₂O₄)₃] 的电荷时,是否要用新配制的溶液来测定,为什么?

(6) 测定溶液的电导率时,溶液的浓度范围是否有一定的要求,为什么?

【拓展文献】

[1] 方能虎. 实验化学(下)[M]. 北京:科学出版社,2005.

[2] 浙江大学,南京大学,北京大学,兰州大学. 综合化学实验[M]. 北京:高等教育出版社,2001.

[3] 程春英. 硫酸亚铁铵制备三草酸合铁酸钾的思考[J]. 实验室科学. 2009,6:62-63.

[4] 姜述芹,陈虹锦,梁竹梅,等. 三草酸合铁(Ⅲ)酸钾制备实验探索[J]. 实验室研究与探索. 2006,25(10):1194-1196.

[5] 姜述芹,马荔,梁竹梅,等. 硫酸亚铁铵制备实验的改进探索[J]. 实验室研究与探索. 2005,24(7):18-20.

[6] 钟国清. 三草酸合铁(Ⅲ)酸钾绿色合成与结构表征[J]. 实验技术与管理,2016,33(09):34-37.

[7] 钟国清,臧晴. 三草酸合铁(Ⅲ)酸钾的室温固相合成与晶体结构表征[J]. 分子科学学报,2017,33(01):77-83.

[8] 马少妹,袁爱群,白丽娟,等. 三草酸合铁(Ⅲ)酸钾合成工艺的优化[J]. 化学试剂,2017,39(10):1108-1112.

实验 3.3　一种高比表面积的微孔金属-有机框架物材料的合成及表征

【实验目的】

(1) 初步掌握金属-有机框架物(MOF)的合成原理和方法。

（2）充分认识材料合成过程中，控制物相纯度的重要意义。

（3）利用红外线光谱及 X 射线粉末衍射对样品进行表征。

（4）利用吸附仪测定样品的比表面积。

（5）掌握材料的制备、分离、表征的基本方法。

【实验原理】

硝酸锌与对苯二甲酸(DBC)在三乙胺存在下发生反应，组装成三维结构的微孔配位聚合物，反应式为

$$Zn(NO_3)_2 + DBC \longrightarrow Zn_4O(DBC)_3 + NO_2$$

【仪器与试剂】

1. 仪器

磁力搅拌器 1 台/组，循环水泵 1 台/2 组，红外线干燥灯，电子天平，250 mL 锥形瓶，抽滤瓶，4 号砂芯漏斗，结晶皿 1 个/组，金属刮刀/药匙组合。

2. 试剂

$Zn(NO_3)_2 \cdot 6H_2O$，对苯二甲酸，N，N-二甲基甲酰胺(DMF)，甲醇，无水乙醚。上述试剂均为 AR。

【实验步骤】

在 250 mL 锥形瓶中，加入 2.97 g(10 mmol)$Zn(NO_3)_2 \cdot 6H_2O$、1.26 g(7.5 mmol)对苯二甲酸及 100 mL DMF。放入磁子并置于磁力搅拌器上搅拌至固体完全溶解。在天平上称取 4.00 g(40 mmol)三乙胺，并逐滴加入上述溶液中，继续搅拌 2～4 h。用 4 号砂芯漏斗抽滤，并依次用 DMF、甲醇、无水乙醚洗涤(各 30 mL×2 次)。红外灯下干燥，称重，计算产率。做红外光谱、粉末 X 射线衍射(2θ 角度范围：3°～50°)、比表面积等表征(选做)。所有用过的溶剂倒入指定容器回收处理。

【实验流程图】

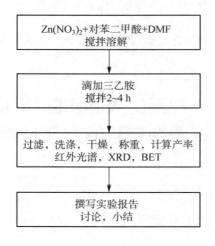

【实验指导】

（1）锥形瓶事先洗涤并干燥。

（2）$Zn(NO_3)_2 \cdot 6H_2O$、三乙胺应为新领用的，久置后不可使用，如果使用久置的试剂会造成产物不纯。

（3）$Zn(NO_3)_2 \cdot 6H_2O$、对苯二甲酸的用量及比例应严格按实验步骤要求，完全溶解后方可加入三乙胺。

（4）因产物是极小的颗粒，接近胶体状，抽滤会比较慢，每一步抽滤应该尽量抽干，这样洗涤的效果才会好，因产物不会明显溶解在这些溶剂中，不必担心洗涤造成产率损失。

（5）XRD 应该尽快完成，因为产物在空气中有分解现象。但在氮气下避光保存时比较稳定。

（6）产物对酸不稳定。

（7）如产物 XRD 图谱中出现一些杂峰，说明有一些含锌的固体存在，一般为氧化物和氢氧化物，这可能与三乙胺及硝酸锌的纯度有关（见图 3.3.1）。

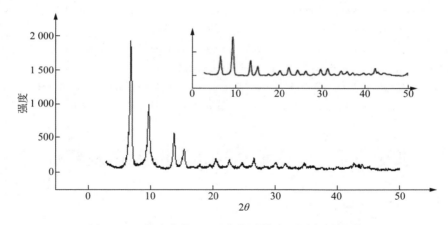

图 3.3.1　化合物的 XRD 参考图谱（插图为标准图谱）

【数据处理】

$Zn(NO_3)_2 \cdot 6H_2O$：_____ g；

对苯二甲酸：_____ g；

DMF：_____ mL；

产物质量：_____ g；

产率：_____%。

比表面积测定结果参考值：

在 P/P_0 0.25983696 的单点表面积	1 169.781 6 m²/g
BET 表面积	1 145.820 6 m²/g
朗缪尔（Langmuir）表面积	1 619.941 6 m²/g

【思考题】

(1) 该反应为何一定要在无水条件下进行?

(2) 分析所得的红外谱图中的特征峰是由什么振动引起的。

(3) 所得的产物为何对酸不稳定?

(4) 由 XRD 谱图,通过适当的软件分析该 MOF 材料的尺寸大小以及属于什么晶形材料。

(5) 通过查阅文献,说明还可用其他什么方法制备该 MOF 材料,试比较各种方法的优缺点。

【拓展文献】

[1] Li H, Eddaoudi M, O'Keeffe M, et al. Design and synthesis of an exceptionally stable and highly porous metal-organic framework[J]. Nature, 1999, 402:276-279.

[2] Huang L, Wang H, Chen J, et al. Synthesis, morphology control, and propercties of porous metal-organic coordination polymers[J]. Microporous and Mesoporous Materials, 2003, 58:105-114.

[3] Férey G, Mellot-Draznieks C, Serre C, et al. A chromium terephthalate-based solid with unusually large pore volumes and surface area[J]. Science, 2005, 309:2040-2042.

[4] Dinca M, Dailly A, Liu Y, et al. Hydrogen storage in a microporous metal-organic framework with exposed Mn^{2+} coordination sites[J]. Journal of Amercian Chemical Society, 2006, 128:16876-16883.

[5] Wong-Foy A G, Matzger A J, Yaghi O M. Exceptional H_2 saturation uptake in microporous metal-organic frameworks[J]. Journal of Amercian Chemical Society, 2006, 128: 3494-3495.

实验 3.4　$Cu(phen)_2ClO_4$ 的制备及表征

【实验目的】

(1) 通过本实验熟悉文献查阅方法。

(2) 熟悉无机盐及其相应配合物的制备,掌握一般无水无氧操作技术。

(3) 了解配合物的表征方法。

【实验原理】

利用 $Cu_2(OH)_2CO_3$ 与高氯酸的复分解反应,可以制得六水合高氯酸铜,高氯酸铜在乙腈中与铜粉反应可得到较稳定的重要的 Cu(I)原料 $Cu(CH_3CN)_4ClO_4$,在无氧无水条件下,$Cu(CH_3CN)_4ClO_4$ 与 1,10-菲罗啉(又称邻菲罗啉,phen)、二联吡啶等作用,可得四配位的 Cu(I)配合物。反应方程式如下:

$$Cu_2(OH)_2CO_3 + 4HClO_4 + 9H_2O \longrightarrow 2Cu(ClO_4)_2 \cdot 6H_2O + CO_2$$

$$Cu(ClO_4)_2 \cdot 6H_2O + 8CH_3CN + Cu \longrightarrow 2Cu(CH_3CN)_4ClO_4 + 6H_2O$$

$$Cu(CH_3CN)_4ClO_4 + 2phen \longrightarrow Cu(phen)_2ClO_4 + 4CH_3CN$$

【仪器与试剂】

1. 仪器

烧杯,圆底烧瓶,布氏漏斗,抽滤瓶,真空泵,加热磁搅拌器,回流冷凝管,舒伦克 (schlenk)瓶,3 号砂芯漏斗,油浴锅,氮气钢瓶。

2. 试剂

碱式碳酸铜 $Cu_2(OH)_2CO_3$,铜粉,$HClO_4$,无水乙醚,乙腈,1,10-菲罗啉(phen)。以上试剂均为 AR。

【实验步骤】

1. $Cu(CH_3CN)_4ClO_4$ 的制备

取 14 g(0.125 mol)碱式碳酸铜加少量水湿润,搅拌下小心滴加 $HClO_4$ 至碱式碳酸铜几乎完全溶解,用砂芯漏斗过滤后小心加热浓缩至有结晶析出,冷却至 0℃,抽滤得 $Cu(ClO_4)_2 \cdot 6H_2O$。将 $Cu(ClO_4)_2 \cdot 6H_2O$ 与适量铜粉混合于 250 mL 圆底烧瓶中,加入 100 mL 乙腈,装上回流冷凝管,回流至蓝色变为无色。趁热过滤,滤液冷却后得无色结晶,快速抽滤并真空干燥得 $Cu(CH_3CN)_4ClO_4$。

2. $Cu(phen)_2ClO_4$ 的制备

取 164 mg (0.05 mmol) $Cu(CH_3CN)_4ClO_4$ 溶于 10 mL 乙腈中,在氮气保护下滴加 198 mg (1.00 mmol)1,10-菲罗啉(通常为一水合 1,10-菲罗啉)溶于 5 mL 乙腈所得的溶液,继续搅拌 20 min,滴加新蒸馏的无水乙醚得 $Cu(phen)_2ClO_4$ 沉淀,真空干燥,称重并计算产率。

3. 产物的表征

用 ^1H NMR 表征得到的化合物,并与 1,10-菲罗啉对比。

表征方法:IR 谱,可以判断在配合物中是否含有 ClO_4^-,在 1 090 cm^{-1} 和 625 cm^{-1} 处有特征吸收;^1H NMR 谱可以看到 1,10-菲罗啉上的 H 化学位移值在与 Cu(Ⅰ)配位前后的变化。

【实验指导】

(1) 含有机物的金属高氯酸盐的制备量要少,干燥后不得研磨、撞击和加热,以防引起爆炸。

(2) 在制备的高氯酸铜结晶析出时,加入少量乙腈,可以防止析出的晶体结块。

【思考题】

(1) 在制备 $Cu(ClO_4)_2 \cdot 6H_2O$ 时为什么要先用少量水湿润,不加水或加水太多有何不妥?

(2) 在制备 $Cu(phen)_2ClO_4$ 时为何要在氮气保护下进行,为什么要用新蒸馏的无水乙醚,用久置的乙醚有何不妥?

(3) 该制备方法中有什么不足? 试写出改进的方法。

(4) 通过查阅文献,列举不同方法制备该化合物的方法,它们的优缺点各是什么?

【拓展文献】

[1] 张跃军,李桂茗,李伟民. 由高氯酸铵制备乙二胺二高氯酸盐的研究[J]. 爆破器材,1992,02:27-30.

[2] 刘小兰,孙云,陈克. N,N-二(2-苯并咪唑亚甲基)甲胺高氯酸盐的晶体和电子结构[J]. 有机化学,2004,24(6):641-644.

[3] 刘策,李洁,徐锁平. 二氯·邻二氮菲合锌(Ⅱ)配合物的微波固相合成及晶体结构[J]. 江苏师范大学学报(自然科学版),2014,32(1):57-59.

实验 3.5 安息香缩合反应的非氰绿色工艺

【实验目的】

(1) 学习安息香缩合反应的原理。

(2) 了解维生素 B1(简写为 VB1)的催化原理。

【实验原理】

安息香(Benzoin)缩合反应一般采用氰化钾(钠)作催化剂,在碳负离子(如)氰离子(CN^-)或维生素 B1 负离子的作用下,两分子苯甲醛缩合生成二苯羟乙酮(安息香)。

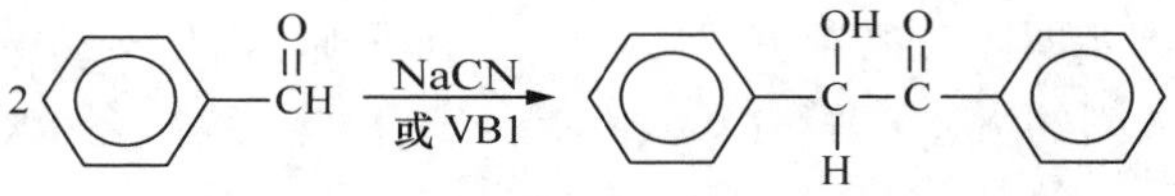

由于氰化物是剧毒品,易对人体造成危害,操作困难,且三废处理困难。20 世纪 70 年代末,国外学者换掉剧毒的氰化钾,而采用一种无毒易得的生物辅酶 VB1 作催化剂。

反应机理如下:

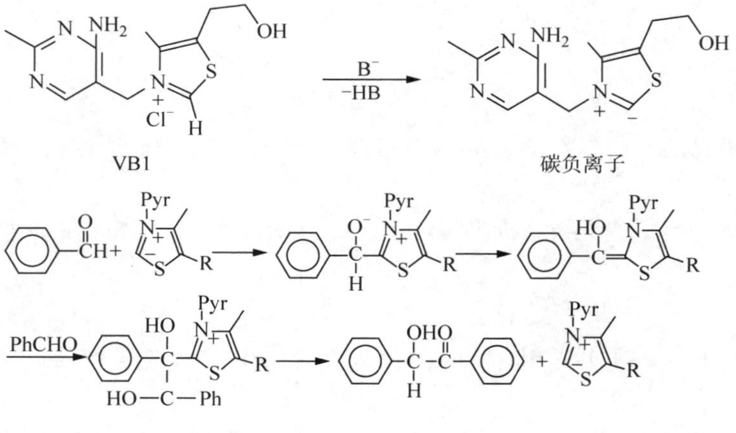

【仪器与试剂】

1. 仪器

傅里叶变换红外光谱仪(美国 Nicolet 公司),TU-1901 紫外可见光谱分析仪。

2. 试剂

维生素 B1(又称盐酸硫胺),苯甲醛,95％乙醇,10％氢氧化钠。

【实验步骤】

在 100 mL 圆底烧瓶中,加入 1.8 g VB1、5 mL 水和 15 mL 乙醇,将烧瓶置于冰水浴中冷却。将 5 mL 10％氢氧化钠溶液在冰浴冷却下滴加至 VB1 溶液中,并不断摇荡,调节溶液 pH 为 9～10,此时溶液呈黄色。去掉冰水浴,加入 10 mL 苯甲醛,装上回流冷凝管,加几粒沸石,将混合物置于油浴上温热,搅拌反应 1.5 h,油浴温度保持在 60～75℃,切勿将混合物加热至剧烈沸腾,此时反应混合物呈橘黄色或橘红色的均相溶液。将反应混合物冷却至室温,析出浅黄色结晶,将烧瓶置于冰水浴中冷却使结晶完全,抽滤,用少量冷乙醇洗涤结晶,得到白色粗产物约 6 g。

粗产物用 95％乙醇重结晶,可得纯安息香,为白色针状结晶,产量约 5 g。测定熔点和红外光谱、紫外光谱,并根据测试图谱进行结构解析。

【实验指导】

(1) 实验中如果使用新蒸的苯甲醛,则产率较高。

(2) 加热完成后,直接用冰水冷却,则会迅速结晶,整个溶液会变成固体,但是晶形很差,都是粉末状。如果在室温下冷却,则会看到晶体渐渐长大,先慢后快,而且晶形很好。

(3) 安息香熔点为 135～137℃。

【思考题】

(1) 反应溶液的 pH 值保持为 9～10,过高或过低有什么影响?

(2) 在本实验中如果发现装有苯甲醛的试剂瓶底部出现白色晶体,该原料对本实验的合成结果有何影响? 为什么?

(3) 红外光谱可以显示反应中哪些官能团的改变?

(4) 本实验对实验器皿有什么要求? 当玻璃仪器出现什么污染时对实验结果有较大影响?

(5) 通过查阅相关文献,将有氰工艺和非氰工艺相比较,说明它们的合成机理有何不同,哪种工艺的产率较高。

【拓展文献】

[1] 丁成,倪金平,唐荣,等. 安息香的绿色催化氧化研究[J]. 浙江工业大学学报,2009,37(5):542-544.

[2] 张康华,曹小华,陶春元,等. 安息香缩合与应用研究进展[J]. 安徽农业科学,2009,37(30):14549-14551.

[3] 吕洪舫,刘宗林,赵爱式. 安息香缩合反应的改进[J]. 化学试剂,1995,17(6):378-379.

[4] 夏厚林,石战英,董重. 安息香紫外吸收光谱特征研究[J]. 时珍国医国药,2010,21(11):2818-2819.

[5] 成乐琴,张俭. VB1 和碳酸钠催化安息香缩合反应[J]. 化学世界,2015(4):237-240.

实验 3.6　相转移催化剂的合成与应用

【实验目的】

(1) 了解相转移催化剂的结构、合成与应用。

(2) 掌握用三乙基苄基氯化铵(TEBA)相转移催化合成苯乙醇酸的工艺。

【实验原理】

相转移催化(PTC)反应属于两相反应,其中一相是碱、酸、盐的固体或水溶液,另一相则是溶有反应物的有机介质溶液,反应通过 PTC 催化剂(盐或是能与碱金属络合而增溶的化合物)的催化而得以进行。这种催化剂能将离子化合物的一部分以离子对的形式转移到低极性的有机溶剂中,与不溶于水的有机物质发生反应。由于这里的阴离子未被溶剂化或溶剂化作用很小,是裸露的(除反电性以外),因而活性很大。

相转移催化剂的种类很多,本实验选用一种季铵盐——三乙基苄基氯化铵(TEBA)作为相转移催化剂,催化合成苯乙醇酸。

TEBA 可由氯化苄与三乙胺反应制备:

$$\langle\!\!\bigcirc\!\!\rangle\text{—CH}_2\text{Cl} + \text{N(C}_2\text{H}_5)_3 \longrightarrow \langle\!\!\bigcirc\!\!\rangle\text{—CH}_2\text{—N}^{\oplus}(\text{C}_2\text{H}_5)_3\text{Cl}^{\ominus}$$
TEBA

然后采用合成的 TEBA 作催化剂,催化合成苯乙醇酸:

$$\langle\!\!\bigcirc\!\!\rangle\text{—CHO} + \text{HCCl}_3 \xrightarrow[\text{NaOH}]{\text{TEBA}} \langle\!\!\bigcirc\!\!\rangle\overset{\overset{\text{OH}}{|}}{\text{CH}}\text{—COOH}$$

该相转移催化反应的实质为氯仿与碱反应形成卡宾,卡宾加成苯甲醛的羰基,然后水解生成目标产物——苯乙醇酸。反应机理可以表示如下:

首先界面脱质子并形成"锚合"的三卤甲川离子,水则留在水相:

$$\text{HCCl}_{3\text{org}} + \text{NaOH}_{\text{aq}}^{\oplus} \rightleftharpoons \text{CCl}_{3\text{int}}^{\ominus} + \text{Na}_{\text{int}}^{\oplus} + \text{H}_2\text{O}$$

然后在 PTC 催化剂作用下,形成离子对进入有机相:

$$\text{CCl}_{3\text{int}}^{\ominus} + [\text{NR}_4^{\oplus}\text{X}^{\ominus}] \rightleftharpoons [\text{NR}_4^{\oplus}\text{CCl}_3^{\ominus}]_{\text{org}} + \text{X}_{\text{aq}}^{\ominus}$$

卡宾的形成是可逆的:

$$[\text{NR}_4^{\oplus}\text{CCl}_3^{\ominus}]_{\text{org}} \rightleftharpoons [\text{NR}_4^{\oplus}\text{Cl}^{\ominus}]_{\text{org}} + [\text{:CCl}_2]_{\text{org}}$$

最后进行加成反应:

$$[\text{:CCl}_2]_{\text{org}} + \text{O}{=}\!\!\langle\!\!\bigcirc\!\!\rangle \longrightarrow \langle\!\!\bigcirc\!\!\rangle \xrightarrow{\text{H}_2\text{O}} \langle\!\!\bigcirc\!\!\rangle\overset{\overset{\text{OH}}{|}}{\text{CH}}\text{—COOH}$$

【仪器与试剂】

1. 仪器

三口烧瓶,搅拌器,回流冷凝管,Y 形管,滴液漏斗,干燥器,烧杯,布氏漏斗,分液漏斗,量筒。

2. 试剂

氯化苄,1,2-二氯乙烷,三乙胺,氯仿,苯甲醛,氢氧化钠,乙醚,硫酸,无水硫酸钠,甲苯。以上试剂均为 AR。

【实验步骤】

1. TEBA 的合成

在 100 mL 三口烧瓶中加入 0.05 mol 三乙胺、0.05 mol 氯苄和 20 mL 1,2-二氯乙烷,回流搅拌 1.5～2 h 后,停止加热,待反应液冷却后即有结晶析出,滤出结晶,用少量二氯乙烷洗涤 2 次,烘干后放入干燥器中备用,重约 10 g。

2. 相转移催化合成苯乙醇酸反应

在 250 mL 三颈瓶中,分别装置搅拌器、回流冷凝管、Y 形管,Y 形管上分别装置滴液漏斗和温度计。

称取 1 g TEBA(约 0.005 mol)放入三口烧瓶中,分别加入 10 mL 苯甲醛(约 0.1 mol)和 16 mL 氯仿(约 0.2 mol)在搅拌下用水浴缓慢加热,当温度升到 56℃时,自分液漏斗缓慢滴加 50％氢氧化钠溶液 25 mL,控制滴加速度约为 6 s/滴,并在滴加过程中保持反应温度在 55～60℃之间。滴加完毕后(约 1 h),再在该温度下搅拌 1 h,直至反应液接近中性。

将反应物冷却至室温,停止搅拌,并将反应物倒入 200 mL 水中,搅拌,然后用乙醚萃取 2 次(每次用 20 mL 乙醚),以除掉未反应的氯仿等有机物,合并醚层(可留用回收乙醚),此时水层为亮黄色透明状。水层用 50％硫酸酸化至 pH＝1～2,再用乙醚萃取 4 次(每次用 20 mL 乙醚)。合并这 4 次萃取液,并用无水硫酸钠干燥。在减压下蒸出乙醚,尽可能将乙醚除尽,即得粗产物,产率约 75％。

每克粗产物用 1.5 mL 甲苯重结晶,得纯净物。

【实验指导】

(1) 由于 PTC 反应是两相反应,故搅拌速度对反应有重要影响,应尽量提高搅拌速度以提高产率。

(2) 滴加 NaOH 溶液会产生大量的热,因此要严格控制滴加速度。

(3) 苯乙醇酸熔点为 118～119℃。

【思考题】

(1) PTC 催化剂在反应中的作用是什么?

(2) 最后的反应混合物为什么要用 50％的硫酸溶液酸化?

【拓展文献】

[1] 韩恩山,来蕊,高长虹. 有机合成中相转移催化剂的研究进展[J]. 河北工业大学学报,2001,30(2):

89-95.

[2] 沈宗旋,孔爱娣,陈文勇,等. 手性季铵盐类相转移催化剂的新进展[J]. 有机化学,2003,23(1):10-21.
[3] 成本诚,于澍,谢文林. 季铵盐 A-I 的相转移催化性能[J]. 中南工业大学学报,1998,29(4):401-404.
[4] 宓爱巧,楼荣良,蒋耀忠. 手性相转移催化剂及其不对称催化反应[J]. 合成化学,1996,4(1):13-22.

实验 3.7 2-甲基-2-亚硝基丙烷的制备及其物性的测定

【实验目的】

(1) 学习 2-甲基-2-亚硝基丙烷的制备及表征。
(2) 测定产物二聚体在溶液中的离解-聚合反应的平衡常数、反应焓及熵变。
(3) 测定产物在溶液中的离解-聚合反应的速率常数及活化能。

【实验原理】

2-甲基-2-亚硝基丙烷的二聚体$(t\text{-}BuNO)_2$是无色针状晶体,具有偶氮二氧化合物的结构:

$$t-BuN\underset{\downarrow}{\overset{\uparrow}{=}}NBu-t$$

上方为 O，下方为 O

二聚体在有机溶液中离解,达到二聚体与单体间的平衡:$D \leftrightarrow 2M$。

二聚体在$\lambda = 300$ nm 处有最大吸收峰,而单体在$\lambda = 700$ nm 处有最大吸收峰。单体溶液呈现亮蓝色。稀释溶液或升高温度将使平衡向右移动,可用下式来描述平衡:

$$K = \frac{[M]^2}{[D]} \tag{3.7.1}$$

式中,[M]和[D]分别表示平衡时单体和二聚体的浓度;K 为平衡常数。

若以$[M]_0$和$[D]_0$分别表示溶液仅为单体和二聚体时的浓度,则$[D]_0 = 1/2[M]_0$。因此,二聚体的离解度α可表示为

$$\alpha = ([D]_0 - [D])/[D]_0 = [M]/[M]_0$$

则

$$[D] = [D]_0(1-\alpha) \tag{3.7.2}$$

又因为

$$[D]_0 - [D] = 1/2[M]$$

则

$$K = 4\alpha^2[D]_0/(1-\alpha) = 2\alpha^2[M]_0/(1-\alpha) \tag{3.7.3}$$

根据比尔定律,测定溶液中单体的浓度为

$$A_M = \varepsilon_M [M] l \tag{3.7.4}$$

式中，ε_M 为摩尔吸光系数。由于溶液中单体的平衡浓度是未知的，因此，不可能从式(3.7.4)计算 ε_M，但是如果引入"有效"吸收系数 ε_{eff}，并忽略单体的局部聚合，则可表示为

$$A_M = \varepsilon_{eff} [M]_0 l \tag{3.7.5}$$

ε_{eff} 是一个与 $[M]_0$ 有关的物理量，因此式(3.7.5)不是线性关系，但是式(3.7.5)除以式(3.7.4)可得

$$[M]/[M]_0 = \varepsilon_{eff}/\varepsilon_M = \alpha$$

代入式(3.7.3)为

$$K = \frac{2[M]_0 \varepsilon_{eff}^2}{\varepsilon_M (\varepsilon_M - \varepsilon_{eff})}$$

或

$$\varepsilon_{eff} = -\frac{2\varepsilon_{eff}^2 [M]_0}{K\varepsilon_M} + \varepsilon_M \tag{3.7.6}$$

由式(3.7.6)可知，作 $\varepsilon_{eff} - \varepsilon_{eff}^2 [M]_0$ 的图，可得截距为 ε_M，斜率等于 $-\dfrac{2}{K\varepsilon_M}$ 的直线，从而可求得 K。

用上述方法，测定几个温度下的平衡常数，则可根据范托夫定律计算反应的焓 ΔH：

$$\frac{\mathrm{d}\ln K}{\mathrm{d}t} = \frac{\Delta H}{RT^2} \tag{3.7.7}$$

从不同温度下单体及二聚体的 $\lambda\text{-}A$ 关系图可看出，温度升高，单体的吸光值变化很小，而二聚体的吸光值变化很大。当离解度 α 从 0.98 变为 0.99 时，$[M]$ 变化 1%，而 $[D]$ 的值改变 100%。因此，利用二聚体的吸收谱带来测定反应焓 ΔH，将是很方便的。假设 $[M] \approx$ 常数，由方程式 $A_D = \varepsilon_D [D] l$（$A_D$ 为 $\lambda = 294$ nm 时二聚体的吸光值）、式(3.7.1)和式(3.7.7)得

$$\frac{\mathrm{d}\lg A_D}{\mathrm{d}T} = \frac{\Delta H}{2.303 RT^2}$$

或

$$\lg A_D = \frac{\Delta H}{2.303 RT} + 常数 \tag{3.7.8}$$

由上式可知，作 $\lg A_D\text{-}T$ 图为一条直线，从斜率可计算离解反应的焓，由 ΔH 和 K，可以按下式计算这个反应的熵变：

$$\Delta S = \Delta H / T + 2.303 R \lg K \tag{3.7.9}$$

由于二聚体的吸收谱带对离解度呈现较高的灵敏度，因此也可以用来研究动力学过程，通常采用弛豫法使体系恢复到平衡。

本实验采用浓度弛豫法,即把少量的二聚体溶液注入具有溶剂的带恒温夹套的比色皿中,这样稀释的结果,使平衡向着右边移动,即

$$D \underset{k_2}{\overset{k_1}{\rightleftharpoons}} 2M$$

A_D 从某一个值 A_{init} 减少到平衡值($\overline{A}_D$),此反应的速率可用式(3.8.10)表示:

$$\frac{d[D]}{dt} = -k_1[D] + k_2[M]^2 \tag{3.7.10}$$

这里 $k_1[D] > k_2[M]^2$。实验条件假设平衡几乎完全向着单体的方向移动,且单体的浓度保持不随时间而变化,即反向反应的速率是常数($k_2[M]^2 \approx k_2[M]_0^2$)。在此条件下,积分式(3.7.10),并使 $t=0$ 时,$[D]=[D]_{init}$,$k_1/k_2=K$ 和 $\overline{[D]}=[M]_0^2/K$(其中 $\overline{[D]}$ 为二聚体的平衡浓度),这样可得

$$\ln(\overline{[D]}-[D]) = k_1 t + \ln(\overline{[D]}-[D]_{init})$$

以吸光度值代替浓度可得

$$\lg(A_D - \overline{A}_D) = 0.434 k_1 t + \lg(A_{init} - \overline{A}_D) \tag{3.7.11}$$

其中,$A_{inti} > \overline{A}_D$,$A_D > \overline{A}_D$。由此可见,此逆反应是属于一级反应动力学,即 $\lg(A_D - \overline{A}_D)$ 对 t 作图为直线,从斜率可求得 k_1,在几个温度下进行测定,则由阿伦乌斯方程($\lg k_1 \sim 1/T$)可测定二聚体离解反应的活化能 E_1:

$$k_1 = A_1 \exp\left(-\frac{E_1}{RT}\right) \tag{3.7.12}$$

【仪器与试剂】

1. 仪器

Cintra 10e 紫外-可见分光光度计(澳大利亚 GBC 公司),红外分光光度计(美国 Nicolet 公司),恒温槽,磁力搅拌器。

2. 试剂

叔丁胺,庚烷,氯化钠,过氧化氢,钨酸钠。

【实验步骤】

1. 二聚体(t-BuNO$_2$)的制备

叔丁胺在钨酸钠催化下,可被过氧化氢氧化为2-甲基-2-亚硝基丙烷,控制好氧化剂的浓度、滴入速度及反应温度,可以提高产物的产率。

$$R-NH_2 + H_2O_2 \xrightarrow[15\sim20℃]{Na_2WO_4} R-NO$$

式中,R=tert-Butyl(简写为 t-Bu)。

(1) 称取 36.6 g 叔丁胺和 4.0 g 钨酸钠于 300 mL 带恒温夹套的锥形瓶中,加入 50 mL

蒸馏水,夹套中通入 0 ℃ 的水,置于搅拌器上搅拌,再在夹套中通入 15~20 ℃ 水,同时在 1.5 h 内逐滴滴加 21％ 过氧化氢溶液 170 g,然后使夹套温度升至 20~25 ℃,搅拌 0.5 h。

(2) 在反应液中加入 3 g 氯化钠固体,不断搅拌,以破坏胶体。分离出蓝色有机层贮于分液漏斗中,并用稀盐酸溶液洗涤 2 次,弃去水相,有机层用无水硫酸镁干燥。

(3) 蒸馏有机层,接收 50~55 ℃ 间的馏分,用冰冻结,得无色(略带蓝色)针状晶体,晶体用 5％ 乙醇的饱和氯化钠溶液洗至无色,然后贮于干燥器中干燥备用。

2. 产物的表征

(1) 测定产物的熔点。

(2) 用溴化钾压片测定产物的红外光谱。

3. 产物在溶液中平衡时的热力学参数的测定

1) 二聚体和单体的电子光谱测定

配制产物浓度为 4.0×10^{-2} mol·L^{-1} 的庚烷溶液,分别在恒温 20.0 ℃ 和 40.0 ℃ 下,在 250~270 nm 范围测定其电子光谱。

2) 摩尔吸光系数及平衡常数的测定

(1) 贮备液的配制:取 0.355 g 晶体二聚体,用庚烷配制于 5 mL 的容量瓶中([M]＝0.816 mol·L^{-1})。

(2) 按表 3.7.1 中所示的体积比配制 6 个测定液,配制后放在暗处 40 min(20 ℃)以上(随温度升高而缩短放置时间),然后注入比色皿中,恒温 10 min,在 $\lambda = 678$ nm 处测定吸光度。

(3) 反应焓测定:取 31.8 mg 结晶二聚体用庚烷配制于 10 mL 容量瓶中,在暗处 20 ℃ 放置 40 min,然后注入比色皿中,恒温 10 min,在 $\lambda = 294$ nm 处测定吸光度 A_D,温度升高 10 ℃ 后再测吸光度。

4. 离解-聚合反应的动力学测定

(1) 称取 81 mg 结晶二聚体,溶解在 10 mL 庚烷中([M]＝9.31×10^{-2} mol·L^{-1}),并置于暗处 40 min。

(2) 在 1 cm 比色皿中注入 2.2 mL 庚烷,在设定恒温温度下恒温 10 min 以上,然后吸取上述贮备液 0.35 mL 快速注入比色皿中,用针筒鼓气混匀,在 $\lambda = 294$ nm 处,每分钟测定一次吸光度,直至吸光度变化很少为止。

(3) 改变 5 个不同的恒温温度,重复进行以上实验。

【数据处理】

1. 二聚体(t-BuNO$_2$)的质量和产率

质量:_____;产率:_____。

2. 产物的表征

产物的熔点:_____。

在红外光谱上标出亚硝基和叔丁基的谱峰,并由红外光谱图确定二聚体的构型(顺式或反式二聚体)。

3. 热力学参数的确定

1) 由电子光谱图确定最大吸收波长 λ_{max}

2) 摩尔吸光系数及平衡常数的计算

(1) 测得不同浓度溶液的吸光度记录于表 3.7.1,并计算相应的 ε_{eff}。

(2) 由式(3.7.6)作 $\varepsilon_{eff}-\varepsilon_{eff}^2[M]_0$ 图,从直线的截距求得 ε_M,从斜率可求得平衡常数 K。

表 3.7.1   数据记录表

编号	贮备液 /mL	庚烷 /mL	$[M]_0$ /(mol·L^{-1})	A_m	ε_{eff}	ε_{eff}^2	$\varepsilon_{eff}^2[M]_0$
1	0.2	1.0					
2	0.4	0.8					
3	0.6	0.6					
4	0.8	0.4					
5	0.0	0.2					
6	1.2	0					

3) 反应焓 ΔH 的计算

由不同温度的吸光度 A_D,根据式(2.7.8),以 $\lg A_D$ 对 $1/T$ 作图,为一直线,由斜率可求得 ΔH。

4) 反应熵变 ΔS 的计算

根据式(3.7.9),由 ΔH 和 K 可计算得到 ΔS。

4. 动力学参数的计算

1) 反应速率常数 k_1 的计算

在温度 T 时,有不同时间 t 的吸光度 A_D,根据式(3.7.11),以 $\lg(A_D-\overline{A}_D)$ 对 t 作图,由直线的斜率可求得 k_1。

2) 活化能的计算

求得不同温度 T 下的 k_1,根据式(3.7.12)以 $\lg k_1$ 对 $1/T$ 作图,由直线的斜率可求得反应活化能 E_1。

【思考题】

(1) 浓度弛豫法测定动力学参数的特点及注意事项是什么?

(2) 测定反应焓的影响因素是什么,怎么克服?

(3) 通过查阅文献,试问还有什么方法可用于化学动力学和热力学参数的测定? 它们各有什么优缺点?

【拓展文献】

[1] 方能虎. 实验化学(下)[M]. 北京:科学出版社,2005.

[2] 赵成学,陈国飞,蒋锡夔,等. 酰基过氧化物的化学-2-硝基-2-亚硝基丙烷与含氟酰基过氧化物的反应[C]. 第四届全国波谱学学术会议论文摘要集 , 1986 年.

[3] 浙江大学,南京大学,北京大学,兰州大学. 综合化学实验[M]. 北京:高等教育出版社,2001.

实验 3.8　橘皮果胶提取

【实验目的】

熟悉并掌握提取某些天然化合物的简单方法。

【实验原理】

果胶是一种水溶性天然多糖高分子化合物,以不溶于水的果胶原的形式存在于水果、蔬菜等植物的皮、茎中。果胶含量约为干果皮的 10%～15%。经酸或酶处理后,果胶原分解为果胶。各种植物的果胶分子结构各不相同。加水浸泡使干果皮润湿,纤维膨胀,易于果胶原的分解。多糖类物质在 70% 乙醇存在下都会沉降下来,利用多糖类物质的这一特性,加入一定体积的 95% 乙醇,与原溶液形成 70% 左右的乙醇溶液,使果胶沉降。

果胶的商品价值取决于其凝胶强度而不完全取决于其含量,因此,作为食品添加剂,一般均不列其含量标准,而列其胶凝度。高酯果胶的胶凝度以 150 级为标准,低酯果胶的胶凝度以 100 级为标准,用下陷仪(Ridgelimeter)专用杯测试。高酯果胶的胶凝度为 $650/w \times$ [$2.00-$(读数$/23.5$)],式中,w 为所取果胶的质量(g)。凝胶体中的固形物含量在 64.8%～65.2% 之间,凝胶体的 pH 值在 2.2～2.4 之间,3 个试样的读数误差应在 0.6% 以内,而所测得的下陷率应在 20.0%～28.0% 之间。

【仪器与试剂】

1. 仪器

电动搅拌机,旋转蒸发仪,天平,温度计,下陷仪,专用测试杯,烧杯,水浴锅,布氏漏斗,吸滤瓶,切割钢丝。

2. 试剂

新鲜橘皮,硫酸,氢氧化钠,乙醇,活性炭,pH 试纸,20 cm×20 cm,纱布玻璃胶带。

【实验步骤】

1. 果胶的提取

称取 40 g 鲜橘果皮(约 1～2 个橘子果皮),切成长条状(宽约 1～1.5 cm),放入 500 mL 烧杯中,加入 150 mL 水浸泡 0.5 h,然后在搅拌下加入 8 mol·L^{-1} 硫酸 8 mL,混合物 pH＝2.2～2.3。将此混合物用水浴加热至 80℃,水解约 1 h。混合物冷却至室温后,用纱布袋过滤,除去滤渣,滤液用 2 mol·L^{-1} 氢氧化钠溶液调节至 pH＝4,然后向滤液中加入 1% 的活性炭(约 1～2 g),用水浴加热至 80℃,脱色 10 min,过滤。滤液减压浓缩至 30 mL。浓缩后的液体冷却后,加入 80 mL95% 乙醇使果胶沉降。静置 0.5 h,待果胶全部沉降后,真空抽滤即可得到白色果胶。

2. 果胶胶凝度的测定

准备 3 只下陷仪专用杯,用玻璃胶带沿杯子的上沿标记线缠绕一周,使杯子上端绕上一层有一定强度并高出杯子顶边 12 mm 的玻璃纸带。在每只杯子中加入 48.8% 的酒石酸溶液 20 mL,然后在搅拌下加入上述已制备好的凝胶液,加入量以低于纸带边约 2 mm 为宜。用盖子盖好,然后在 25℃ 下维持 18～24 h。

去掉杯子的纸带,用一细金属丝切割器沿杯口切去多余部分,然后小心倒扣杯子,使杯内的凝胶体倒在下陷仪的专用玻璃板上,杯子倒扣时尽量减低应力,防止凝胶体破裂,在玻璃板上静置 2 min 后,转动下陷仪的测微螺杆,使其刚好触及凝胶体表面,分别记录所得百分读数,代入公式计算胶凝度。

【思考题】

(1) 为何要用碱液调整滤液的 pH 值?

(2) 橘皮中除果胶之外还含有哪些天然物质?应如何提取分离?

(3) 通过查阅文献,试回答还有什么方法可以较好地提取果胶,还有哪些水果可以用来提取果胶。

【拓展文献】

[1] 方能虎. 实验化学(下)[M]. 北京:科学出版社,2005.

[2] 范星河,李国宝. 综合化学实验[M]. 北京:北京大学出版社,2008.

[3] 梁亮. 化学化工专业实验[M]. 北京:化学工业出版社,2009.

[4] 许茹,武文洁,南岳. 橘皮果胶的提取及果胶膜制备工艺参数的优化[J]. 天津科技大学学报. 2011, 26(2):21-24.

[5] 何金明,肖艳辉,蓝俊兴. 橘皮果胶提取条件的研究[J]. 保鲜与加工,2008,1:46-48.

[6] 苏东林,李高阳,陈亮,等. 橘皮果胶生产工艺优化及品质分析[J]. 食品科学,2011,32(18):95-101.

[7] 耿敬章,陈志远. 橘皮果胶的提取工艺及性质研究[J]. 食品工业,2013,34(5):82-85.

实验 3.9 从红辣椒中分离红色素

【实验目的】

(1) 了解提取天然产物的原理和实验方法。

(2) 进一步掌握薄层层析和柱层析技术。

【实验原理】

红辣椒含有多种色泽鲜艳的天然色素,其中呈深红色的色素主要是由辣椒红脂肪酸酯和少量辣椒玉红素脂肪酸酯所组成,呈黄色的色素则是 β-胡萝卜素(见图 3.9.1),这些色素可以通过层析法加以分离。

本实验以丙酮作萃取剂,从红辣椒中提取辣椒红色素,然后用薄层层析分析,确定各组分的 R_f 值,再经柱层析分离,分段接收并蒸除溶剂,即可获得各个单组分。

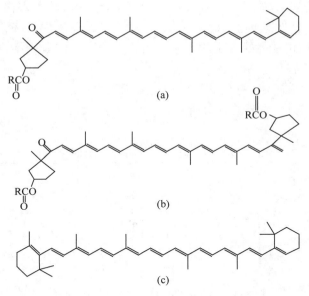

图 3.9.1　红辣椒中天然色素的结构

（a）辣椒红脂肪酸酯；（b）辣椒玉红素脂肪酸酯；（c）β-胡萝卜素

【仪器与试剂】

1. 仪器

红外光谱仪，旋转蒸发仪。

2. 试剂

中性 Al_2O_3（100～200 目），Al_2O_3 G 薄板，层析缸，层析柱，圆底烧瓶，干燥红辣椒，丙酮，石油醚。

【实验步骤】

先将红辣椒去籽，在 100 mL 圆底烧瓶中，放入 5 g 干燥研细的红辣椒和 2 粒沸石，加入 50 mL 丙酮，装上回流冷凝管，加热回流 1.5 h。待提取液冷却至室温，过滤除去不溶物，蒸发滤液，收集色素混合物。

以丙酮作为展开剂。取极少量色素粗品置于小烧杯中，滴入 2～3 滴丙酮使之溶解，并在一块 3 cm×8 cm 的 Al_2O_3 G 薄板上点样，然后置入层析缸，以丙酮作为展开剂进行层析。计算每一种色素的 R_f 值。

在层析柱（直径 1.5 cm、长 30 cm）的底部垫一层玻璃棉（或脱脂棉），用以衬托固定相。用一根玻璃棒压实玻璃棉，加入洗脱剂（丙酮∶石油醚＝1∶10）至层析柱的 3/4 高度。打开活塞，放出少许溶剂，用玻璃棒压除玻璃棉中的气泡，再将 10 mL 洗脱剂与 10 g Al_2O_3 调成糊状，通过大口径固体漏斗加入柱中，边加边轻轻敲击层析柱，使吸附剂装填致密。然后在吸附剂上层覆盖一层砂。

打开活塞，放出洗脱剂直到其液面降至 Al_2O_3 上层的砂层表面，关闭活塞。将色素混合物溶解在约 1 mL 丙酮中,然后用一根较长的滴管,将色素溶液移入柱中,轻轻注在砂层上,再打开活塞,待色素溶液液面与 Al_2O_3 上层平齐时,缓缓注入少量洗脱剂(其液面高出砂层层 2 cm 即可),以保持层析柱中的固定相不干。当再次加入的洗脱剂不再带有色素颜色时,就可将洗脱剂加至层析柱最上端。在层析柱下端用试管分段接收洗脱液,每段收集 2 mL。用薄层层析法检验各段洗脱液,将相同组分的接收液合并,用旋转蒸发仪蒸发浓缩,收集红色素。对所得红色素样品作红外光谱分析,并与图 3.9.2 做比较。

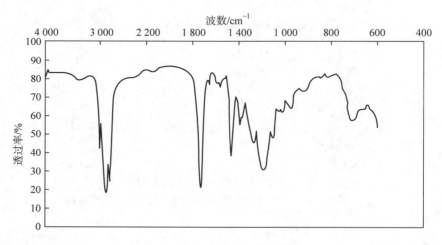

图 3.9.2　红色素的红外光谱图

【实验指导】

(1) 样品提取后的过滤液进行蒸发操作时,应在通风橱中进行。
(2) 红色素的红外光谱图如图 3.9.2 所示。

【思考题】

(1) 层析过程中有时会出现"拖尾"现象,一般是由于什么原因造成的? 这对层析结果有何影响? 如何避免"拖尾"现象?
(2) 层析柱中有气泡会对分离带来什么影响? 如何除去气泡?
(3) 分析红色素的红外光谱图,从中可以获得有关分子结构的哪些信息?
(4) 从辣椒中提取的红色素与利用化工原料合成的红色素有什么不同? 天然色素和人工合成色素对人体健康的影响有何不同?

【拓展文献】

[1] 洪海龙,贺文智,索全伶. 红辣椒中辣椒红色素的提取工艺研究[J]. 中国食品添加剂,2004,6:19-21.
[2] 赵宁,王艳辉,马润宇. 从干红辣椒中提取辣椒红色素的研究[J]. 北京化工大学学报,2004,31(1):15-17.
[3] 李玉红. 红辣椒中红色素的提取与性质研究[J]. 天津化工,2001,6:21-22.
[4] 桑林,江秀明,喻娟,等. 从干红辣椒中提取辣椒色素的研究[J]. 食品研究与开发,2008,29(9):190-192.

〔5〕林佳璐,徐贞贞,廖小军,等.辣椒红色素提取、纯化方法研究进展〔J〕.中国果菜,2020,40(9):28-35.

〔6〕魏雅雯,靳玲侠.辣椒红色素的提取方法及应用的研究进展〔J〕.中国调味品,2017,42(8):142-147.

〔7〕李泓楠,刘沐霖.有机溶剂法提取辣椒红色素的工艺研究〔J〕.中国食品添加剂,2020,31(6):49-54.

实验 3.10　茶叶中茶多酚的提取及抗氧化作用的研究

【实验目的】

(1)掌握从茶叶或茶叶下脚料中提取茶多酚的方法。

(2)掌握用分光光度法测定茶多酚总量的方法。

(3)掌握用分光光度法测定茶多酚对羟基自由基的清除作用研究。

(4)通过对茶叶茶多酚的提取及对自由基的清除作用研究,了解多酚类天然产物的提取和抗氧化作用的研究方法,提高对天然产物研究的综合能力和创新思维。

【实验原理】

茶多酚(tea polyphenol,TP)是从天然植物茶叶中分离提纯的多酚类化合物的总称,其抗氧化的活性高于一般非酚类或单酚羟基类抗氧化剂。茶多酚的主要成分是儿茶素,占茶多酚含量的 80% 左右。茶多酚中几种主要儿茶素所占的比例如下:L-表没食子儿茶素没食子酸酯(L-EGCG)50%～60%,L-表儿茶素没食子酸酯(L-ECG)15%～20%,L-表没食子儿茶素(L-EGC)10%～15%,L-表儿茶素(L-EC)4%～6%。其结构式如图 3.10.1 所示。

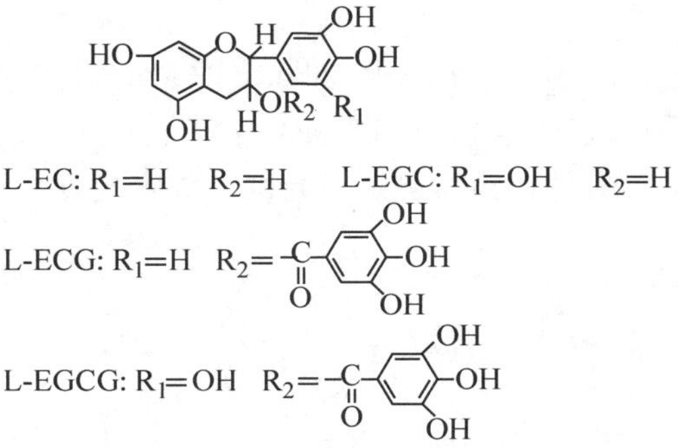

L-EC: R_1=H　R_2=H　　　L-EGC: R_1=OH　R_2=H

L-ECG: R_1=H　R_2=

L-EGCG: R_1=OH　R_2=

图 3.10.1　几种主要儿茶素结构式

茶多酚不仅是构成茶叶色、香、味的主体化合物,而且是一种理想的天然食品抗氧化剂,已被列为食品添加剂(GB 12493—1990)。此外,它还具有清除自由基、抗衰老、抗辐射、减肥、降血脂、降血糖、防癌、防治心血管病、抑菌抑酶、沉淀金属等多方面的功能。茶多酚在食品加工、医药保健、日用化工等领域具有广阔的应用前景。

本实验主要研究从茶叶中提取天然抗氧化剂——茶多酚的方法,工艺包括沸水提取、沉淀、酸化萃取、脱溶剂及真空干燥,其特点是在提取液中加入能使茶多酚沉淀的可溶性无机盐,分离沉淀后,在沉淀中加入强酸或中强酸至沉淀完全溶解,制得酸化液,再由乙酸乙酯萃取,经脱溶剂、干燥制得茶叶天然抗氧化剂——茶多酚,对茶多酚进行定量分析并研究提取物对羟基自由基的清除作用。

【仪器与试剂】

1. 仪器

紫外可见分光光度计,离心机,真空干燥箱,循环水泵,pH 计,布氏漏斗,抽滤瓶,分液漏斗。

2. 试剂

茶叶(绿茶、红茶均可),邻二氮菲,磷酸二氢钠,磷酸氢二钠,碳酸钠,硫酸亚铁,30%过氧化氢,硫酸锌,碳酸钠,硫酸,乙酸乙酯,以上试剂均为 AR。

【实验步骤】

1. 茶多酚的提取

称取茶叶若干克,加入沸水,搅拌数分钟,先用滤布过滤,再用沸水浸提一次。合并提取液,加入一定量的硫酸锌,用 $0.1\ mol \cdot L^{-1}\ Na_2CO_3$ 调节 pH 值,使茶多酚沉淀完全。放置数分钟,离心分离。在沉淀中加入 $4\ mol \cdot L^{-1}$ 硫酸至 pH 值均为 2,离心分离少量未溶解沉淀。溶液用同体积的乙酸乙酯萃取,合并萃取液,减压浓缩。将浓缩液转移至蒸发皿,于 40℃下真空干燥,得到茶多酚的粗晶体。称量茶多酚的质量,计算茶多酚的提取率。

2. 茶多酚总量的测定

1) 样品试液的制备

准确称取茶多酚的粗晶体,用少量重蒸水溶解,在 25 mL 容量瓶中定容。

2) 测定

吸取样品试液 1 mL 于 25 mL 容量瓶中,加入蒸馏水 4 mL 和酒石酸铁 5 mL,摇匀,再加入 pH 值为 5 的磷酸盐缓冲液,定容,以蒸馏水代替样品试液,加入同样的试剂配制参比溶液。选择 540 nm 波长和 1 cm 的比色皿测定吸光度。如吸光度大于 0.8,则需将试液稀释。

3) 茶多酚的含量计算

$$茶多酚含量 = \frac{7.826AV}{1\,000V_1m} \times 100\%$$

式中,A 为样品试液的吸光度;m 为茶多酚样品的质量(g);V 为样品试液的总体积;V_1 为测定时吸取的样品试液量。

3. 羟基自由基(·OH)的清除作用

本实验采用亚铁离子催化过氧化氢产生羟基自由基的方法。取 $0.75\ mmol \cdot L^{-1}$ 邻二氮菲溶液 1 mL、磷酸盐缓冲液 2 mL 和蒸馏水 1 mL,充分混匀后,加 $0.75\ mmol \cdot L^{-1}$ 硫酸亚铁溶液 1 mL,摇匀,加 0.01%过氧化氢 1 mL,于 37℃保持 60 min,于 536 nm 处测定其吸光度,其值为 A_p。用 30%乙醇代替 1 mL 过氧化氢,测定吸光度为 A_B。用 1 mL 试样代替 1 mL 蒸馏水,测得吸光度为 A_s。羟基自由基清除率 d 可按下式计算:

$$d = \frac{A_s - A_p}{A_B - A_p} \times 100\%$$

【实验指导】

（1）如果采用茶叶末作原料，水提液要用纱布过滤。

（2）乙酸乙酯萃取时不要摇晃过度，以免出现乳化层。

（3）磷酸盐缓冲溶液在常温下易发霉，应冷藏。

（4）配制缓冲溶液时，pH 值要用 pH 计准确测量。

【数据处理】

1. 茶多酚的提取

$$茶多酚的提取率 = \frac{茶多酚精晶体的质量}{茶叶的质量} \times 100\%$$

2. 茶多酚总量的测定

$$茶多酚含量 = \frac{7.826AV}{1000V_1m} \times 100\%$$

3. 羟基自由基的去除率

$$d = \frac{A_s - A_p}{A_B - A_p} \times 100\%$$

【分析讨论】

（1）挑选不同的茶叶用步骤 1～3 的方法提取并配成适当浓度的样品试液，测定它们清除羟基自由基的能力。

（2）绘制两种或两种以上不同茶叶的羟基自由基清除率对多酚含量的关系曲线，并与茶多酚比较。

【思考题】

（1）如何能进一步提高茶多酚的提取率？

（2）茶多酚为什么具有清除羟基自由基的作用？

（3）试举例说明文献报道的提取茶多酚的其他方法。

（4）如果萃取过程中出现乳化现象，应如何破乳？常见的破乳方法有哪些？

【拓展文献】

[1] 化学化工学科组. 化学化工创新性实验[M]. 南京：南京大学出版社，2010.

[2] 陆爱霞，姚开，吕远平. 茶多酚提取和应用研究进展[J]. 食品科技，2003(2)：53-55.

[3] 郑尚珍，孟军才，王定勇，等. 绿茶中茶多酚的提取工艺研究[J]. 西北师范大学学报（自然科学版），1996,32(3)：40-42.

[4] 葛宜掌，金红. 茶多酚提取新方法[J]. 中草药，1994(3)：124-126.

[5] 束鲁燕，汤一. 茶多酚提取和纯化技术研究进展[J]. 茶叶，2009,35(2)：74-79.

[6] 张劲，彭天英，张令君，等. 茶多酚提取技术及其功能化研究进展[J]. 广东化工，2019,46(4)：86-87.

[7] 罗合春. 绿茶中茶多酚提取工艺的优化分析[J]. 福建茶叶，2016,38(6)：3-4.

[8] 沈晓宝，谢继奎，张敬彬. 祁门红茶中茶多酚的提取和稳定性探究[J]. 科学技术创新，2019(35)：7-9.

[9] 张欣然. 茶多酚提取技术研究进展[J]. 中国野生植物资源,2020,39(10):74-77.

实验 3.11   对乙酰氨基酚的电化学反应机理及其浓度的测定

【实验目的】

(1)采用循环伏安法测定小儿泰诺(Tylenol)糖浆中对乙酰氨基酚的浓度。
(2)学习使用循环伏安法研究对乙酰氨基酚的电化学氧化机理的方法。

【实验原理】

对乙酰氨基酚(APAP)是许多抗感冒药物的主要成分之一,其主要作用是抑制前列腺素的合成而产生解热镇痛的作用。本实验采用循环伏安法测定小儿泰诺糖浆中对乙酰氨基酚的浓度,并通过该手段证实 APAP 在电极表面的氧化机理。APAP 的氧化机理可用图 3.11.1 所示的反应过程表示。

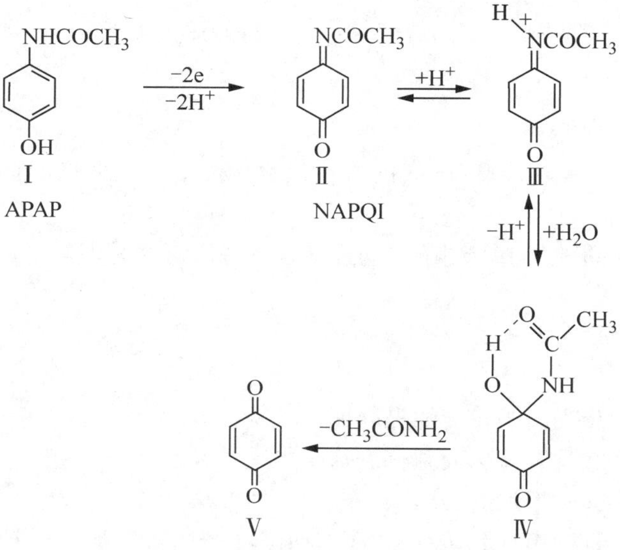

图 3.11.1   对乙酰氨基酚在电极表面的反应机理

上述机理可通过在循环伏安法实验中改变底液的 pH 值及扫描速度来加以证实。在 pH 值为 6.0 的缓冲溶液中,APAP 可在电极表面被迅速氧化,每分子 APAP 电化学氧化过程中失去 2 个电子和 2 个质子生成产物 N-乙酰-对醌胺(NAPQI),如图 3.11.1 中的步骤 Ⅰ→Ⅱ。由于 H^+ 参与电化学氧化,因此 APAP 的氧化峰电位应随着溶液 pH 值的改变而变化。在溶液 pH 值不小于 6 的情况下,NAPQI 能稳定地以去质子化的形式存在于溶液中。因而在该 pH 值范围内,APAP 的循环伏安图中应只出现一个氧化峰,没有还原峰。该氧化峰的高度在一定条件下与 APAP 的浓度呈线性关系,这也是循环伏安法定量分析对乙酰氨基酚的依据。

在酸性条件下(如 pH＝2.2),NAPQI 很容易被质子化产生物质Ⅲ,该物质不稳定,但具有电活性,只要扫描速度足够快,就能在循环伏安图中观察到一个还原峰。物质Ⅲ能够较迅速地转化为物质Ⅳ,该物质在实验所采用的电极范围内不具有电活性。因此,如果电位扫描较慢,就不能观察到物质Ⅲ的还原峰。在极高酸度的溶液中,物质Ⅳ可转化为苯醌(物质Ⅴ),所以在极高酸度条件下,在循环伏安图中可以观察到一个苯醌的还原峰。

【仪器与试剂】

1. 仪器

CHI612 型电化学分析仪,三电极系统电解池,玻碳电极,铂辅助电极,Ag｜AgCl 参比电极。

2. 试剂

离子强度为 0.5 的 pH＝2.2 和 pH＝6.0 的 Mcllvaine 缓冲液(用 0.2 mol · L^{-1} Na_2HPO_4 溶液及 0.1 mol · L^{-1} 柠檬酸按比例配制,并各加入 NaCl 至 0.5 mol · L^{-1}),1.8 mol · L^{-1} 硫酸溶液,0.07 mol · L^{-1} 对乙酰氨基酚溶液,小儿泰诺糖浆,二次重蒸水。

【实验步骤】

(1) 各配制 10 mL 底液分别为 pH＝2.2、pH＝6.0 的 Mcllvaine 缓冲液和 1.8 mol · L^{-1} 硫酸溶液的 3 mmol · L^{-1} APAP 溶液;并配制底液为 pH＝2.2 的 APAP 浓度分别为 0.1 mmol · L^{-1}、0.4 mmol · L^{-1}、1.0 mmol · L^{-1}、5.0 mmol · L^{-1} 的标准溶液,加上 3 mmol · L^{-1} APAP 溶液,共 5 种标准溶液。

(2) 装上三电极体系,将电极引线分别接入电化学分析仪。

(3) 按浓度从低到高的顺序分别将三电极系统插入 5 个 pH＝2.2 的 APAP 标准溶液中,并以 40 mV · s^{-1} 的扫描速度做循环伏安扫描,分别记录氧化峰的峰电位和峰电流。将峰电流对浓度进行线性回归,得标准曲线、线性方程及线性相关系数。

(4) 按上述同样的方法,测定小儿泰诺糖浆的 5 倍稀释液(用 pH＝2.2 的缓冲液稀释),记录氧化峰峰电流,由标准曲线计算样品中 APAP 的浓度,并与外包装上的 APAP 的标示值做对照。

(5) 将底液各为 pH＝2.2、pH＝6.0 的缓冲溶液及 1.8 mol · L^{-1} 硫酸溶液的 3 mmol · L^{-1} APAP 溶液分别以 40 mV · s^{-1} 和 250 mV · s^{-1} 的扫描速度进行循环伏安扫描,记录循环伏安图,观察在不同 pH 值下,不同扫描速度下的氧化峰和还原峰情况。证实实验原理中提出的 APAP 电化学氧化机理。

【数据处理】

(1) 将 APAP 定量分析试验数据记录于表 3.11.1。

表 3.11.1　APAP 定量分析试验数据

试液	0.1 mmol · L^{-1}	0.4 mmol · L^{-1}	1 mmol · L^{-1}	3 mmol · L^{-1}	5 mmol · L^{-1}	泰诺糖浆
氧化峰峰电流						

氧化峰电流与 APAP 浓度的线性方程：_____：

相关系数 R：_____。

小儿泰诺糖浆中，APAP 的浓度是_____，标示值是_____。

(2) APAP 在不同 pH 值及扫描速度下的氧化峰和还原峰电位记录于表 3.11.2 中。

表 3.11.2   APAP 在不同 pH 值及扫描速度下的氧化峰和还原峰电位

试液	pH=2.2		pH=6.0		1.8 mol·L^{-1} 硫酸	
扫描速度/(mV·s^{-1})	40	250	40	250	40	250
氧化峰峰电位						
还原峰峰电位						

根据循环伏安分析结果，解释对乙酰氨基酚的电化学氧化机理是否与图 3.11.1 所示的机理吻合。

【思考题】

(1) 如何通过实验方法证实对乙酰氨基酚氧化机理的第一个步反应中，APAP 的电化学反应为失去两个电子和两个氢离子的反应？

(2) 实验研究 APAP 的电化学氧化机理时，为什么要交换电极扫描速度？

(3) 测定试样中 APAP 的浓度采用了标准曲线法，用该方法测定是否会存在基体效应？如果存在，用什么方法更好？

(4) 循环伏安法用于电化学反应机理研究和电化学定量分析时，哪个方面更具有优势？为什么？

(5) 如果试样中 APAP 的浓度很低，用哪种伏安分析法更合适？

(6) 伏安分析法测定试样中的 APAP 时，有可能会遇到哪些干扰？

【拓展文献】

[1] 雷群芳. 中级化学实验[M]. 北京：科学出版社，2005.

[2] 阿伦·J. 巴德，拉里·R. 福克纳. 电化学方法原理和方法[M]. 邵元华，朱果逸，董献堆，等译. 北京：化学工业出版社，2005.

[3] 谭宝玉，廖钫，何晓英. 对乙酰氨基酚在活化玻碳电极上的电化学行为及测定[J]. 电化学，2008，14(4)：441-445.

[4] Ozcan L, Sahin Y. Determination of paracetamol based on electropolymerized-molecularly imprinted polypyrrole modified pencil graphite electrode[J]. Sensors and Actuators B: Chemical, 2007, B127 (2)：362-369.

[5] 卢先春，王沙沙，李智玲，等. 聚甲基蓝/乙炔黑修饰玻碳电极用于测定对乙酰氨基酚[J]. 信阳师范学院学报(自然科学版)，2018，31(4)：628-631.

[6] 汤海峰，王海玲，魏朋，等. 电催化氧化降解对乙酰氨基酚的实验研究[J]. 现代化工，2019，39(4)：166-169.

[7] 黄乐舒，陈珈冰，鲁猷栾，等. 基于金属有机骨架衍生多孔碳材料用于同时检测对乙酰氨基酚和盐酸多巴胺[J]. 分析科学学报，2020，36(6)：782-788.

实验 3.12　循环伏安法测定银在 KOH 溶液中的电化学行为

【实验目的】

（1）掌握电化学分析仪的使用方法。

（2）应用动电位扫描法研究银电极在 KOH 溶液中的电化学行为。

（3）了解电位扫描速度对动电位扫描曲线的影响。

【实验原理】

动电位扫描法，也叫线性电位扫描法，就是控制电极电位以恒定的速度变化，同时测量通过电极的电流，就可得到动电位扫描曲线。

动电位扫描法是暂态法的一种。扫描速度对暂态曲线的形状和数值影响很大，只有当扫描速度足够慢时，双电层充放电的电流 i_c 才能忽略不计。这时的电流就等于法拉第电流 i_F。大幅度运用动电位扫描时，电位扫描范围较宽，可在感兴趣的整个电位范围内进行扫描。常用来对电极体系做定性或半定量的观察：判断电极过程的可逆性及控制步骤，观察整个范围内可能发生哪些反应，研究吸脱附现象及电极反应的中间产物。

对于扩散控制的电极过程，动电位扫描曲线中会出现电流峰值。这是两个相反的因素共同作用的结果：当处于平衡电位的电极加上一个大幅度的线性扫描电压时，一方面电极反应随所加过电位的增加而速度加快，反应电流增加；但另一方面电极反应的结果使电极表面附近反应物的浓度下降，生成物的浓度升高，促使电极反应速度下降。这两个相反因素产生了电流峰值。峰值前，过电位变化起主导作用；峰值后，反应物的扩散流量起主导作用。扫描速度不同，峰值电流不同，$i\text{-}\varphi$ 曲线的形状和数值也不相同。

图 3.12.1 为银在 7 mol·L^{-1} KOH 溶液中的三角波电位扫描曲线。在 a 点，银的电极电位 $\varphi_{vs\cdot HgO}=0$ V。从 a 点开始向正向扫描时，研究电极表面是金属银，当电位增至 0.25 V 左右时，电流开始逐渐上升，这表明金属银开始氧化成 Ag_2O：

$$2Ag + 2OH^- \longrightarrow Ag_2O + H_2O + 2e \tag{3.12.1}$$

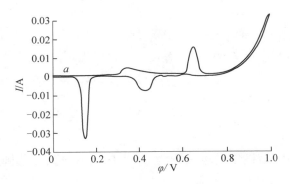

图 3.12.1　Ag 在 7 mol·L^{-1} KOH 溶液中的三角波电位扫描曲线

此时的电位与平衡电位偏离不大,故可认为此反应的极化很小。当电流增加一定值后,因为 Ag 表面被反应产物 Ag_2O 覆盖而产生阻抑作用,使得电流又逐渐减小,待电位增至 $\varphi_{vs.\ HgO}=0.65\ V$ 左右,又开始出现新的电流峰。一般认为此时进行下列电极反应:

$$Ag_2O + 2\ OH^- \longrightarrow 2AgO + H_2O + 2e \qquad (3.12.2)$$

反应生成 AgO 的电极电位偏离反应的平衡电位($0.47\ V\ vs \cdot HgO$)较大,这是由于研究电极上覆盖了一层电阻率极高的 Ag_2O,使反应式(3.12.2)难以进行,即极化较大。此后,电位至 $0.85\ V$,电流开始上升,在电极表面有氧气逸出:

$$2\ OH^- \longrightarrow H_2O + 1/2\ O_2\uparrow + 2e$$

之后,随着电位逐渐增加,氧气的逸出不断加快,电流不断升高。当电位至 $1.0\ V$ 时,正向扫描结束,开始转为负向扫描,即阴极过程。随着电位的下降,电流也下降,直至电流为零。这时氧气已停止溢出,当电位为 $0.47\ V$ 左右时,开始出现一个阴极电流峰,这里显然是由于 AgO 的阴极还原,即反应式(3.12.2)的逆反应。这个逆反应的极化较小,可能是 AgO 的电阻率较小的关系。当电位降到 $0.15\ V$ 左右时,出现了一个很陡的电流峰,这是由于 Ag_2O 阴极还原为 Ag,即反应式(3.12.1)的逆反应。当电位达 $0\ V$ 时,研究电极表面又还原成金属银。

【仪器与试剂】

1. 仪器

CHI612 型电化学分析仪;研究电极:把银丝用环氧树脂封入玻璃管中,露出玻璃管外 1 cm;参比电极:$7\ mol \cdot L^{-1}$ KOH 溶液的 HgO/Hg 电极;辅助电极:铂丝;三电极电解池。

2. 试剂

KOH(AR)。

【实验步骤】

(1) 将研究电极放在 $6\ mol \cdot L^{-1}$ HNO_3 溶液中浸润 10 s,用蒸馏水洗净。用重蒸水清洗电解池,注入 $7\ mol \cdot L^{-1}$ KOH 溶液,插入电极。

(2) 连接测量线路,开启电化学综合测试仪,选择动电位伏安扫描工作方式,使扫描范围为 $0\sim1.0\ V$,扫描速度为 $100\ mV/s$。

(3) 改变扫描速度为 $50\ mV/s$ 和 $25\ mV/s$,重复上述步骤。

(4) 读取伏安曲线上各峰峰值电位和相应的电流密度,并列表比较。

(5) 将电解液更换为 $0.7\ mol \cdot L^{-1}$ KOH 溶液,重复上述实验。分析碱液浓度对 Ag 电极在 KOH 溶液中电化学行为的影响。

【思考题】

(1) 研究银在 KOH 溶液中的电极行为时,为什么电位扫描范围要选择 $0\sim1.0\ V$(vs HgO/Hg)?

(2) 解释实验中观察到的现象。

（3）该实验中的参比电极能否使用 Ag/AgCl 电极？为什么？

（4）在本实验中，采用不同的支持电解质对银的电化学行为有何影响？为什么？

（5）铁在碱性溶液中的电化学行为是怎样的？试通过设计实验进行研究，并解释实验中出现的现象。

【拓展文献】

[1] 努丽燕娜，王保峰. 实验电化学[M]. 北京：化学工业出版社，2007.

[2] 蔡生民，王骊，杨文治."三价银"在碱溶液中的电化学行为[J]. 北京大学学报（自然科学版），1981(2)：57-69.

[3] 刘洪涛，夏熙. 电极用纳米 Ag_2O 的电化学性能研究Ⅲ. 电极的循环伏安行为[J]. 应用化学. 2002,19(5)：441-445.

[4] 杨玉林，穆张岩，范铮，等. 电化学脱合金制备纳米多孔 Ag 及其甲醛检测性能[J]. 金属学报，2019,55(10)：1302-1310.

实验 3.13　循环伏安法测定配合物的稳定性

【实验目的】

（1）巩固循环伏安法的基本原理及操作技术。

（2）掌握配合物的形成对金属离子的氧化还原电位的影响。

（3）了解通过测定配合物的紫外可见光谱，计算其理论分裂能。

【实验原理】

循环伏安法是一种十分有用的近代电化学测量技术，能够迅速地观察到所研究体系在广泛电势范围内的氧化还原行为，通过对循环伏安图的分析，可以判断电极反应产物的稳定性，它不仅可以发现中间状态产物并加以鉴定，而且可以知道中间状态是在什么电势范围及其稳定性如何。此外，还可以研究电极反应的可逆性。因此，循环伏安法已广泛应用在电化学、无机化学、有机化学和生物化学的研究中。

一般在测定时，由于溶液中被测样品浓度一般都非常低，为维持一定的电流，常在溶液中加入一定浓度的惰性电解质，如 KNO_3、$NaClO_4$ 等。

本实验是用循环伏安法测定 Fe(Ⅲ) 与几种配体形成配合物的峰电位，来比较配位作用对金属离子形成电位的影响，还测定 Fe(Ⅲ) 和 Co(Ⅱ) 与同种配体形成配合物的峰电位，比较配位作用对两种金属离子形成电位的影响。

金属离子的标准还原电位在配位时由于不同电荷金属离子的自由能的不同而发生变化。下列方程式表示金属离子在不同氧化态 M^{m+}、$M^{(m-n)+}$ 与中性配体 L 反应时的自由能变化。

$$M^{m+} + ne \rightarrow M^{(m-n)+} \qquad \Delta G_1^{\ominus} = -nFE_{aq}$$

$$M^{m+} + pL \rightarrow ML_p^{m+} \qquad \Delta G_2^{\ominus} = -RT\ln K_m$$

$$M^{(m-n)+} + qL \rightarrow ML_q^{(m-n)+} \qquad \Delta G_3^{\ominus} = -RT\ln K_{m-n}$$

式中，K_m 和 K_{m-n} 分别为 ML_p^{m+} 和 $ML_q^{(m-n)+}$ 的稳定常数，即

$$K_m = \frac{[ML_p^{m+}]}{[M^{m+}][L]^p}, \quad K_{m-n} = \frac{[ML_q^{(m-n)+}]}{[M^{(m-n)+}][L]^q}$$

由上述的式子可以得出：

$$ML_p^{m+} + ne \rightarrow ML_q^{(m-n)+} + (p-q)L$$
$$\Delta G_4^{\ominus} = -nFE_{aq}^{\ominus} + -RT\ln(K_m/K_{m-n})$$

则

$$\frac{\Delta G_4^{\ominus}}{-nF} = E_{MLp}^{\ominus} = E_{aq}^{\ominus} - \frac{RT}{nF}\ln(K_m/K_{m-n})$$

从上式中可以看出，形成配合物时配离子的标准还原电位 $E_{MLp}^{\ominus}$ 决定于 $\ln(K_m/K_{m-n})$ 的值。实验中测定的是形式电位，它包含了标准电位介质中其他组分的贡献。根据循环伏安理论，峰电位 E_p（对于可逆体系）与形式电位 $E^{\ominus}$ 的关系为

$$E_p = E^{\ominus} - \frac{RT}{nF}\ln\left(\frac{D_o}{D_r}\right)^{1/2} - 1.109\frac{RT}{nF}$$

式中，D_o 和 D_r 分别为氧化态和还原态配合物的扩散系数。当配体的浓度足够大到能形成 ML_p^{m+}、$ML_q^{(m-n)+}$ 配离子时，配离子的峰电位为

$$E_{pMLp} = E_{MLp}^{\ominus} - \frac{RT}{nF}(p-q)\ln c_L - \frac{RT}{nF}\ln\frac{D'_o}{D'_r} - 1.109\frac{RT}{nF}$$

式中，D'_o 和 D'_r 分别为 ML_p^{m+} 和 $ML_q^{(m-n)+}$ 的扩散系数；c_L 为溶液中配体 L 的浓度。若 $\frac{D_o}{D_r} = \frac{D'_o}{D'_r}$，$p=q$，则可得

$$E_{pMLp} - E_p = E_{MLp}^{\ominus'} - E_{aq}^{\ominus} = \ln\left(\frac{K'_{m-n}}{K'_m}\right)$$

式中，K'_{m-n} 和 K'_m 为条件形成常数。上式表示，由 M^{m+} 在有配体 L 存在和没有配体 L 存在时峰电位 E_p 之间的差值，就可以求得条件形成常数的比值，若已知其中一个条件形成常数，就可求得另一条件形成常数。

【仪器与试剂】

1. 仪器

CHI612C 电化学分析仪(上海辰华仪器有限公司)，电磁搅拌器，氮气钢瓶，量筒，容量瓶，烧杯，吸量管，烧杯。

2. 试剂

硫酸铁铵，硝酸铁，硝酸钴，硝酸钾，硝酸，邻二氮菲，乙二胺四乙酸二钠盐(EDTA)。以上试剂均为 AR。

【实验步骤】

1. 溶液的配制

(1) 硫酸铁铵溶液。称取一定量硫酸铁铵和硝酸钾,溶解于 30 mL 水中,转移到 50 mL 容量瓶中,定容,使硫酸铁铵的浓度为 0.005 mol·L^{-1},硝酸钾的浓度为 0.1 mol·L^{-1}。

(2) 硫酸铁铵和 EDTA 溶液。称取一定量硫酸铁铵和 EDTA,溶解于约 30 mL 水中,转移到 50 mL 容量瓶中,定容。使硫酸铁铵的浓度为 0.005 mol·L^{-1},EDTA 的浓度为 0.02 mol·L^{-1}。

(3) 硝酸铁-邻二氮菲溶液。称取一定量邻二氮菲溶解于约 40 mL 水中,再加入一定量硝酸铁和硝酸,转移到 50 mL 容量瓶中,定容,使硝酸铁的浓度为 0.005 mol·L^{-1},邻二氮菲的浓度为 0.01 mol·L^{-1},硝酸的浓度为 0.1 mol·L^{-1}。

(4) 硝酸钴-邻二氮菲溶液的配制方法同(3)。

2. 循环伏安图的测定

分别以铂片、玻碳为工作电极,饱和甘汞电极为参比电极,铂丝为辅助电极,用 CHI612C 型电化学分析仪测定上述 4 种溶液的循环伏安图。测定前溶液要除氧。

3. 紫外-可见光谱的测定

以蒸馏水为参比,在 200~800 nm 间测定上述 4 种溶液的可见光谱曲线。

【数据处理】

(1) 从测得的循环伏安图上求出 Fe(Ⅲ)和 Co(Ⅱ)在不同配体存在时的还原电位 $E_{p\text{ML},p}$。

(2) 计算金属离子在有配体 L 和无配体 L 时的还原电位的差值 ΔE。

(3) 根据金属离子还原电位的差值 ΔE,比较 Fe(Ⅲ)、Fe(Ⅱ)、Co(Ⅲ)、Co(Ⅱ)与配体 EDTA 和邻二氮菲所形成配合物的稳定性。

(4) 根据紫外光谱曲线,计算其各种配合物的晶体场分裂能。由分裂能的大小比较其各自的稳定性。联系循环伏安图谱,可得出什么结论?

【思考题】

(1) 根据金属离子的电子组态和配位键理论,分析邻二氮菲与 Fe(Ⅲ)、还是 Fe(Ⅱ)能形成更稳定的配合物。

(2) 怎样利用循环伏安法来计算配合物的稳定常数?

(3) 通过紫外光谱分析能得出什么结论?与预计的是否相同?为什么?

(4) 在本实验中,该如何配制含铁的配合物? 如果不注意会有什么后果?

【拓展文献】

[1] Bard J A, et al. Electrochemical Methods:Fundamentals Applications[M], Newyork: Wiely, 1980.

[2] 游效曾. 配位化合物的结构和性质[M]. 北京:科学出版社,1992.

[3] 王伯康. 综合化学实验[M]. 南京:南京大学出版社,2000.

[4] 陈虹锦,谢少艾,张卫. 无机与分析化学(第二版)[M]. 北京:科学出版社,2008.

[5] 多杰扎西,毛晓英,马永林. 循环伏安法对铜(Ⅱ)-1,10-二氮杂菲(Ⅲ)配合物电化学性质的研究[J]. 青

海师范大学学报(自然科学版),2007(4):48-50.

[6] 张宝红,胡国胜. 循环伏安法研究钒配合物与朊蛋白淀粉样肽的相互作用[J]. 山西化工,2016,36(2):15-17.

[7] 陈丁文,李斌,董守安,等. 利用循环伏安法对铱(Ⅲ)、铱(Ⅳ)氯水配合物的电化学行为研究[J]. 贵金属,2009,30(1):1-5.

实验 3.14　醇在不同金属上的电化学氧化研究

【实验目的】

(1) 熟练掌握电化学研究方法和化学电池概念。

(2) 掌握燃料电池和醇电化学氧化基本原理,了解电催化机理。

(3) 了解不同醇在不同电极上有不同的电化学氧化行为。

【实验原理】

　　燃料电池是一种绿色能源,对解决目前世界面临的"能源短缺"和"环境污染"这两大难题有重要意义。直接醇类燃料电池因其燃料不用经过重整而可直接用于发电,故应用非常广泛。研究醇电化学氧化是直接醇类燃料电池发展的关键。甲醇是直接醇类燃料电池中研究最广泛的燃料,但甲醇毒性较大,需要寻找其他毒性小的燃料来代替。Pt 是目前醇电化学氧化常用的单元催化剂,但由于 Pt 储量有限,需要寻找其他金属作为醇电化学氧化催化剂。国内外很多研究小组已经详细研究了碱性溶液中醇在 Pd 和 Au 上的电化学氧化行为,发现乙醇、丙醇电化学氧化活性在 Pd 上比在 Pt 上高。

　　甲醇在碱性溶液中很容易失去 6 个电子而完全氧化,反应如下:

$$CH_3OH + 8OH^- -6e \longrightarrow CO_3^{2-} + 6H_2O$$

　　乙醇和正丙醇在碱性溶液中一般是失去 4 个电子,反应如下:

$$CH_3CH_2OH + 5OH^- -4e \longrightarrow CH_3COO^- + 4H_2O$$

$$CH_3CH_2CH_2OH + 5OH^- -4e \longrightarrow C_2H_5COO^- + 4H_2O$$

　　异丙醇在碱性溶液中一般失去 2 个电子,反应如下:

$$CH_3CHOHCH_3 + 2OH^- -2e \longrightarrow CH_3COCH_3 + 2H_2O$$

　　乙二醇在碱性溶液中一般失去 8 个电子,反应如下:

$$CH_2OH—CH_2OH + 10OH^- -8e \longrightarrow {}^-OOC—COO^- + 8H_2O$$

　　本实验使用电化学研究方法中的循环伏安法研究醇在电极上的电化学氧化行为。采用循环伏安法,一方面可以较快地观测较宽电势范围内发生的电极反应过程;另一方面又能通过对扫描曲线形状的分析,估算电极反应参数。

【仪器与试剂】

1. 仪器

CHI660D 电化学工作站,三电极电解池,饱和甘汞电极,铂片电极,恒温槽,容量瓶(50 mL, 6 个),烧杯(50 mL, 1 个),金相砂纸(02♯和 08♯)。

2. 试剂

饱和 KCl 溶液,蒸馏水,研究电极(铂电极、金电极),0.5 mol·L^{-1} H$_2$SO$_4$ 溶液,丙酮,醇(甲醇,乙醇,正丙醇,异丙醇,乙二醇),KOH。以上试剂均为 AR。

【实验步骤】

1. 电极的表面处理

用金相砂纸将研究电极的表面擦亮,放在丙酮中浸泡以除去油污,再置于 0.5 mol·L^{-1} H$_2$SO$_4$ 溶液中,之后用蒸馏水洗净备用。

2. 空白实验

打开电化学工作站,预热 10 min,将三电极分别插入盛有 1.0 mol·L^{-1} KOH 溶液的电解池中。按照测试条件做循环伏安分析。测试条件如下。

起始电位(V)：−0.95 ;终止电位(V):0.17;扫描速度(V/s):0.05;扫描段数:30。

点击工具栏上的"▶"按钮,开始进行实验。循环 10 次以上(在技术设置中为 20 段以上),直至响应电流趋于稳定。这个过程是对电极的反应部位进行活化。响应电流趋于稳定后,得出的曲线为不含研究物质醇的循环伏安曲线,扫描结束后,保存文件。

3. 循环伏安法研究醇在相应电极上的电化学氧化活性

用 1.0 mol·L^{-1} 醇＋1.0 mol·L^{-1} KOH 溶液代替 1.0 mol·L^{-1} KOH 溶液重复实验步骤,得出的曲线为醇在相应电极上的电化学氧化循环伏安曲线,保存文件。

4. 改变醇的种类

研究不同醇在同一种电极上的电化学氧化行为的差异。

5. 改变电极的种类

研究不同电极对同一种醇电化学氧化行为的差异。

6. 改变醇的浓度

研究醇浓度与电化学氧化行为的关系。

7. 改变 KOH 溶液的浓度

研究 KOH 溶液的浓度与醇电化学氧化行为的关系。

8. 改变扫描速度

研究扫描速度与电化学氧化行为的关系。

9. 改变溶液的温度

研究溶液温度与醇电化学氧化行为的关系。

【实验指导】

(1) 本实验中甲醇具有毒性,配制溶液时要求在通风橱中进行,手不能直接接触甲醇。

(2) 电极表面一定要处理平整、光亮、干净,不能有点蚀现象。

(3) 醇电化学氧化活性随温度的变化而改变,因此在测定时应保持被测体系处于恒温状态。

【数据处理】

利用 Origin 软件,将被测数据导入分析。

分析各个循环伏安曲线,从中得出醇电化学氧化起峰电位 E_s、峰电位 E_p、氧化峰电流密

度 i_p 和在-0.4 V 时的电流密度 $i_{-0.4V}$,并把所有数据做成表格进行比较。

【分析讨论】

(1) 醇电化学氧化时正扫描和负扫描都出现氧化峰。正扫描得到的氧化峰归因于醇在电极上的吸附物氧化;负扫描得到的氧化峰主要归因于正扫时醇没氧化的中间产物的进一步氧化,是清掉电极表面吸附中间产物的过程。所以正扫描得到的氧化峰可以作为醇电化学氧化活性大小的判断尺度。

(2) 比较醇的电化学氧化活性大小,常用的数据是电化学氧化起峰电位 E_s、峰电位 E_p、氧化峰电流密度 i_p 和在-0.4 V 时的电流密度 $i_{-0.4V}$。

(3) 醇电化学氧化峰电位随扫描速度的增大而正移,根据各曲线电化学氧化电流密度 i_p 和扫描速度平方根 $v^{1/2}$ 数值作 i_p-$v^{1/2}$ 曲线,由该曲线的线性相关系数判断醇在不同电极上的电化学氧化机理。

【思考题】

(1) 为什么每次在记录需要的循环伏安曲线前,都要先循环 10 次以上,直至响应电流趋于稳定? 否则对实验结果有什么影响?

(2) 在本实验中,可能产生的误差有哪些?

(3) 改变 KOH 溶液的浓度,电位扫描范围有什么变化? 为什么?

(4) 扫描速度对循环伏安曲线有什么影响?

参考文献

[1] 黄海萍,王连芹,沈培康. 酸性溶液中钯催化醇电化学氧化的研究[J]. 电化学,2010,16(3):290-295.

[2] Bianchini C,Shen P K. Palladium-based electrocatalysts for alcohol oxidation in half cells and in direct alcohol fuel cells[J]. Chemical Reviews,2009,109: 4183-4206.

[3] 马淳安,廖艳梅,朱英红. 碱性溶液中苯甲醇的选择性电催化氧化研究[J]. 化学学报,2010,68(16): 1649-1652.

[4] Xu C W,Chen L Q,Shen P K,et al. Methanol and ethanol electrooxidation on Pt and Pd supported on carbon microspheres in a alkaline media[J]. Electrochem Commun,2007,9: 997-1001.

[5] 化学化工学科组. 化学化工创新性实验[M]. 南京:南京大学出版社,2010.

[6] Wang B,Tao L,Cheng Y,et al. Electrocatalytic oxidation of small molecule alcohols over Pt, Pd, and Au catalysts: the effect of alcohol's hydrogen bond donation ability and molecular structure properties [J]. Catalysts,2019,9(4):387-404.

实验 3.15   人头发中锌和铜的测定

【实验目的】

(1) 进一步熟悉原子吸收分光光度计的使用和定量测定方法。

(2) 学习实际样品的处理方法。

【实验原理】

毛发中的微量元素不仅与毒理学、遗传学和生物学有关,而且还与预防医学和营养学有关。据报道,毛发中的微量元素锌和铜还与智力水平和犯罪率有关。毛发样品用硝酸-高氯酸混合酸处理后,可以用原子吸收分光光度计测定其中有关元素的含量。

【仪器与试剂】

1. 仪器

原子吸收分光光度计(耶拿 NOVA350,附铜、锌空心阴极灯),无油气体压缩机,乙炔钢瓶,控温电炉,干燥箱,超声清洗器,凯氏瓶,常用玻璃仪器。

2. 试剂

浓硝酸(GR),浓高氯酸(GR),1:1 盐酸(GR),硝酸-高氯酸(5:1)混合酸(体积比),丙酮-乙醇(3:1)混合溶剂(体积比)。

【实验步骤】

1. 标准溶液的配制

(1) 铜标准溶液的配制($100\,\mu g \cdot mL^{-1}$):准确称取 0.100 0 g 铜丝(光谱纯),加入少量 1:1 硝酸溶液使其溶解,用 1% 硝酸溶液稀释至 1 000 mL,即得。

(2) 锌标准溶液的配制($100\,\mu g \cdot mL^{-1}$):准确称取 0.100 0 g 锌粒(光谱纯),加入少量 1:1 盐酸溶液使其溶解,用 1% 盐酸溶液稀释至 1 000 mL,即得。

2. 样品预处理

将采集的 0.2~0.3 g 头发试样放入 250 mL 锥形瓶内,加入 30 mL 丙酮-乙醇(3:1)混合溶剂,盖好瓶塞,超声清洗 20 min 左右,滤去有机溶剂,用蒸馏水漂洗 3 次,在烘箱内调节温度为 70℃烘干(切不可温度过高),切碎。准确称取 0.15~0.2 g 的样品置于 50 mL 凯氏瓶内,加入 15 mL 硝酸-高氯酸(5:1)混合酸,瓶口盖一只弯颈漏斗,静置浸泡 1 h 以上,在通风橱内的可调电炉上控温消毒,保持微沸状态(千万不可煮干,可添加浓硝酸),直至溶液变清并冒白烟为止。冷却后,将溶液转入 25 mL 容量瓶内,并用去离子水定容,摇匀,过滤至塑料瓶内作为待测液。同时制备空白溶液。

3. 混合标准系列溶液的配制

取 5 只 100 mL 容量瓶,分别准确移取 1.0 mL、2.0 mL、3.0 mL、4.0 mL、5.0 mL $100\,\mu g \cdot mL^{-1}$ 铜标准溶液和 0.2 mL、0.4 mL、0.6 mL、0.8 mL、1.0 mL $100\,\mu g \cdot mL^{-1}$ 锌标准溶液,用去离子水定容,摇匀,作为混合标准系列溶液备用。

4. 吸光度的测定

按 NOVA350 型原子吸收分光光度计的使用说明开启仪器,仪器的工作条件选择为:空气-乙炔气焰,在波长 324.7 nm(铜)和 213.9 nm(锌)处分别测定空白溶液、标准溶液、试样溶液的吸光度并记录。

【实验指导】

样品在消煮过程中,由于加入了高氯酸,故不可煮干,否则会发生危险。

【数据处理】

(1) 绘制吸收值与标准溶液浓度的标准工作曲线,从标准工作曲线上查出待测溶液浓度或根据电脑直接得出结果。

(2) 计算微量元素的含量。头发中铜、锌的含量可按下式计算:

$$Cu(Zn) 含量(\%) = \frac{cVD}{10^6 W} \times 100$$

式中,c 为由仪器直接得出的未知试样浓度($\mu g \cdot mL^{-1}$);V 为待测样品溶液体积(mL);D 为稀释倍数;W 为样品质量(g)。

【思考题】

(1) 能否用标准加入法进行测试?

(2) 标准溶液为何要配制成混合溶液?

(3) 在采集头发样时需要注意什么? 能否采集染发的头发样? 为什么?

(4) 若要测定植物组织中的铜、锌、铁、锰,请设计方案。

【拓展文献】

[1] 中国林业科学研究所. 现代实用仪器分析方法[M]. 北京:中国林业出版社,1993.

[2] 刘约权,李贵深. 实验化学(下)[M]. 北京:高等教育出版社,2000.

[3] 董银根,沈惠君,翁敏慧. 火焰原子吸收光谱测定头发中的锌、铁、钙、镁[J]. 光谱学与光谱分析,1995,15(2):95-98.

[4] 周葆初,车承波,曾绍娟. 人发中铜、锌、锰、铁的原子吸收光谱测定[J]. 哈尔滨医科大学学报,1982(4):54-57.

[5] 吕鹏,阎树峰,刘巍. 火焰原子吸收法测量人体头发中微量元素的含量[J]. 科技资讯,2011(9):3.

[6] 马国军,赵立峰,楼梦菲. 微波消解-电感耦合等离子体质谱(ICP-MS)法同时测定人发中 10 种微量元素[J]. 中国无机化学,2016,6(2):64-68.

实验 3.16　豆乳粉中铁、铜的测定

【实验目的】

(1) 掌握原子吸收光谱法测定食品中微量元素的方法。

(2) 学习食品固体试样的处理方法。

【实验原理】

原子吸收光谱法是测定多种试样中金属元素的常用方法。测定食品中微量金属元素,首先要处理试样,令其中的金属元素以可溶的状态存在。试样可以用湿法消解,即试样在氧化性酸中消解制成溶液;也可以用干法灰化处理,即将试样置于马弗炉或管式炉中,在 400～500℃高温下灰化,再将灰分溶解在盐酸或硝酸中制成溶液。

本实验采用干法灰化处理样品,然后测定其中 Fe、Cu 等营养元素。此法也可用于其他食品,如豆类、水果、蔬菜、牛奶中微量元素的测定。

【仪器与试剂】

1. 仪器

原子吸收分光光度计(耶拿 NOVA350),Fe、Cu 空心阴极灯;烧杯;容量瓶;吸量管;马弗炉或管式炉;瓷坩埚。

2. 试剂

铜贮备液:准确称取 1 g 纯金属铜溶于少量 6 mol·L^{-1} 硝酸中,移入 1000 mL 容量瓶,用 0.1 mol·L^{-1} 硝酸稀释至刻度,此溶液含 Cu 1000 mg·L^{-1}。

铁贮备液:准确称取 1 g 纯铁丝,溶于 50 mL 6 mol·L^{-1} 盐酸中,移入 1000 mL 容量瓶,用蒸馏水稀释至刻度,此溶液含有 Fe^{2+} 离子 1000 mg·L^{-1}。

【实验步骤】

1. 试样制备

准确称取试样 2 g,置于瓷坩埚中,放入马弗炉,在 500℃ 灰化 2～3 h,取出冷却,加 6.0 mol·L^{-1} 盐酸 4 mL,加热促使残渣完全溶解,移入 50 mL 容量瓶中,用蒸馏水稀释至刻度,摇匀。

2. 铜和铁的测定

(1) 系列标准溶液的配制。用吸量管移取铁贮备液 10 mL 至 100 mL 容量瓶中,用蒸馏水稀释至刻度。此标准溶液含铁 100.0 mg·L^{-1}。

将铜贮备液进行稀释,制成 20.00 mg·L^{-1} 铜的标准液。

在 5 只 100 mL 容量中,依次加入 0.50 mL、1.00 mL、3.00 mL、5.00 mL、7.00 mL 的 100.0 mg·L^{-1} 铁标准液和 0.50 mL、2.50 mL、5.00 mL、7.50 mL、10.00 mL 的 20.00 mg·L^{-1} 铜标准溶液,再加入 8.0 mL 6 mol·L^{-1} 盐酸,用蒸馏水稀释至刻度,摇匀。

(2) 标准曲线的测定。分别测量铜和铁系列混合标准溶液的吸光度。铜系列标准溶液的浓度为 0.10 mg·L^{-1}、0.50 mg·L^{-1}、1.00 mg·L^{-1}、1.50 mg·L^{-1}、2.00 mg·L^{-1}。铁系列标准溶液的浓度为 0.50 mg·L^{-1}、1.00 mg·L^{-1}、3.00 mg·L^{-1}、5.00 mg·L^{-1}、7.00 mg·L^{-1}。

(3) 试样溶液的分析。在与标准曲线同样的条件下,测量步骤 1 所制备的试样溶液中 Cu 和 Fe 的含量。

【实验指导】

(1) 如果样品中这些元素的含量偏低,可以增加取样量。在灰化时的样品量可以先大于 2 g,等灰化后再准确称量溶解定容。

(2) 处理好的样品若出现浑浊,可用定量滤纸常压过滤。

【数据处理】

(1) 绘制 Fe、Cu 的标准曲线。

(2) 确定豆乳粉中这些元素的含量(mg·g^{-1})。

【思考题】

(1) 为什么稀释后的标准溶液只能放置较短时间,而贮备液可以放置较长的时间?

(2) 如果要测定样品中的钙含量,应如何操作?

(3) 为什么配制标准样品时,铁和铜的标准液放在一起配制,这样做有何用处?

【拓展文献】

[1] 雷群芳. 中级化学实验[M]. 北京:科学出版社,2005.

[2] 钱晓荣,郁桂云. 仪器分析实验教程[M]. 上海:华东理工大学出版社,2009.

[3] 张星海,周晓红. 火焰原子吸收光谱法测定奶粉中金属元素[J]. 理化检验(化学分册),2009,45(5):512-513.

[4] 毕淑云,孙艳涛,刘何萍. 奶粉中钙、铁、锌的火焰原子吸收分光光度法研究[J]. 长春师范学院学报(自然科学版),2009,28(3):32.

[5] 万正杨. 奶粉中钙、铁、锌的火焰原子吸收分光光度测定法[J]. 职业与健康,2007,23(10):807-808.

[6] 王蕾,郭丽娜,金善玉. 微波消解-火焰原子吸收光谱法测定奶粉中锌含量[J]. 中国卫生标准管理,2018,9(3):13-15.

[7] 刘紫禳,蔡义珊,吴赞,等. 火焰原子吸收光谱法测定婴儿配方奶粉中钾含量的不确定度评定[J]. 分析仪器,2018(6):92-95.

实验 3.17   铁氧体法处理含铬废水

【实验目的】

(1) 了解重金属废水的处理方法。

(2) 掌握一种铬含量的测定方法。

【实验原理】

冶炼、电镀、金属加工、制革等许多行业产生的工业废水中,都含有大量的铬,且存在形式多为 Cr(Ⅵ),它能诱发皮肤溃疡、贫血、肾炎及神经炎等疾病。工业废水排放时,国家要求水中 Cr(Ⅵ)的含量不超过 0.30 mg·L^{-1},而对于生活饮用水和地面水,国家则要求 Cr(Ⅵ)的含量不超过 0.05 mg·L^{-1}。因此,对含铬工业废水的处理,十分必要。

对含铬废水的处理,主要有化学还原沉淀法、电解还原-凝聚法、离子交换法、活性炭吸附法、反渗透技术等,还有资料报道利用乳状液膜技术分离废水中重金属铬的方法。这些方法处理成本较高,工艺技术还有待完善。

铁氧体法是一种较实用的处理含铬废水的方法,其基本原理是:在酸性条件下,用 Fe^{2+} 将 Cr(Ⅵ)还原为 Cr^{3+},然后加碱使 Fe^{3+} 和 Cr^{3+} 共沉淀,再迅速加热、曝气,使沉淀物形成铁氧体结晶而除去。铁氧体是一种黑色尖晶石结构的化合物,晶体呈立方形,化学式可表示为 AB$_2$O$_4$。铁氧体法除铬的化学反应式如下:

$$Cr_2O_7^{2-} + 6Fe^{2+} + 14H^+ \longrightarrow 2Cr^{3+} + 6Fe^{3+} + 7H_2O \tag{3.17.1}$$

$$Fe^{2+} + 2OH^- \longrightarrow Fe(OH)_2 \downarrow \tag{3.17.2}$$

$$3Fe(OH)_2 + \frac{1}{2}O_2 \longrightarrow FeO \cdot Fe_2O_3 + 3H_2O \tag{3.17.3}$$

$$FeO \cdot Fe_2O_3 + Cr^{3+} \longrightarrow Fe^{3+}[Fe^{2+} \cdot Fe_{1-x}^{3+} \cdot Cr_x^{3+}]O_4 \quad (x\ 为\ 0\sim1) \tag{3.17.4}$$

铁氧体法处理含铬废水的流程如图 3.17.1 所示。

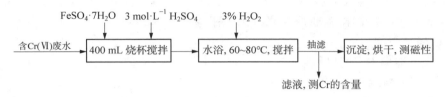

图 3.17.1　铁氧体法处理含铬废水流程图

若已知 $M(OH)_n$ 的溶度积 K_{sp} 和金属离子的浓度 $c_{M^{n+}}$，则可求出相应的 pH 值。按实验要求，生成氢氧化物沉淀所需 pH 值的计算结果见表 3.17.1。

由表 3.17.1 可知，欲使 Fe^{2+}、Fe^{3+}、Cr^{3+} 均沉淀完全，$pH \geqslant 9$ 为佳，实际上常控制在 7~8。若 pH 值过低，废水中将存在大量 Fe^{2+}，给后续处理带来困难，若 pH 值过高，由于 $Cr(OH)_3$ 是两性氢氧化物，它又会溶解形成稳定的 $Cr(OH)_4^-$ 配位离子，对形成铁氧体不利。

表 3.17.1　生成氢氧化物沉淀时所需的 pH 值

$M(OH)_n$	K_{sp}	M^{n+} 的初始浓度 /(mol·L^{-1})	开始沉淀时的 pH 值	沉淀完全时的 pH 值
$Cr(OH)_3$	6.3×10^{-31}	2×10^{-3}	4.83	5.60
$Fe(OH)_2$	8.0×10^{-16}	5×10^{-3}	7.60	8.95
$Fe(OH)_3$	4.0×10^{-38}	6×10^{-3}	2.27	3.20

注：设沉淀完全时废水中 Cr^{3+}、Fe^{3+}、Fe^{2+} 的浓度均小于 10^{-5} mol·L^{-1}。

【仪器与试剂】

1. 仪器

原子吸收分光光度计（耶拿 NOVA350，附铬灯），磁天平，一般玻璃仪器。

2. 试剂

$K_2Cr_2O_7$；$FeSO_4 \cdot 7H_2O$，NaOH 溶液（6 mol·L^{-1}），H_2SO_4（3 mol·L^{-1}），30% H_2O_2。以上试剂均为 AR。

【实验步骤】

1. 模拟废水的配制

称取 0.2827 g $K_2Cr_2O_7$ 溶解在适量的水中，再转移至 1000 mL 容量瓶中，去离子水定容,摇匀。所得溶液中 Cr(Ⅵ)的浓度为 100.00 mg·L^{-1},相当于 CrO$_3$ 含量为 0.192 g·L^{-1}。

2. 氧化还原反应

取上述溶液 250 mL,加入 4.3 mL 3 mol·L^{-1} H$_2$SO$_4$,在不断搅拌的条件下加入 0.768 g FeSO$_4$·7H$_2$O,进行氧化还原反应。

3. 共沉淀生成铁氧体的反应

将所得溶液加热至 60~80℃,在不断滴加 30% H$_2$O$_2$ 的条件下加入 16 mL 6 mol·L^{-1} NaOH 溶液,并不断搅拌,抽滤得沉淀物(由深褐色变为黑色)。

4. 磁性的测定

将所得沉淀烘干,测其磁性。

5. Cr 含量的测定

设计测定方法,测定滤液中 Cr 的含量。

【实验指导】

(1) 一般在共沉淀时用加热曝气的方法,以提供氧化氛围加速氧化,因缺少曝气装置改用 H$_2$O$_2$。第一次滴加了约 0.5 mL 30% H$_2$O$_2$,处理后溶液仍为淡黄色,可见其 Cr 含量仍很高;第二次滴加了约 0.5 mL 3% H$_2$O$_2$,处理后 Cr 含量经测定已达到国家排放要求,可见 H$_2$O$_2$ 的量不能加得过多,否则会把 Fe^{2+} 氧化为 Fe^{3+} 而不能生成铁氧体,不能将 Cr^{3+} 带出溶液从而达到净化水的目的。

(2) 实验中废水处理后 Cr 的含量因其含量低而难以直接测定,可以从 Cr 总量中减去铁氧体中 Cr 的含量(含量较高,可用化学分析、仪器分析方法准确测定)而间接测定。

【思考题】

(1) 如果在其他 pH 值条件下,能否达到很好的净化、治理效果?为什么?

(2) 为何该法对 Cr(Ⅵ)有较好的治理效果?对其他金属离子是否有效?何种离子可行?

(3) 通过查阅文献,还有哪些方法可以制备铁氧体?试采用文献方法制备铁氧体,并与实验方法比较,哪一种的制备产率较高。试分析其原因。

【拓展文献】

[1] 方能虎. 实验化学(下)[M]. 北京:科学出版社,2005.

[2] 魏振枢. 铁氧体法处理含铬废水工艺条件探讨[J]. 化工环保,1998,18(1):33-36.

[3] 李军. 铁氧体沉淀法处理重金属废水[J]. 电镀与环保,1999,19(1):30-31.

[4] 蔡起华,汪秀玲,王化南. 铁氧体法处理含铬、锌、镍、钴、铜废水[J]. 环境科学,1979(1):39-43.

[5] 彭素英,夏德强,冷宝林. 铁氧体共沉淀法处理含铬废水的研究[J]. 广东化工,2016,43(17):164-165.

[6] 石林,段睿,杨翠英,等. 常温还原铁氧体法处理含铬废水[J]. 环境工程学报,2015,9(8):3883-3888.

[7] 韩昆,郝昊天,孔岩,等. 铁氧体工艺快速处理含铜亚甲基蓝废水[J]. 工业水处理,2018,38(7):54-57.

[8] 郝昊天,韩昆,石宝友,等. Fe(Ⅲ)/Fe(Ⅱ)铁氧体工艺原位处理 PVA 废水及其沉淀物回收利用[J]. 环境科学研究,2019,32(2):340-346.

实验 3.18　三(乙二胺)合钴(Ⅲ)盐的制备、对映体的拆分及旋光度测定

【实验目的】

(1) 了解配合物的光学异构现象和光学异构的拆分。

(2) 制备三(乙二胺)合钴(Ⅲ)配盐并拆分其对映体。

(3) 掌握 WZZ2B 型自动旋光仪器的使用方法。

(4) 测定对映异构体的旋光度。

【实验原理】

光学异构体是配合物中一类重要的异构体,光学异构体的测定对于确定配合物的结构有重要的作用。凡是两种物质构造相同,但彼此互为镜像而不能重叠的化合物称为光学异构体(或称之为对映异构体)。在光学异构体分子中,虽然相应的键角和键能都相同,但由于原子在分子中的空间排列方式不同,从而使偏振光的振动平面旋转且旋转方向不同,这是光学异构体在性质上最具有特征的差别。只有不具有对称中心、对称面和反轴(但可以有对称轴)的分子才可能有光学异构体。

光学异构体在生理功能上存在差异,如手性药物,其对映体在药理上可能有以下几种不同的情况。

(1) 两种对映体具有相似的药理活性,这种情况是少数。

(2) 其中一种对映异构体具有药理活性,另一种则没有活性,这是普遍的情况。

(3) 两种对应异构体具有完全不同的药理活性。

(4) 其中一种对映体具有药理活性,但是另一种异构体会产生有害的副反应。也就是说,一种手性药物的两个对映体在药理和代谢上可能表现出显著的差异,这种差异正是在高度不对称环境下进行的生命化学所决定的,是必然的结果。

人们对单一对映体药物的重视,必然引发对消旋体转换成单一对映体药物的极大兴趣。自然,大力强化消旋体拆分和不对称合成技术的研究和开发已经摆上了议事日程。这些技术,特别是不对称合成技术和酶拆分技术也都取得了重大的进步和迅速发展。

已知$[Co(en)_3]^{3+}$的结构是"风扇形",属于 D_3 对称性,由于该离子既不存在对称面也不存在对称中心,该配合物具有手性,因此可以被拆分为 Δ 或 Λ 异构体。拆分的常用方法是将外消旋转化为非对映体。通常使混合物的外消旋离子与另一种带相反电荷的光学活性化合物反应得到非对映异构体,由于它们的溶解度不同,选择适当的试剂可以利用分步结晶的方法把它们分开,得到某一种纯的非对映体,然后用非光学活性物质处理,可使一对光学活性盐恢复原来的组成。

本实验的目的是制备、拆分和鉴定$[Co(en)_3]^{3+}$的旋光异构体。硫酸钴溶液在有乙二胺和活性炭的条件下被空气氧化。活性炭对迅速生成的 $[Co(en)_3]^{2+}$ 配合物氧化成 $[Co(en)_3]^{3+}$ 起了催化作用,反应如下:

$$CoSO_4 + 3en \Longrightarrow [Co(en)_3]SO_4$$
$$4[Co(en)_3]SO_4 + O_2 + 4HCl \Longrightarrow 4[Co(en)_3]SO_4Cl + 2H_2O$$

得到的 $[Co(en)_3]SO_4Cl$ 不是从溶液中离析出来的,而是马上被形成的带有旋光性的右旋酒石酸根 $[(+)tart]^{2-}$ 的非对映体所溶解。

各种非对映体具有不同的溶解性,选用适当的解析剂可以部分地结晶出一种非对映体,同时将其他的异构体留在溶液中。在这种情况下 $[(+)Co(en)_3][(+)tart]Cl$ 是可溶性最小的对映体,优先从溶液中结晶成五水化合物。

$$[(+)Co(en)_3]^{3+} + [(+)tart]^{2-} + Cl^- + 5H_2O \Longrightarrow [(+)Co(en)_3][(+)tart]Cl \cdot 5H_2O \downarrow$$
$$[(-)Co(en)_3]^{3+} + [(+)tart]^{2-} + Cl^- \Longrightarrow [(-)Co(en)_3][(+)tart]Cl$$

$[(+)Co(en)_3][(+)tart]Cl$ 与 KI 反应转化成 $[(+)Co(en)_3]I_3 \cdot H_2O$。生成物的比旋光度 $[\alpha]_D^{20} = +89°$

向溶液中加入 KI,有 $[(+)Co(en)_3]I_3 \cdot H_2O$ 的混合物析出,因 $[(-)Co(en)_3]I_3 \cdot H_2O$ 在温水中的溶解度比其他对映体要大得多,重结晶可以得到较纯的 $[(-)Co(en)_3]I_3 \cdot H_2O$,其 $[\alpha]_D^{20} = -89°$。通过测定各异构体的比旋光度,与理论值比较,可求得样品中异构体的纯度。

【仪器与试剂】

1. 仪器

智能旋光仪,抽滤瓶,布氏漏斗,烧杯,量筒,容量瓶(50 mL),电磁力搅拌器。

2. 试剂

乙二胺溶液($H_2NCH_2CH_2NH_2$,24%,AR),右旋酒石酸($H_2C_4H_4O_6$,CP),无水乙醇,丙酮,硫酸钴($CoSO_4$,AR),碳酸钡($BaCO_3$,AR),过氧化氢溶液(H_2O_2,30%,AR),碘化钾(KI,AR),浓盐酸(HCl,AR),活性炭(CP),浓氨水(AR)。

【实验步骤】

1. (+)酒石酸钡的制备

在 250 mL 的烧杯中将 5 g(+)酒石酸溶于 50 mL 水中,边搅拌边缓慢加入 13 g 碳酸钡,加热至微沸并连续搅拌 0.5 h 使反应完全,滤出沉淀并用冷水洗涤,随后在 110℃ 下干燥。

2. $[Co(en)_3]^{3+}$ 的制备

在 250 mL 锥形瓶中加入 20 mL 24%乙二胺溶液,再依次加入 3 mL 浓盐酸、$CoSO_4$ 溶液(用 7 g $CoSO_4 \cdot 7H_2O$ 溶于 15 mL 水)和催化剂活性炭 1 g,慢慢滴加 30% 的 H_2O_2 溶液 2.5~3 mL,至溶液呈橙红色,使 Co(Ⅱ)氧化为 Co(Ⅲ),氧化完成后再调节 pH 值为 7~7.5(用稀盐酸或 24%的乙二胺溶液调节),并将混合物加热 15 min。使反应完全,冷却后抽滤除去活性炭。

在上述溶液中,加入 7 g(+)酒石酸钡,充分搅拌并水浴加热半小时(加热如发现溶液出现结晶可加入少量水),趁热过滤出沉淀 $BaSO_4$,并以少量热水洗涤沉淀,合并滤液。

蒸发所得滤液体积为 15 mL,冷却得到橙红色晶体 $[(+)Co(en)_3][(+)tart]Cl \cdot 5H_2O$,抽滤。保留滤液分离(-)异构体。橙红色晶体用 10 mL 热水重结晶。产品用无水乙醇洗涤,晾干。

3. [(+)Co(en)₃]I₃·H₂O 的制备

将所得橙红色晶体产品溶于 10 mL 热水中,在搅拌下加入 5 滴浓氨水和 KI 溶液(3 gKI 溶解于 5 mL 热水中)并充分搅拌。在冰水中冷却,过滤得到橙红色的[(+)Co(en)₃]I₃·H₂O 针状晶体,用 10 mL 30%KI 冰冷溶液洗涤晶体以除去酒石酸盐。最后用少量无水乙醇和丙酮洗涤,晾干,称重。

4. [(−)Co(en)₃]I₃·H₂O 的制备

在上面保留的滤液中加入 5 滴浓氨水,加热到 80℃,在搅拌下加入 3 g KI 固体。在冰水中冷却有晶体析出,过滤得到不纯的[(−)Co(en)₃]I₃·H₂O。过滤沉淀并用 30% 的 KI 溶液约 10 mL 洗涤溶液。为了提纯,在搅拌中将沉淀物溶解在 15 mL 50℃的水中,滤出未溶解的外消旋酒石酸盐,加 1 gKI 固体于 50℃的滤液中。在冰水中冷却,此时有橙黄色的[(−)Co(en)₃]I₃·H₂O 晶体析出,过滤。产物用少量的无水乙醇和丙酮洗涤,空气干燥,称量。

5. 异构体旋光度的测定

分别称取 0.500 0 g 的左旋和右旋异构体,溶解后定容于 50 mL 容量瓶中,用蒸馏水稀释至刻度。分别在旋光仪上用 1 dm 长的样品管测量其旋光度 α。

【数据处理】

1. 光学异构体的旋光度
测定温度 $t =$ _____℃;
[(+)Co(en)₃]³⁺:$\alpha =$ _____;
[(−)Co(en)₃]³⁺:$\alpha =$ _____。

2. 比旋光度计算
按下式计算[α]$_\lambda^t$:

$$[\alpha]_\lambda^t = \alpha/lc$$

式中,α 为温度 t 时用波长 λ 的光(通常用钠光灯,$\lambda = 589.3$ nm)测得的旋光度(°);l 为样品管的长度(dm);c 为每毫升溶液中所含溶质的量(g)。

3. 光学异构体纯度的计算
将实验测得的[α]$_\lambda^t$ 与理论的[α]$_\lambda^t$ 相比,可求得该样品的纯度。

【思考题】

(1) 在提纯异构体[Co(en)₃]I₃·H₂O 时,为何要用 KI 溶液来洗涤?
(2) 如何判断配合物是否具有光学异构体?
(3) [(−)Co(en)₃]I₃·H₂O 异构体纯度较低的原因是什么?
(4) 拟定测定[(+)Co(en)₃]I₃·H₂O 中钴和碘含量的方法。

【拓展文献】

[1] 浙江大学,南京大学,北京大学,等.综合化学实验[M].北京:高等教育出版社,2001.
[2] 王永红,沈昊宇,毛红雷,等.综合化学实验[M].杭州:浙江大学出版社,2009.
[3] 王尊本.综合化学实验[M].北京:科学出版社,2003.

[4] 居学海. 大学化学实验 4：综合与设计性实验[M]. 北京：化学工业出版社，2007.

[5] 孟莉. 三乙二胺合钴（Ⅲ）配离子的合成拆分及表征：介绍一个化学综合性实验[J]. 赤峰学院学报（自然科学版），27（4）：27-28.

[6] 孟莉，库伟. 三乙二胺合钴（Ⅲ）配离子的制备拆分研究[J]. 赤峰学院学报（自然科学版），2015，31（19）：33-36.

实验 3.19　辐射微波合成和水解乙酰水杨酸

【实验目的】

（1）学习微波合成及有关反应原理和操作技术。

（2）了解微波辐射在化学和其他领域中的发展和应用。

（3）培养学生创新实验和方法的能力和意识。

【实验原理】

微波是指电磁波谱中位于远红外与无线电波之间的电磁辐射，微波能量对材料有很强的穿透力，能对被照射物质产生深层加热作用。对微波加热促进有机反应的机理，目前较为普遍的看法是极性有机分子在接受微波辐射的能量后发生每秒几十亿次的偶极振动产生热效应，使分子间的相互碰撞及能量交换次数增加，从而使其有机反应速度加快。另外，电磁场对反应分子间行为的直接作用而引起的所谓"非热效应"，也是促进有机反应的重要原因。与传统的加热法相比，其反应速度可快几倍至千倍以上。目前微波辐射已迅速发展成为一项新兴的合成技术。

乙酰水杨酸（Aspirin）是人们熟悉的解热镇痛、抗风湿类药物，可由水杨酸和乙酸酐合成得到。由于乙酰水杨酸的合成涉及水杨酸酚羟基的乙酰化和产品重结晶等操作，该合成被作为基本反应和操作练习而编入教材中。教材中采用酸催化合成法，该方法有着相对反应时间长、乙酸酐用量大和副产物多等缺点。本实验采用微波辐射技术合成和水解乙酰水杨酸并加以回收利用。与传统方法相比，新型实验具有反应时间短、产率高、物耗低及污染少等特点，体现了新兴技术的运用和实验绿色化的改革目标。

合成的反应原理如下：

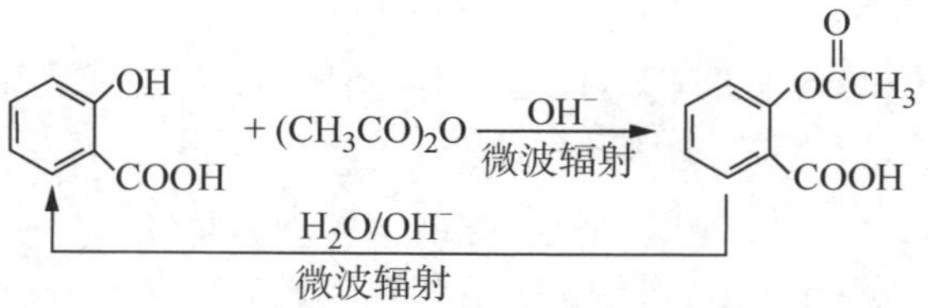

【仪器与试剂】

1. 仪器

微波反应器，电子天平，烧杯，锥形瓶，减压过滤装置，量筒，表面皿，牛角勺，玻璃棒，熔点测定仪，红外光谱仪。

2. 试剂

水杨酸(AR),乙酸酐(AR),碳酸钠(AR),盐酸(AR),氢氧化钠(AR),95％乙醇(AR),2％$FeCl_3$水溶液(AR),活性炭。

【实验步骤】

1. 微波辐射碱催化合成乙酰水杨酸

在 50 mL 干燥的锥形瓶中加入 2.0 g 水杨酸和 0.1～0.3 g 碳酸钠,再加入 2～5 mL 乙酸酐,轻轻混合均匀,放入微波炉中,在微波辐射功率为 480 W(60％火力)下,微波辐射 20～40 s。取出后,反应液清亮,温度为 70～90 ℃。稍冷后,加入约 5 mL 0.5 mol·L^{-1} 的盐酸水溶液调节 pH＝3～4,将混合物继续在冰水中冷却使结晶完全。减压过滤,用少量冷水洗涤结晶 2～3 次,抽干,得乙酰水杨酸粗产品。粗产品用乙醇-水混合溶剂(1 体积 95％的乙醇＋2 体积的水)约 16 mL 进行重结晶,干燥得白色晶状乙酰水杨酸。通过正交实验,考察原料比、催化剂用量、反应时间对产率的影响,选择较优反应条件。产品用 2％$FeCl_3$水溶液检验反应是否完全,并测其熔点和红外光谱。

2. 微波辐射水解乙酰水杨酸

在 100 mL 锥形瓶中加入 2.0 g 乙酰水杨酸和 40 mL 0.3 mol·L^{-1} NaOH 水溶液,在微波辐射功率为 480 W(60％火力)下,微波辐射 40 s。冷却后,滴加 6 mol·L^{-1} HCl 至 pH＝2～3,置于冰水浴中令其充分冷却析晶,减压过滤,水杨酸粗产品用蒸馏水重结晶、活性炭脱色,干燥得白色针状水杨酸,计算收率并测定其熔点。

【思考题】

(1) 微波辐射碱催化合成法和水解法与传统合成方法相比有什么突出的优点?

(2) 乙酰水杨酸易受热分解,如何正确测定其熔点?

(3) 合成乙酰水杨酸的原料水杨酸应当是干燥的,为什么?

【拓展文献】

[1] 居学海. 大学化学实验 4——综合与设计性实验[M]. 北京:化学工业出版社,2007.

[2] 钟国清. 微波辐射快速合成乙酰水杨酸[J]. 合成化学,2003,11(2):160-162.

[3] 李西安,李丕高,贺宝宝,等. 微波辐射催化合成乙酰水杨酸[J]. 延安大学学报(自然科学版),2005,24(3):49-51.

[4] 王海南,易茂全. 微波辐射催化合成乙酰水杨酸[J]. 化学与生物工程,2005,11:31-32.

[5] 邵一波. 无水碳酸钠催化微波合成乙酰水杨酸[J]. 中国化工贸易,2018,10(34):172-174.

[6] 李小东,巨婷婷,宗菲菲,等. 乙酰水杨酸合成研究进展[J]. 广州化工,2019,47(15):21-22.

实验 3.20　生物样品中氟的测定

【实验目的】

(1) 掌握植物叶片样品的前处理方法。

(2) 熟练掌握氟离子电极法测定过程。

【实验原理】

大气污染物通过叶面上进行气体交换的气孔或孔隙进入植物体内,侵袭细胞组织,并发生一系列生化反应,从而使植物组织遭受破坏,呈现受害症状。氟化物污染大气后,对植物的生长和发育会造成严重危害。它在植物叶片中累积,不容易转移到植物的其他部位,而植物根系从土壤中吸收的氟化物又很少转移到叶片中。如 HF 对植物的危害症状主要是在嫩叶、幼芽上首先发生。所以,通过测定植物中氟的含量可以推测大气中氟污染的程度。

植物叶片经过处理、烘干、研磨过筛,样品用 $0.05\ mol \cdot L^{-1}$ 硝酸溶液浸提,再用 $0.1\ mol \cdot L^{-1}$ NaOH 溶液继续浸提,使样品中的氟转入溶液中,以 F^- 的形式分解游离出来。

以柠檬酸溶液作为总离子强度缓冲调节剂,采用氟离子选择性电极测定氟的含量。氟离子选择性电极的传感膜为氟化镧单晶片,与氟溶液接触时,电池电动势随着溶液中氟离子活度的变化而变化。当溶液的总离子强度为定值时,遵循下列关系:

$$E = E^{\ominus} - 2.303RT\lg\alpha_{F^-}/F$$

上式表明,E 与 $\lg\alpha_{F^-}$ 呈线性关系,即电池电动势与溶液中 F^- 的活度的对数呈线性关系,$-2.303RT/F$ 为该直线的斜率。本方法的最低检测浓度为 $0.05\ mg \cdot L^{-1}$。

【仪器与试剂】

1. 仪器

电磁搅拌器,精密酸度计,饱和甘汞电极,氟离子选择性电极,容量瓶,塑料烧杯等。

2. 试剂

氢氧化钾固体,二水合柠檬酸,硝酸钠,KOH 溶液($0.10\ mol \cdot L^{-1}$),硝酸溶液($0.05\ mol \cdot L^{-1}$),NaOH 溶液($0.1\ mol \cdot L^{-1}$),氟化物标准储备液(称取 120℃ 烘箱干燥 3h 的分析纯氟化钠 $0.2210\ g$ 于 100 mL 烧杯中,用去离子水溶解,转入 1000 mL 容量瓶中,定容至刻度。溶液中含氟量为 $100.0\ \mu g \cdot mL^{-1}$),氟标准使用溶液($10.0\ \mu g \cdot mL^{-1}$),总离子强度缓冲液(称取 58.8 g 二水合柠檬酸钠和 85.0 g 硝酸钠,加入去离子水,搅拌溶解后,用 HCl 调节 pH 值至 5~6,转入 1000 mL 容量瓶中,去离子水定容)。

【实验步骤】

1. 植物样品采集和处理

采集植物的叶片约 20 g,将叶片用蒸馏水高频超声洗涤几分钟,重复两次。叶片晾干后备用。在 70℃ 将叶片烘干,磨碎后过 60 目筛,储存于干燥的聚乙烯塑料瓶中。

2. 氟标准曲线绘制

于 6 只 50 mL 容量瓶中分别加入氟标准溶液 0.0 mL、1.0 mL、3.0 mL、5.0 mL、10.0 mL、20.0 mL,各容量瓶中加入 10 mL TISAB,并用蒸馏水稀释至刻度。分别取上述不同浓度标准溶液,转入 100 mL 塑料烧杯中,按步骤接好电极,开动电磁搅拌装置,搅拌 2~3 min,当电位稳定后读数。由稀到高测定电位值。以横坐标表示氟离子浓度,纵坐标表示电位值,绘制标准曲线。由标准曲线测定结果,求出回归线性方程。

3. 样品测定

(1) 植物样品中氟的提取。准确称取处理好的样品 1.0 g,置于 100 mL 烧杯中,加入 20 mL 0.05 mol·L^{-1} 硝酸静置过夜。

(2) 样品中氟的测定。在上述样品中加入 0.1 mol·L^{-1} KOH 溶液 20 mL,搅拌 20 min 后加入 TISAB 10 mL 略加搅拌,直接测定其电位之后,由标准曲线查得氟含量。

【实验指导】

(1) 用硝酸消解后,消解液为棕色,不含絮状物。

(2) 对于含氟量低的样品,实验用水最好用去离子水。

(3) 实验中所用的容器在使用前,用 1∶1 盐酸溶液和水洗涤。

(4) 用氟电极测定氟离子时,最适宜的 pH 值为 5.5~6.5,pH 值过低或过高均会对测定结果产生影响。

(5) 每一次测定前,都要用去离子水充分洗涤电极,并用滤纸吸干。

【数据与处理】

1. 标准曲线绘制将实验值记入表 3.20.1 中,并绘制标准曲线。

表 3.20.1　氟离子浓度和电位值的关系

氟标准溶液使用量 /mL	氟离子浓度 /($\mu g·mL^{-1}$)	电位 /mV	氟标准溶液使用量 /mL	氟离子浓度 /($\mu g·mL^{-1}$)	电位 /mV
0.0	0.0		5.0	1.0	
1.0	0.2		10.0	2.0	
3.0	0.6		20.0	4.0	

2. 回归方程计算

计算回归方程 $y = ax + b$ 的斜率 a、截距 b 及相关系数 r,并确定回归方程。

3. 结果计算

生物样品含氟量(mg·kg^{-1})= 测得值(μg)/取样量(g)。

【思考题】

(1) 使用氟离子选择电极时应注意哪些问题?

(2) 总离子强度缓冲溶液在分析过程中有何作用?

(3) 测定生物样品的氟含量,对于采样和制样需要注意什么? 不同的制样方法对测定结果有何影响?

【拓展文献】

[1] 李宗澧,刘静. 离子选择性电极快速测定植物中氟[J]. 分析化学,1992, 20(2):244.

[2] 沙济琴,郑达贤. 茶叶中氟的氟电极测定法[J]. 福建茶叶,1993,1:36.

[3] 杨倩,史永松. 离子选择电极法测定植物中的氟化物[J]. 污染防治技术,2004,17(2):56-57.

[4] 赵文芳. 氟离子电极法测定植物叶片中氟化物含量[J]. 甘肃环境研究与监测,2002,15(1):25-26.

[5] 杨春,杨金笛. 中草药植物及生物样品中离子选择电极法氟的测定[J]. 微量元素与健康研究,1995,12(2):59-60.

[6] 葛江洪,于兆水. 高温灰化-离子选择性电极法测定植物样品中微量氟[J]. 化学工程师,2019,33(03):24-26.

[7] 肖细炼,刘彬,陈燕波,等. 干法灰化-碱熔-离子选择性电极法测定植物样品中氟[J]. 理化检验(化学分册),2017,53(08):968-971.

实验3.21 应用电化学实验——塑料电镀

【实验目的】

(1) 了解塑料电镀的基本原理。

(2) 了解塑料电镀的工艺过程及工艺条件对镀层质量的影响。

【实验原理】

绝大部分塑料都是绝缘体,不能直接在塑料上进行电镀。若要电镀,必须对塑料制件的表面进行金属化处理——即在不通电的情况下给塑料制件表面涂上一层导电的金属薄膜,使其具有一定的导电能力,然后再进行电镀。

塑料制件金属化的方法很多,如真空镀膜、金属喷镀、阴极溅射、化学沉积等。这些方法中比较行之有效的是化学沉积法,因而它在化学工业生产中得到了广泛应用。

利用化学沉积法进行塑料电镀的现行工艺通常由以下各步骤组成:

塑料制件的准备→除油→粗化→敏化→活化→化学镀→成品检验。

1. 除油

塑料制件除油的目的是使表面能很快地被水浸润,为化学粗化作好准备。除油的方法有有机溶剂除油、碱性除油和酸性化学除油等,我们采用常用的碱性除油法。

2. 粗化

塑料制件粗化处理的目的是在塑料制件表面造成凹坑、微孔等均匀的微观粗糙状况,以保证金属镀层与塑料表面具有较好的结合力。粗化的方法有两种:机械粗化和化学粗化。由于机械粗化有一定的局限性而很少使用,通常都用化学粗化。例如对 ABS 塑料,化学粗化处理一般用硫酸和铬酸的混合溶液来侵蚀,使塑料表面的丁二烯珠状体溶解,留下凹坑,形成微观粗糙,同时还增加了表面积。通过红外光谱检测,还发现化学粗化过的表面存在活性基团,如—COOH、—CHO、—OH 等,这些基团的存在也会增加镀层与基体的结合力。

3. 敏化

敏化就是经粗化后的塑料表面上吸附上一层容易被还原的物质,以便在下一道活化处理时通过还原反应,使塑料表面附着一层金属薄层。最常用的敏化剂是氯化亚锡。现在认为敏化过程的机理是当塑料制品经敏化处理后,表面吸附了一层敏化液,再放入水洗槽中时,由于清洗水的 pH 值高于敏化液而使二价锡发生水解作用:

$$SnCl_2 + H_2O \longrightarrow Sn(OH)Cl + HCl$$

$$SnCl_2 + 2H_2O \longrightarrow Sn(OH)_2 + 2HCl$$
$$Sn(OH)Cl + Sn(OH)_2 \longrightarrow Sn(OH)_3Cl$$

$Sn(OH)_3Cl$ 是一种微溶于水的凝胶状物质,会沉积在塑料表面,形成一层纳米级的凝胶物质。

4. 活化

活化处理就是塑料制件上产生一层具有催化活性的贵金属,如金、银、钯等,以便加速后面要进行的化学沉积速度。活化好坏决定化学镀的成败。活化的机理是让敏化处理时塑料表面吸附的还原剂从活化液中还原出一层贵金属来。最常用的活化液是硝酸银。当敏化过的制件浸入硝酸银溶液中时,发生如下反应:

$$Sn^{2+} + 2Ag^+ \longrightarrow Sn^{4+} + 2Ag$$

5. 化学镀

化学镀是利用化学还原的方法在制件表面催化膜上沉积一层金属,使原来不导电的塑料表面沉积一层薄的导电的铜或镍,便于随后电镀各种金属。化学镀是塑料电镀前处理的一道关键工序,切不可疏忽大意。常用的化学镀铜的原理是:在硫酸铜溶液中加入碱,生成氢氧化铜:

$$CuSO_4 + 2NaOH \longrightarrow Cu(OH)_2 + Na_2SO_4$$

当溶液中同时存在酒石酸钾钠时,则会生成酒石酸铜配合物:

$$Cu(OH)_2 + NaKC_4H_4O_6 \longrightarrow NaKCuC_4H_2O_6 + 2H_2O$$

在溶液中加入甲醛后,铜的配合物被还原分解生成氧化亚铜:

$$2NaKCuC_4H_2O_6 + HCHO + NaOH + H_2O \longrightarrow Cu_2O + 2NaKC_4H_4O_6 + HCOONa$$

然后制件上的催化银薄膜进一步使氧化亚铜或配离子中的二价铜离子直接还原为铜,逐步形成覆盖制件表面的铜层:

$$NaKCuC_4H_2O_6 + HCHO + NaOH \longrightarrow Cu + HCOONa + NaKC_4H_4O_6$$

当塑料表面形成了一定厚度的紧密的化学镀金属层后,就可以像金属电镀一样,在它们表面上进行常规的电镀处理了。

由上述讨论可见,塑料电镀的工艺过程是比较复杂的,而且每一步处理的好坏都影响镀层的质量,在实验中必须严格按规定的工艺条件操作,对每一步的工艺条件,人们都做了大量研究,也有不同的方案,这里不一一述及。

此外还要注意的是,不是所有塑料都能进行电镀,目前可镀的有 ABS、聚砜类、聚丙烯、聚酰胺、聚甲醛、聚苯乙烯、聚乙烯等,最常用的是 ABS。

【仪器与试剂】

1. 仪器

恒温热水浴锅,恒流源,磁力搅拌器,250 mL 烧杯若干,电炉,温度计,磷铜电极,塑料镀件。

2. 试剂

(1) 化学除油:Na_2CO_3 15 g·L^{-1},洗衣粉 5 g·L^{-1},Na_3PO_4 20 g·L^{-1};温度 35 ℃,时间 30 min。

(2) 化学粗化液：$K_2Cr_2O_7$ 120 g·L^{-1}，Al^{3+} 10 mg·L^{-1}，H_2SO_4(浓)500 g·L^{-1}；温度70℃，搅拌 60 min。

(3) 敏化液：$SnCl_2$·$2H_2O$,10 g·L^{-1} HCl(浓)50 mL,锡条一根。

(4) 活化液：$AgNO_3$ 15 g·L^{-1}，NH_3H_2O 滴加至透明,室温,搅拌 10 min。

(5) 化学镀铜液：酒石酸钾钠 50 g·L^{-1}，NaOH 10 g·L^{-1}，$CuSO_4$·$5H_2O$ 10 g·L^{-1}，甲醛 40%(镀前加入)100 mL·L^{-1}；温度 25～30℃,搅拌 20 min。

(6) 酸性光亮镀铜：$CuSO_4$·$5H_2O$ 200 g·L^{-1}，H_2SO_4(浓) 60 g·L^{-1}，无水乙醇,酚磺酸 5 mL·L^{-1},磷铜电极;电流密度 1 A·dm^{-2},室温,搅拌 30 min。

【实验步骤】

1. 溶液的配制
按上述配方配制好所需的各种溶液 100 mL(实验室已经配好的则可以直接取用)。

2. 施镀流程
按下述工艺流程施镀：

塑料制品→测表面积(双面)→化学除油→自来水洗→蒸馏水洗→粗化→自来水洗→蒸馏水洗→敏化→自来水洗→蒸馏水洗→活化→自来水洗→蒸馏水洗→化学镀铜→自来水洗→蒸馏水洗→电镀铜→洗净、吹干。

注：①每步完成后须漂洗干净,以免将污物带入下一步的溶液中而影响质量。②电镀时应让镀件带电下槽。③溶液回收。

3. 镀层质量检验
(1) 外观质量检验。检验镀层的颜色、光洁度应均匀一致;不允许镀层有针孔、起泡、脱皮、龟裂和烧焦等现象;不允许镀件的表面有未洗净的各种盐类痕迹等。一般在光照下用肉眼检查。

(2) 冷热循环实验。冷热循环实验的目的是定性评价镀层的结合力。让电镀塑料制件在 100℃下用开水煮 20～25 min,然后转入 0～5℃的冷水浴中保持 3 min,要求中间转换的时间不超过 1 min。经过一个循环后,若镀层无起泡、脱层等现象,其视为合格。

【思考题】

(1) 为什么要进行化学粗化？如何掌握粗化的程度？

(2) 配制化学镀铜液时,甲醛为什么要在镀前临时加入？

(3) 电镀铜时为什么要用磷铜板作阳极？电流密度对电镀质量有何影响？

【拓展文献】

[1] 鲍慈光,赵逸云,侯秀英,等. 应用化学实验[M]. 北京:科学出版社,1996.

[2] 伍学高. 塑料电镀技术[M]. 成都:四川科学技术出版社,1983.

[3] 王桂香,李宁,黎德育. 塑料电镀的活化工艺[J]. 电镀与环保,2004,24(4):21-23.

[4] 蔡积庆. 塑料电镀工艺[J]. 电镀与环保,2004,24(1):9-11.

[5] 孙永泰. 塑料电镀中的一步法表面敏化和活化处理[J]. 塑料助剂,2009(6):55-58.

实验 3.22　纳米氧化锌的电化学制备表征以及染料降解研究

【实验目的】

(1) 了解纳米材料的制备方法。

(2) 掌握用电化学方法制备纳米氧化锌的原理和方法。

(3) 掌握纳米材料的表征手段和分析方法。

(4) 了解纳米氧化锌在环境治理中的应用。

【实验原理】

纳米 ZnO 是一种高新技术材料,由于其粒子的尺寸小、比表面积大,因而具有明显的表面与界面效应、量子尺寸效应、体积效应和宏观量子隧道效应,以及高透明度、高分散性等特点,使其在化学、光学、生物和电学等方面表现出许多独特优异的性能。与普通 ZnO 相比,纳米 ZnO 具有优良的光活性、电活性、烧结活性和催化活性,以及无毒、非迁移性、荧光性、压电性、吸收和散射紫外线等特点。这一新的物质状态,使得 ZnO 这一古老产品在众多领域表现出巨大的应用前景。

纳米 ZnO 的制备方法主要有气相法、液相法和固相法。气相法具有反应速度快、能连续生产、制得的产品纯度高、粒度小等优点,但此法需要较高的汽化温度,条件苛刻,并且产量低、成本高。固相法主要指燃烧法和固相合成法,其所需设备简单,无须溶液,反应条件易控制,但是在固相中反应很难进行彻底,产率较低。液相法制备形式多样,操作简便,粒度可控,是制备纳米 ZnO 较为常用的方法,主要包括沉淀法、溶胶-凝胶法和水热法等,但也存在阴离子不易除去等问题。

纳米微粒的制备方法还可分为物理法、化学法和物理化学综合法。物理法主要有:蒸发冷凝法、离子溅射法、机械研磨法、低温等离子体法等;化学法主要有:水热法、溶胶-凝胶法、溶剂挥发分解法、乳胶法和蒸发分解法等;物理化学综合法有:激光诱导化学沉积法、等离子加强化学沉积法和电化学沉积法等。其中电化学沉积法由于具有成膜质量高、可以实现原子级掺杂、设备相对简单、不需要超高真空等优势而得到了特别的关注。本实验将采用电化学沉积法来制备纳米 ZnO。

电化学沉积法具有很多特点,主要有:①可以在形状复杂和表面多孔的基底上制备均匀的薄膜材料;②可以进行大面积样品的镀覆;③通过控制电流、电压、溶液的组分、pH 值、温度和浓度等实验参数,能精确地控制薄膜的厚度、化学组分、结构及孔隙率等;④不需要真空,所需设备投资少,原材料利用率高,工艺简单,易于操作,安全。

纳米材料的表征方法有粒度分析、纯度分析、晶形测试和比表面测试等,分析手段有粒度仪、TEM、SEM、XRD 和比表面仪等。

纳米 ZnO 粉体通常称为活性 ZnO,在橡胶生产行业中,作为硫化促进剂及脱硫剂,使橡胶具有良好的耐磨性、耐撕裂性和弹性,还可以用于防晒杀菌化妆品、纺织、陶瓷、玻璃、环境和电磁学等领域。

本实验利用电化学法,采用两种不同的方式制备纳米 ZnO。一是在不同制备条件下自制纳米 ZnO 粉体,利用 XRD 衍射测量产物晶粒大小及纯度,最后利用紫外光谱来表征纳米 ZnO 对甲基橙的光降解催化作用。二是通过化学沉积法在 ITO 导电玻璃上制备纳米 ZnO。ITO 导电玻璃(氧化铟锡透明导电玻璃)是一种氧化物($In_2O_3 \cdot SnO_2$)半导体材料。它是在高真空的环境下,利用等离子放电原理,通过真空磁控溅射的方法在超薄玻璃表面上沉积一层厚度为 $20 \sim 30$ nm 的 SiO_2 薄膜和 ITO 薄膜。ITO 导电玻璃以其优异的光学、电子学特性而备受关注。

纳米 ZnO 沉积的反应机理:第一步,Zn^{2+} 被吸附在阴极电极表面形成双电层,减弱 NO_3^- 和阴极电极之间的静电排斥力;第二步,阴极附近的 NO_3^- 得到电子被还原成 NO_2^-,同时生成大量的 OH^-;第三步,这些电解生成的 OH^- 与被吸附的 Zn^{2+} 在阴极上形成 $Zn(OH)_2$,最后 $Zn(OH)_2$ 自发分解成 ZnO。方程式如下:

$$NO_3^- + H_2O + 2e^- \longrightarrow NO_2^- + 2OH^-$$
$$Zn^{2+} + 2OH^- \longrightarrow Zn(OH)_2 \longrightarrow ZnO + H_2O$$

生成 ZnO 的反应中,氧来自硝酸根离子。溶液中的 Zn^{2+} 在反应中起两个作用,一个作用是吸附在阴极表面能够形成双电层,这能减小硝酸根与阴极之间的静电排斥,从而促进硝酸根得到电子生成亚硝酸根和氢氧根;另一个作用是 Zn^{2+} 作为最后生成 ZnO 所需的阳离子。总反应方程式如下:

$$Zn^{2+} + NO_3^- + 2e^- \longrightarrow ZnO + NO_2^-$$

采用电化学沉积法在 ITO 导电玻璃表面沉积得到纳米 ZnO 薄膜,并用 X 射线衍射法、红外光谱法等对产物进行表征和综合分析。

【仪器与试剂】

1. 仪器

X-RAY DIFFRACTOMETER-6000(日本岛津公司),马弗炉,Tu-1901 型紫外-可见分光光度计,恒温水浴锅,电化学分析仪或工作站,红外光谱仪,ITO 导电玻璃,石英比色皿,移液管,100 mL 容量瓶,稳压电源,烧杯,漏斗,滤纸,表面皿。

2. 试剂

锌片,甲基橙,30%过氧化氢水溶液,1∶1 盐酸,$Zn(NO_3)_2 \cdot 6H_2O$,溴化钾,氯化钠。以上试剂均为 AR。

【实验步骤】

1. ZnO 的制备

1) 方法一

用 30%过氧化氢水溶液配制 5%、10%、20%的过氧化氢水溶液,然后分别剪取 3 对锌片电极编号 1、2、3。分别称量作为正极的锌片质量,并记录。然后将 3 对电极分别在 3 种不同浓度的过氧化氢水溶液中电解,电压设为 $5 \sim 10$ V,电解 30 min 左右,擦干阳极锌片并称其质量。常压过滤电解液,将滤纸和残留物一起放入坩埚中,用马弗炉灼烧到滤纸全变为灰分

（500℃加热大约 1 h）。

　　2）方法二

　　(1) 导电玻璃的处理:划取适当大小的 ITO 导电玻璃,用去离子水清洁干净,用无水乙醇和去离子水依次进行超声处理。

　　(2) 纳米 ZnO 的制备:称取 $Zn(NO_3)_2 \cdot 6H_2O$ 固体,加适量去离子水溶解,转移到 100 mL 容量瓶中,定容,配置成 0.1 mol·L^{-1} 浓度的溶液。加入适量该溶液于电解池容器中,将电解池容器置于 65℃的恒温水浴锅中,连接三电极系统[工作电极接 ITO 导电玻璃,对电极为 Pt 电极,参比电极为饱和甘汞电极(Ag/AgCl)],确保电解液浸没过电极。设置电化学工作站参数(参考:初始电位−10 V;采样间隔 0.1 s;实验时间 900 s;灵敏度 10^{-2}),沉积约 10 min。沉积完成后,取出导电玻璃,用去离子水清洗后自然晾干。

　　2. ZnO 的表征

　　(1) 用 X 射线仪对产物 ZnO 进行物相分析,与标准图谱进行比较,并分析谱峰。

　　检测条件:Cu 靶 Ka($\lambda=$ 0.154 nm);管压 40.0 kV,管流 30.0 mA;狭缝:DS/SS 1°,RS 为 0.3 mm;扫描模式:连续扫描($2\theta/\theta$);扫描范围:20.000 0°～70.000 0°;扫描速度:8.000°/min;扫描步长:0.020 0°。

　　(2) 红外光谱分析

　　进行红外光谱测试,并与标准数据对比,解释相关峰。

　　3. 配制甲基橙溶液

　　称取 0.104 1 g 甲基橙,配成 100 mL 水溶液作为标准液。用移液管移取一定量的标准液配制所需浓度的甲基橙溶液。

　　4. 纳米 ZnO 的光催化活性

　　1）不同用量的 ZnO 对甲基橙的降解效果

　　取 5 个表面皿,分别标号 1、2、3、4、5。均加入 10 mL 甲基橙溶液,2～5 号分别加 0.01 g、0.02 g、0.07 g、0.15 g 20%过氧化氢水溶液电解得到的 ZnO。光照前测 1 号样的紫外光谱,光照 0.5 h、1 h、2 h 后分别测其紫外光谱。

　　2）不同制备条件的 ZnO 对甲基橙的降解效果

　　取 3 个表面皿分别标号 6、7、8。均加入 50 mL 甲基橙溶液。1 号表面皿中加入 0.025 g 5%过氧化氢水溶液制备的 ZnO,2 号表面皿中加入 10%过氧化氢水溶液制备的 ZnO 3 号表面皿中加入常压过滤 ZnO 时滤液中的胶体。光照 30 min 后,分别测其紫外光谱。

【数据处理】

　　(1) 纳米 ZnO 电化学制备的产率计算。

　　(2) 纳米 ZnO 粉体的表征:利用 XRD 等仪器对产品的形貌和晶形进行表征,对微粒尺寸进行评估。

　　(3) 利用紫外可见光谱分别分析不同的制备条件、不同纳米 ZnO 的用量和不同的光照时间对染料降解的影响。

【思考题】

　　(1) 何谓纳米材料? 纳米材料的制备方法有哪些? 各自有何特点?

（2）本实验中影响纳米颗粒大小的因素有哪些？

（3）试分析 ZnO 降解甲基橙染料水溶液的机理。

（4）为什么要严格清洗衬底导电玻璃？

（5）为什么配置 0.1 mol/L 硝酸锌溶液？溶液浓度过高或过低对实验结果分别有什么影响？

（6）思考掺杂不同的金属元素对纳米 ZnO 结构以及性质会产生什么影响？

（7）你认为本实验有哪些可以改进的地方？

【拓展文献】

[1] 何双虎. 电化学法制备 ZnO 纳米结构及其性能研究[D]. 上海：上海交通大学，2010.

[2] 孟阿兰，蔺玉胜，王光信. ZnO 纳米线的电化学制备研究[J]. 无机化学学报，2005，21(4)：583-588.

[3] 李鹏，邵玉田，楼莹，等. 微/纳米多孔氧化锌薄膜的电化学制备及其光催化性能[J]. 中国有色金属学报，2009，19(9)：1649-1657.

[4] 钟己未，万益群. 纳米氧化锌光催化降解有机染料性能的研究[J]. 分析试验室，2006，25(12)：30-34.

[5] 苏碧桃，胡常林，左显维，等. 纳米氧化锌在制备及在太阳光下的光催化性能[J]. 无机化学学报，2010，26(1)：96-100.

[6] 赵士超. H_2O_2 溶液反应法制备纳米氧化锌颗粒及表征[D]. 杭州：浙江大学，2006.

[7] 李秀艳，刘平安. 纳米 ZnO 光催化降解甲基橙研究[J]. 分析测试学报，2007，26(1)：38-41.

[8] 尚汴卿，陆兆仁，袁琴华. 纳米氧化锌晶体的制备与光催化性质[J]. 东华大学学报（自然科学版），2004，30(5)：29-33.

实验 3.23　常见植物性中药中微量金属元素和有效成分含量的测定

【实验目的】

（1）了解植物性中药的生理形态和药用价值。

（2）利用分析化学的方法，分析植物性中药中重要的金属离子和有机物质的含量。

（3）掌握原子分光光度法、紫外吸收光谱法的应用。

【实验原理】

中医中药是我国的宝贵财富，它在防病治病、延年益寿方面发挥着重要作用。长期以来，对中药有效成分——有机物已做过许多深入的研究。随着微量元素与健康关系的研究日益被重视，研究无机化合物与生物功能的生物无机化学的发展，人们开始注意中药中的无机成分，特别是对微量元素的生理活性研究，用各种手段测定中药中的无机成分。中药中的金属元素研究是中医中药现代化课题之一。

很多金属离子不仅是人体的正常发育所必需的，还对人体的其他生命活动起着重要的作用。如铁、铜、锌、钴、钼等在许多生物大分子——核酸、蛋白质、酶、激素、维生素等中具有特异的生理功能,且为细胞正常生理代谢所必需,也是人体新陈代谢的催化剂。这些元素的过多或缺少都会引起人体病患,而这些病患大体上亦可用螯合剂或替代法加以治疗。

要测定植物性中药中的微量元素,在一定程度上要归功于微量元素分析测定方法的不断进步。植物性中药中的微量元素的测定,要求测试分析方法的灵敏度高、选择性好,分析速度快、简单且成本低,测定范围广并具有同时测定多种元素的能力。

本实验选取学校周边常见的蒲公英、小蓟、牵牛花、野菊花等为分析样品,进行金属元素含量分析和有机组分分析。

【仪器与试剂】

1. 仪器

NOVA350 型原子吸收分光光度计,无油空气压缩机,乙炔钢瓶,移液管,容量瓶;Tu-1901 型紫外-可见分光光度计,玻璃和石英比色皿;普通漏斗,研钵,电子天平,量筒,烧杯,索氏提取器。

2. 试剂

乙醇(AR),浓 HNO_3 溶液($6\,mol\cdot L^{-1}$, AR), Fe^{2+} 标准溶液($1\,g\cdot L^{-1}$, AR), Zn^{2+} 标准溶液($1\,g\cdot L^{-1}$, AR),去离子水。

【实验步骤】

1. 采样

在校园周边挖取小蓟、蒲公英、牵牛花、野菊花等的全株,放入带有隔板的盒中,阴凉通风处干燥一星期。

2. 样品烘干

取已经半干的样品植株,剪刀剪碎,置于培养皿中。将培养皿放入烘箱,100℃下烘干1h,取出样品。将样品置于研钵中研磨至粉末状,装入一次性样品袋中,封口并写好标签,称重后备用。

3. 样品溶液的配置

所有的样品都须经过酸的消解处理、纯水提取和乙醇浸提处理,以上操作在通风橱中进行。

4. 样品分析

(1) 原子吸光光度法测定微量元素含量。在测定元素含量前要对待测溶液进行过滤,然后根据测定元素配制标准溶液进行元素分析。

(2) 紫外光谱的测定。分别对水提和醇提物进行紫外可见光谱分析。

(3) 液相色谱分析。有条件的可以对水提和醇提物进行液相色谱分析。

【数据处理】

(1) 记录原子吸收光谱,分析各种不同中药的微量元素含量,并与药典进行比较,分析其误差来源。

(2) 紫外吸光光度法定性分析,通过测得的谱图分析其大致的有效成分。

(3) 通过液相色谱图,分析各种中药的有效成分含量,与文献值进行比较。

【思考题】

(1) 不同时间采摘的中药的金属微量元素的含量有何不同？为什么？

(2) 通过酸消解和水提取的溶液中,微量元素为何有较大的不同？这对于平时中药服用有何参考意义？

(3) 通过查阅文献,不同种类中药的有效成分有何不同？这与它们的功效有何联系？

【拓展文献】

[1] 王刚,陈建荣,林炳承.中药中微量元素的测定的研究进展[J].药物分析杂志,2002,22(2):151-155.

[2] 祁嘉义.临床元素化学[M].北京:化学工业出版社,2003.

[3] 廖华军,郭素华.原子吸收光谱在分析中药微量元素中的应用[J].福建分析测试,2004,13(1):1927-1930.

[4] 邹盛勤.桑叶中微量元素的测定分析[J].广东微量元素科学,2004,11(1):22-24.

[5] 杨自军,郭社峡.八十种中药微量元素基础值分析[J].中兽医学杂志,1997,5(3):36-38.

[6] 周本宏,刘怀香,罗顺香,等.常用明目中药中微量元素的分析[J].药品检测,1998,13(2):112-113.

[7] 罗岳北.紫外分光光度法测定蒲公英中的总有机酸的含量[J].科协论坛,TQ03-3.

[8] 张才煜,孙权,刘敬阁.不同地区蒲公英中咖啡酸的含量测定[J].中国中药杂志,2006,31(9):1008-1009.

实验 3.24　荧光分析法测定铝

【实验目的】

(1) 掌握铝的荧光测定方法,以及荧光测量、萃取等基本操作。

(2) 了解荧光光度计结构、性能及使用方法。

【实验原理】

荧光分析法是一种先进的分析方法,相对于电子探针法、质谱法、光谱法等而言,其适用范围与普及范围更加广泛,并且荧光分析法所用的设备更加简单,操作更加简易。

荧光分析法是借助紫外光照使物质处于激发状态,激发态的分子在经历碰撞或发射的过程后,会反映出该物质独有的荧光,根据荧光的强度可以进行定性或定量分析。如果物质本身不具有发射荧光的能力,可以采用添加介质的方式使其发生化学反应,进而转化为能够发射荧光的物质。

铝离子能与许多有机试剂形成会发光的荧光配合物,其中,8-羟基喹啉是较常用的试剂,它与铝离子生成的配合物能被氯仿萃取,萃取液在 365 nm 紫外光照射下,会产生荧光,峰值波长在 530 nm 处,以此建立铝的荧光测定方法。其测定范围为 $0.002 \sim 0.24\ \mu g \cdot mL^{-1}$。$Ga^{3+}$ 及 In^{3+} 会与该试剂形成会发光的荧光配合物,应加以校正。存在大量的 Fe^{3+}、Ti^{4+}、VO^{3-} 会使荧光强度降低,应加以分离。

实验使用标准硫酸奎宁溶液作为荧光强度的基准。

【仪器与试剂】

1. 仪器

荧光光度计(附液槽一对,滤光片一盒),玻璃器皿一套。

2. 试剂

$1.000\,g \cdot L^{-1}$ 铝标准贮备液:溶解 $17.57\,g$ 硫酸铝钾$[Al_2(SO_4)_3 \cdot K_2SO_4 \cdot 24H_2O]$于水中,滴加 1:1 硫酸至溶液清澈,移至 1 L 容量瓶中,用水稀释至刻度,摇匀;

$2.00\,\mu g \cdot mL^{-1}$ 铝标准工作液:取 2.00 mL 铝的贮备液于 1 L 容量瓶中,用水稀释至刻度,摇匀;

2% 8-羟基喹啉溶液:溶解 2 g 8-羟基喹啉于 6 mL 冰醋酸中,用水稀释至 100 mL;

缓冲溶液:每升含 NH_4Ac 200 g 及浓 $NH_3 \cdot H_2O$ 70 mL;

$50.0\,\mu g \cdot mL^{-1}$ 标准奎宁溶液:0.500 g 奎宁硫酸盐溶液溶解在 1 L $2\,mol \cdot L^{-1}$ 硫酸溶液中,再取此溶液 10 mL,用 $2\,mol \cdot L^{-1}$ 硫酸稀释到 100 mL。

【实验步骤】

1. 系列标准溶液的配制

取 6 个 125 mL 分液漏斗,各加入 40~50 mL 水,分别加入 0 mL、1.00 mL、2.00 mL、3.00 mL、4.00 mL、5.00 mL $2.00\,\mu g \cdot mL^{-1}$ 铝的工作标准液。沿壁加入 2 mL 2% 8-羟基喹啉溶液和 2 mL 缓冲溶液至以上各分液漏斗中。每个溶液均用 20 mL 氯仿萃取 2 次。萃取的氯仿溶液通过脱脂棉滤入 50 mL 容量瓶中,并用少量氯仿洗涤脱脂棉,用氯仿稀释至刻度,摇匀。

2. 荧光强度的测量

仪器选用测量条件:激发波长为 365 nm,激发与发射狭缝均为 10 nm;扫描速度为 500 rim/rain。在 530 nm 波长处利用荧光分光光度计进行荧光强度的测量,用标准奎宁溶液调节荧光强度读数为 100,然后在荧光分光光度计上分别测量系列标准溶液各自的荧光强度。

3. 未知试液的测定

取一定体积未知试液,按步骤 1、2 处理并测量。

4. 曲线的绘制

(1) 记录系列标准溶液的荧光强度,并绘出标准曲线。

(2) 记录未知试样的荧光强度,由标准曲线求得未知试样的铝浓度。

【思考题】

(1) 标准奎宁溶液的作用是什么? 如不用标准奎宁溶液,测量应如何进行?

(2) 如果样品中含有其他金属离子(如 Pb^{2+}、Fe^{3+}),对测定是否有干扰?

【拓展文献】

[1] 温和瑞,陈荣三. 荧光分析法测定细胞内金属离子[J]. 分析科学学报,1999,15(5):430-436.

[2] 马登磊,邵建群,何深知. 荧光分析法测定元宝枫叶中总黄酮含量的研究[J]. 首都医科大学学报,2014,

35(1):113-117.

[3] 刘一蓓. 荧光分析法测定土壤中的微量铅[J]. 云南化工,2020,47(7):69-71.

实验 3.25   维蒂希反应——1,4-二苯基-1,3-丁二烯的合成

【实验目的】

通过三苯基苄基氯化磷和1,4-二苯基-1,3-丁二烯的合成,熟悉魏悌希试剂的制备方法及利用魏悌希反应合成烯烃的一般实验方法。

【实验原理】

1954年,德国有机化学家维蒂希(Wittig)等在研究工作中发现,许多亚甲基化三苯基膦叶立德(ylide)可以和多种醛、酮反应,经过内磷盐中间体,最后得到烯烃和三苯基氧膦。

$$
\underset{R^4}{\overset{R^3}{>}}C=O + Ph_3P=\underset{R^2}{\overset{R^1}{<}}C \longrightarrow \underset{R^4}{\overset{R^3}{>}}C=\underset{R^2}{\overset{R^1}{<}}C + Ph_3PO
$$

由此得到一个把羰基化合物变成烯烃的通用方法,这一方法称为维蒂希反应。

与消除法和裂解法合成烯烃相比,维蒂希反应具有以下优点。

(1) 立体专一性强,可以得到指定结构的烯烃,甚至在与 α,β-不饱和醛酮反应时也很少发生双键移动现象。

(2) 该反应于弱碱介质中,在室温或稍高于室温的条件下进行,反应条件温和,故一些对酸或高温敏感的醛、酮、烯等都可以参加反应。

(3) 可以使用一些含有羟基、醚、炔等官能团的醛或酮与膦(ylide)反应,生成相应的烯烃,而不受影响。

由于维蒂希反应具有以上特点,所以,它已被广泛应用于天然有机物及其他结构复杂的烯烃化合物的合成中,成为最重要的有机合成反应之一。

维蒂希反应也存在一些不足之处,如某些含有吸电子基团的内鎓盐比较稳定,它们与酮类反应时产率很低。为此,改进的维蒂希反应是利用亚磷酸酯与卤代物发生阿尔布佐夫(Arbuzov)重排,生成的磷酸酯在强碱介质中形成负碳离子,其活性很强,可发生正常的维蒂希反应。

$$
(C_2H_5O)_3P \xrightarrow{BrCH_2CO_2Et} \left[(EtO)_2\overset{\oplus}{P}\!\!-\!\!\overset{OEtBr^{\ominus}}{\underset{}{CHCHO_2Et}} \right] \longrightarrow (EtO)_2\overset{\overset{O}{\parallel}}{P}\!\!-\!\!CH_2CO_2Et
$$

$$
\xrightarrow{NaOH/MeOCH_2CH_2OMe} (EtO)_2\overset{\overset{O}{\parallel}}{\underset{\oplus}{P}}\!\!-\!\!\overset{\ominus}{CHCO_2Et} + \text{环己酮} \longrightarrow \text{环己烯}=CHCO_2Et
$$

当吸电子基团存在于内鎓盐中时,形成较稳定的内鏻盐,故该反应由热力学因素控制,当使用非极性溶剂时,得到的产物是较稳定的反式异构体。若内鎓盐分子中不存在吸电子

基因,或稳定的内鎓盐在反应时改变反应条件,使用质子性溶剂,或在锂盐存在下,则可得到较高产率的顺式烯烃,此时该反应由动力学控制。

维蒂希反应一般分以下几步进行。

(1) 季鏻盐的制备:

$$Ph_3P + \overset{R^1}{\underset{R^2}{\diagdown}} CHX \longrightarrow Ph_3\overset{\oplus}{P}-\overset{H}{\underset{R^2}{\overset{|}{C}}}\overset{R^1}{\underset{}{\diagup}} \cdot \overset{\ominus}{X}$$

(2) 维蒂希试剂的制备:

$$Ph_3\overset{\oplus}{P}-\overset{H}{\underset{R^2}{\overset{|}{C}}}\overset{R^1}{\underset{}{\diagup}} \cdot \overset{\ominus}{X} \xrightarrow[-HX]{B} Ph_3P=\overset{R^1}{\underset{R^2}{C}}$$

反应中所用碱一般为苯基锂或丁基锂,也可以用氢化钠、三苯甲基钠、乙炔钠、六氢吡啶化锂等,有时也用氨基钠在液氨中进行反应。近期由于相转移技术的使用,使维蒂希反应也可在水介质中,以氢氧化钠为碱进行。其反应溶剂一般为乙醚、苯、四氢呋喃、二甲基甲酰胺等,当采用氢化钠进行反应时,通常用二甲基亚砜做溶剂。

在羰基化合物存在下,为使季鏻盐转化为亚甲基化膦后立即发生维蒂希反应,常用醇钠(钾,锂)为碱,溶剂则选用醇。

亚甲基膦有下列两种互变异构体:

$$Ph_3\overset{\oplus}{P}-\overset{\ominus}{\underset{R^2}{\overset{|}{C}}}\overset{R^1}{\underset{}{\diagup}} \Longrightarrow Ph_3P=\overset{R^1}{\underset{R^2}{C}}$$

当它与羰基化合物反应时,其活性决定于它的亲核性,即决定于 α-碳原子的电负性。当 R^1、R^2 是氢或烷基时,这些亚甲基化膦很活泼。在制备这一类亚甲基化膦时,要在惰性气体保护下,防止空气中的氧和水汽侵入,反应介质也要干燥,并且不能含酸。当 R^1 和 R^2 为拉电子基团时,则其亲核性弱,比较稳定,同时其反应性能也随着吸电子能力的加大而降低,为此可使用改良的维蒂希试剂磷酸酯代替季鏻盐。当 R^1 和 R^2 均为苯基时,它与水、醇、酸均不反应,也不能和羰基化合物起维蒂希反应。

(3) 维蒂希反应

亚甲基化三苯基膦和羰基化合物的反应是亲核的亚甲基碳原子作用于亲电的羰基原子,经过内盐阶段形成四元环过渡态,再分解成三苯氧膦:

$$Ph_3P=\overset{\overset{R^1}{|}}{C}-R^2 \quad \longrightarrow \quad \begin{matrix} Ph_3\overset{\oplus}{P}-\overset{\overset{R^1}{|}}{\underset{}{C}}-R^2 \\ \overset{\ominus}{O}-\overset{\overset{|}{C}}{\underset{R^4}{}}-R^3 \end{matrix} \quad \longrightarrow \quad \begin{matrix} Ph_3P-\overset{\overset{R^1}{|}}{\underset{}{C}}-R^2 \\ O-\overset{\overset{|}{C}}{\underset{R^4}{}}-R^3 \end{matrix}$$

$$\longrightarrow \quad Ph_3PO + \overset{R^1}{\underset{R^2}{\diagup}}C=C\overset{R^3}{\underset{R^4}{\diagdown}}$$

在形成四元环过渡态时,R^1、R^2中较大的基团和 R^3、R^4 中较大的基团由于空间阻碍而处于四元环平面的两侧,因此,在分解为烯时,通常以反式化合物为主。

【仪器与试剂】

1. 仪器

红外光谱仪,核磁共振氢谱仪。

2. 试剂

氯化苄,三苯基膦,二甲苯,无水乙醇,三苯基苄基氯化鳞,肉桂醛,金属钠,95%乙醇,环己烷。

【实验步骤】

1. 三苯基苄基氯化鳞的制备

反应方程式如下:

$$PPh_3 + PhCH_2Cl \longrightarrow Ph_3\overset{\oplus}{P}CH_2Ph\overset{\ominus}{Cl}$$

在 250 mL 三颈圆底烧瓶中加入 6.6 g(0.052 mol)氯化苄、18.4 g(0.07 mol)三苯基膦和 100 mL 二甲苯,开动搅拌器,加热,回流 6～12 h。反应结束后,当反应物冷却至 60℃时,即可见有鳞盐析出,反应物冷却至室温后,抽滤,并用 30 mL 二甲苯洗涤得到白色结晶固体。可在红外灯下烘干,称重,并计算产率。纯品三苯基苄基氯化鳞的熔点大于 300℃。

2. 1,4-二苯基-1,3-丁二烯的合成

反应方程式如下:

$$Ph—CH = CH—CHO + [Ph_3PCH_2Ph]^{\oplus} \ Cl^{\ominus} \xrightarrow[C_2H_5OH]{C_2H_5ONa}$$

$$Ph—CH = CH—CH = CH—Ph + Ph_3P = O$$

在 500 mL 三颈圆底烧瓶中加入 40 mL 无水乙醇、11.2 g(0.03 mol)三苯基苄基氯化鳞和 4.1 g(0.03 mol)肉桂醛。开动搅拌器使反应物混合均匀,在搅拌下逐滴加入 1.2 g 金属钠与 150 mL 无水乙醇形成的乙醇钠溶液。观察反应液的颜色变化。再将反应混合物放置 0.5 h 后,加入 140 mL 水,有固体产物出现,抽滤,用 60%乙醇(用 95%乙醇配制)洗涤产物。用环己烷重结晶后可得无色鳞片状结晶。称重,计算产率,测定红外光谱和核磁共振谱,并与 1,4-二苯基-1,3-丁二烯的已知谱图对比。解析谱图,指出主要吸收带的归属。纯品 1,4-二苯基-1,3-丁二烯的熔点为 152℃。

【思考题】

(1) 利用维蒂希反应制备烯烃的优点是什么?

(2) 请简述金属钠的作用。

【拓展文献】

[1] 李仲杰. 对 Wittig 法合成 1,4-二苯基-1,3-丁二烯教学实验的探讨[J]. 化学教育,1983(5):44-45.

[2] 黄永明,吕银祥,黄月芳,等. 1,4-二苯基-2-二茂铁基-1,3-丁二烯的合成研究[J]. 复旦学报(自然科学版),2001(4):434-435.

实验 3.26　贝诺酯的合成

【实验目的】

(1) 了解拼合原理在药物化学中的应用,了解酯化反应在药物化学结构修饰中的应用。
(2) 通过乙酰水杨酰氯的制备,了解氯化制备的选择及操作中的注意事项。
(3) 熟悉酯化反应的方法,掌握无水操作的技能。
(4) 掌握反应中有害气体的吸收方法。

【实验原理】

贝诺酯(Benorilate)又名扑炎痛、苯乐来、解热安,化学名为 2-乙酰氧基苯甲酸-乙酰胺基苯酯,化学结构式为

贝诺酯为白色结晶性粉末,无臭无味,熔点为 174～178℃,不溶于水,微溶于乙醇,溶于氯仿、丙酮。贝诺酯为一种新型解热镇痛抗炎药,临床上主要用于治疗风湿类积累风湿性骨关节炎、神经痛、头痛、感冒引起的中度疼痛等。

贝诺酯由阿司匹林和对乙酰氨基酚(扑热息痛)经拼合原理制成。本品经口服进入体内后,经酯酶作用,释放出阿司匹林和扑热息痛而产生药效。本品既有阿司匹林的解热镇痛抗炎作用,又保持了扑热息痛的解热作用。其体内分解不在胃肠道中进行,因此克服了阿司匹林对胃肠道的刺激,克服了阿司匹林用于抗炎引起胃痛、胃出血、胃溃疡等缺点。

1. 阿司匹林的合成

阿司匹林(化学名为 2-乙酰氧基苯甲酸)为解热镇痛药物,常用于治疗伤风、感冒、头痛、发烧、神经痛、关节痛及风湿痛等。近年来,又证明它具备抑制血小板凝聚的作用,其治疗范围进一步扩大到预防血栓形成和治疗心血管疾病。阿司匹林为白色针状或板状结晶,熔点为 135～140℃,易溶于乙醇,可溶于三氯甲烷、乙醚,微溶于水。其化学结构式为

合成路线如下:

在反应过程中,阿司匹林会自身缩合,形成一种聚合物,可在后边的精制过程中除去。

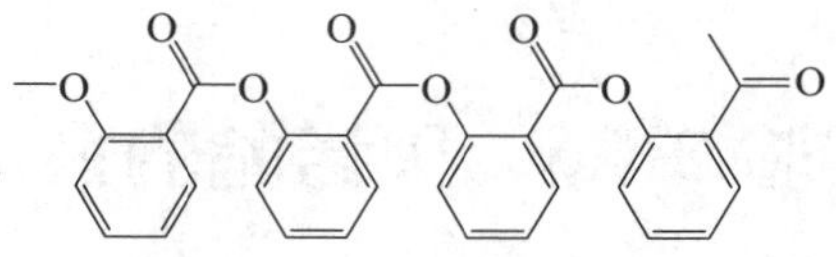

聚合物

2. 贝诺酯的合成

贝诺酯是由阿司匹林和对乙酰氨基酚(扑热息痛)经拼合原理制成,它既保留了原药的解热镇痛功能,又减少了原药的毒副作用,并有协同作用。化学结构式为

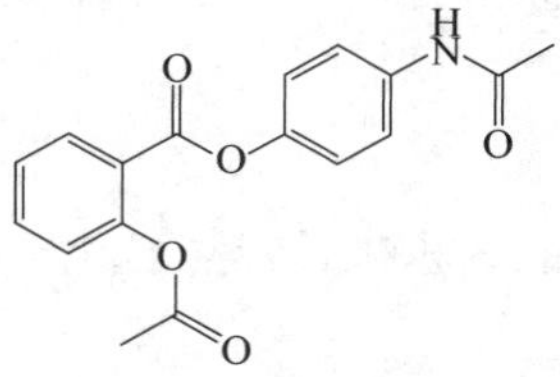

合成路线如下:

1) 乙酰水杨酸氯的制备

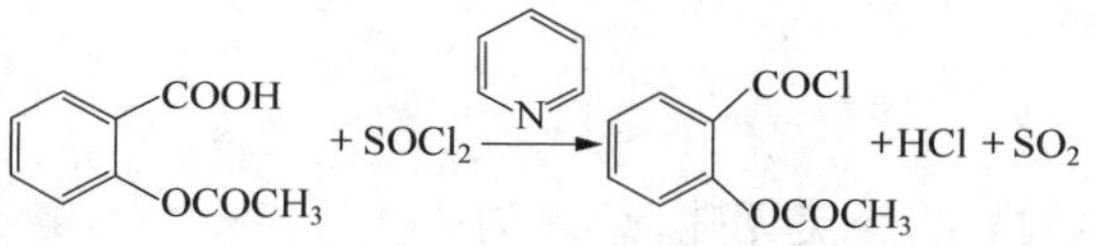

2) 扑热息痛的中和

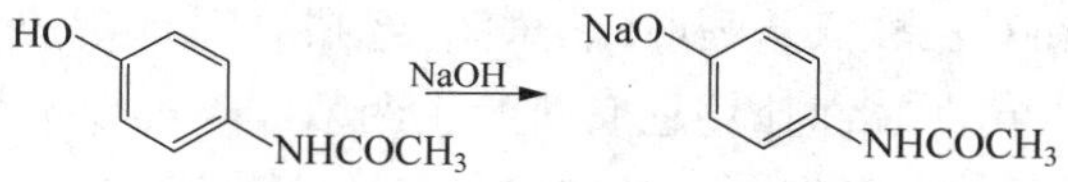

3) 酯化拼合

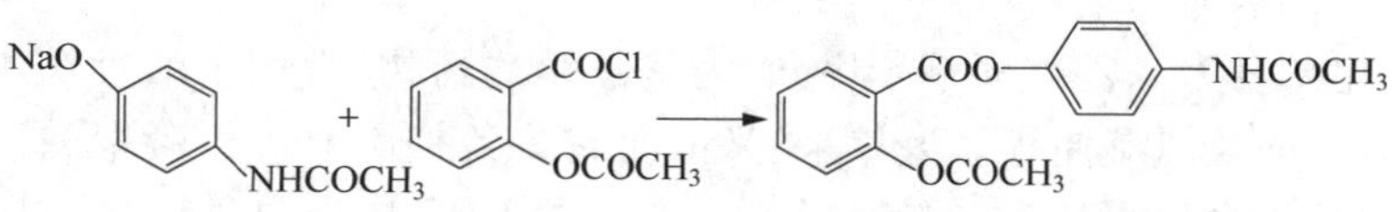

【仪器与试剂】

1. 仪器

三颈烧瓶,烧杯,锥形瓶,圆底烧瓶。

2. 试剂

水杨酸,醋酐,乙酸乙酯,浓硫酸,浓盐酸,碳酸氢钠溶液,氯化亚砜,吡啶,扑热息痛,氢氧化钠,丙酮。

【实验步骤】

1. 阿司匹林的合成

1）酯化

在装有搅拌棒及球形冷凝器的 100 mL 三颈烧瓶中，依次加入水杨酸 10 g、醋酐 25 mL、浓硫酸 5 滴。开动搅拌机，置于油浴加热，待浴温升至 85～90℃时，维持反应 10 min。停止搅拌，稍冷，将反应液倒入 150 mL 冷水中，至阿司匹林全部析出。抽滤，用少量冰水洗涤，压干，得阿司匹林粗品。

2）精制

将粗品置于有球形冷凝器的 150 mL 烧杯中，加入饱和的碳酸氢钠溶液 125 mL，搅拌到没有气体放出为止。真空抽滤除去不溶物，并用少量水洗涤。另取 150 mL 烧杯 1 只，放入浓盐酸 17 mL、水 50 mL，将得到的滤液慢慢地分多次倒入烧杯中。析出白色晶体，将烧杯放入冰水浴中冷却，待结晶完全析出后，抽滤，用少量冷水洗涤，压干，得阿司匹林粗品。

将得到的阿司匹林粗品放入 25 mL 锥形瓶中，放入少量的热的醋酸乙酯（不超过 15 mL）缓缓地加热直至固体全部溶解，冷却至室温，抽滤得阿司匹林精品。置于红外灯下干燥（干燥温度不能超过 60℃），计算收率。

3）测试

对所得的阿司匹林进行核磁共振谱、红外光谱表征。

2. 贝诺酯的合成

1）乙酰水杨酸酰氯的制备

在干燥的 100 mL 圆底烧瓶中，依次加入吡啶 2 滴、阿司匹林 10 g、氯化亚砜 5.5 mL。之后迅速接上球形冷凝器（顶端附有氯化钙干燥管，干燥管连接导气管，导气管另一端通到水池），置于油浴锅上慢慢加热至 75℃（用时 10～15 min），维持油浴温度在 70～75℃反应至无气体放出。然后冷却，加入无水丙酮 10 mL，将反应液倒入干燥的 100 mL 滴液漏斗中，混合均匀，密封备用。

2）贝诺酯的制备

在装有搅拌棒和温度计的 250 mL 三颈烧瓶中，加入对乙酰氨基酚 10 g、水 50 mL。在冰水浴中冷至 10℃左右，在搅拌下滴加氢氧化钠溶液（氢氧化钠 3.6 g 加 20 mL 水配成，用滴管滴加）。滴加完毕后，在 8～12℃、强烈搅拌下，慢慢滴加上一步制得的乙酰水杨酰氯的丙酮溶液（20 min 左右滴完）。滴加完毕，调至 pH≥10，控制温度在 8～12℃之间继续搅拌反应 60 min，抽滤，水洗至中性，得粗品，计算收率。

3）精制

取粗品 5 g 置于装有球形冷凝管的 100 mL 圆底烧瓶中，加入 10 倍量的 95％乙醇，在水浴上加热溶解。稍冷，加活性炭脱色，加热回流 30 min，趁热抽滤，将滤液趁热转移至烧杯中，自然冷却，待结晶完全析出后，抽滤，压干。用少量乙醇洗涤两次（母液回收），压干，测熔点，计算收率。

4）测试

对精制的贝诺酯进行核磁共振、红外谱图表征。

【实验指导】

1. 阿司匹林的合成

(1) 要注意,不要让水蒸气进入锥形瓶中,以防止酸酐和生成的阿司匹林水解。

(2) 倘若在冷却过程中阿司匹林没有从反应液中析出,可用玻璃棒或不锈钢刮勺轻轻摩擦锥形瓶的内壁,也可同时将锥形瓶放入冰浴中冷却促使结晶生成。

(3) 加水时要注意,一定要等结晶充分形成后才能加入水。加水时要慢慢加入,会有放热现象,甚至会使溶液沸腾。反应会产生醋酸蒸气,须小心,最好在通风橱中进行。

(4) 当碳酸氢钠溶液加到阿司匹林中时,会产生大量的气泡,注意分批少量地加,边加边搅拌,以防气泡产生过多引起溶液外溢。

(5) 如果将滤液加入盐酸后,仍没有固体析出,测一下溶液的 pH 值是否呈酸性,如果不是再补加盐酸至溶液 pH 值为 2 左右,会有固体析出。

(6) 此时应有阿司匹林从醋酸乙酯中析出。若没有固体析出,可加热将醋酸乙酯挥发掉一些,再冷却,重复操作。

2. 贝诺酯的合成

(1) 本反应是无水操作,所用仪器必须事先干燥,这是关系到本实验能否成功的关键。在酰氯化反应中,氯化亚砜作用后,会放出氯化氢和二氧化硫气体,刺激性、腐蚀性较强,若不被吸收,会污染空气,损害健康,故应用碱液吸收。

(2) 为了便于搅拌,观察内温,使反应更趋完全,可适当增加氯化亚砜用量至 6~7 mL。

(3) 吡啶仅起催化作用,不得过多,否则影响产品的质量和产量。

(4) 在反应过程中,注意控制反应温度在 70~75℃ 为佳,不宜超过 80℃。反应温度太低,不利于反应进行,温度太高氯化亚砜易挥发。

(5) 在减压蒸除氯化亚砜时应注意观察,防止水泵压力变化引起水倒吸。若发现水倒吸进接收瓶,应立即将接收瓶取下,放入水槽中用大量水冲洗稀释。切勿将接收瓶密塞。因为氯化亚砜见水后会解放出大量氯化氢气体:

$$SOCl_2 + H_2O \longrightarrow 2HCl\uparrow + SO_2\uparrow$$

【思考题】

(1) 向反应液中加入少量浓硫酸的目的是什么? 是否可以不加? 为什么?

(2) 本反应可能发生哪些副反应? 有哪些副产物?

(3) 精制阿司匹林选择溶剂的依据是什么原理? 为何滤液要自然冷却?

(4) 乙酰水杨酰氯的制备操作时应该注意什么?

(5) 贝诺酯的制备为什么要采用先制备乙酰氨基酚钠,再与乙酰水杨酰氯进行酯化?

(6) 通过本实验说明酯化反应在结构修饰上的意义。

(7) 扑热息痛生成钠盐反应采用低温的原因是什么?

【拓展文献】

[1] 耿洪业,王少华.实用治疗药物学[M].北京:人民卫生出版社,1997:356.

［2］王文静,吕玮,卢泽.贝诺酯的合成［J］.河南大学学报:医学版,2006,25(1):39-42.

［3］尤启东.药物化学实验与指导［M］.北京:中国医药科技出版社,2000,2:111-113.

［4］武艺煊.扑炎痛合成条件优化［J］.当代化工研究,2018(7):171-172.

［5］李晓媛.扑炎痛的合成研究［J］.化工管理,2014(14):122.

［6］马艳.扑炎痛合成工艺优化［J］.化工时刊,2014,28(3):19-20.

实验 3.27　聚合硫酸铁的制备

【实验目的】

（1）掌握制备聚合硫酸铁的基本操作。

（2）了解制备聚合硫酸铁的基本原理。

（3）掌握比重计、恒温槽、酸度计、黏度计和微量滴定管等仪器的使用方法。

【实验原理】

聚合硫酸铁简称聚铁,英文缩写为 PFS,又称羟基硫酸铁,通式为

$$[\text{Fe}_2(\text{OH})_n(\text{SO}_4)_{3-\frac{n}{2}}]_m \ (n > 2, \ m \leqslant 10)$$

聚合硫酸铁是一种无机高分子净水剂,有很强的絮凝和沉降能力。PFS 无毒,可作为饮用水和工业污水的净化处理剂。

以 $\text{FeSO}_4 \cdot 7\text{H}_2\text{O}$ 为原料,在适当的条件下,用 H_2O_2 作氧化剂将 Fe^{2+} 氧化为 Fe^{3+},控制一定条件,使 Fe^{3+} 先生成水合硫酸铁,再生成碱式硫酸铁,最后经水解、聚合作用生成 PFS。基本反应如下:

$$2\text{Fe}^{2+} + 2\text{H}^+ + \text{H}_2\text{O}_2 \Longrightarrow 2\text{Fe}^{3+} + 3\text{H}_2\text{O}$$

$$\text{Fe}^{3+} + 6\text{H}_2\text{O} \Longrightarrow [\text{Fe}(\text{H}_2\text{O})_6]^{3+}$$

$$[\text{Fe}(\text{H}_2\text{O})_6]^{3+} \underset{}{\overset{-\text{H}^+}{\Longrightarrow}} [\text{Fe}(\text{OH})(\text{H}_2\text{O})_5]^{2+} \underset{}{\overset{-\text{H}^+}{\Longrightarrow}} [\text{Fe}(\text{OH})_2(\text{H}_2\text{O})_4]^+$$

$$\underset{}{\overset{-\text{H}^+}{\Longrightarrow}} \cdots\cdots \underset{}{\overset{-\text{H}^+}{\Longrightarrow}} [\text{Fe}_2(\text{OH})_n(\text{SO}_4)_{3-\frac{n}{2}}]_m \cdot x\text{H}_2\text{O}$$

【仪器与试剂】

1. 仪器

三颈烧瓶(250 mL),温度计套管,温度计,量筒(100 mL,250 mL),pHS-2 型酸度计,电热恒温水浴锅,滴液漏斗(100 mL),电动搅拌器,搅拌棒,电热恒温干燥箱,蒸发皿,表面皿,微量酸式滴定管,紫外-可见分光光度计,锥形瓶(50 mL),电炉,比重计,黏度计。

2. 试剂

$\text{FeSO}_4 \cdot 7\text{H}_2\text{O}$(s),二苯胺磺酸钠(0.2%),$\text{H}_3\text{PO}_4$(浓),$\text{H}_2\text{SO}_4$(浓),$\text{H}_2\text{O}_2$(15%),$\text{K}_2\text{Cr}_2\text{O}_7$(0.120 0 mol · L^{-1}),盐酸羟胺,醋酸钠,邻二氮菲(s),污水。

【实验步骤】

1. 聚合硫酸铁的制备

(1) 用托盘天平称取 30 g 硫酸亚铁放入 250 mL 三颈烧瓶中,加入 50 mL 蒸馏水、2 滴浓 H_2SO_4,于 40~50℃下加热使之完全溶解,整个溶液呈绿色(瓶底有少量棕黄色不溶物,不影响操作)。

(2) 用移液管移取 1 mL 上述溶液于 50 mL 锥形瓶中,依次加入 14 mL 蒸馏水、2 滴 0.2% 二苯磺酸钠、2 mL 浓 H_3PO_4,迅速用 0.120 0 mol·L^{-1} $K_2Cr_2O_7$ 溶液滴定至溶液呈紫色且 30 s 内不褪色,计算原溶液中 Fe^{2+} 的浓度。

(3) 用 pHS-2 型酸度计测定溶液 pH 值,求溶液中 H^+ 的浓度

(4) 用 $FeSO_4·7H_2O$ 或浓 H_2SO_4 调整溶液中 $[H^+]/[Fe^{2+}]=0.35~0.45$。

(5) 按图 3.27.1 连接装置。保持反应温度为 70~80℃,在充分搅拌下慢慢加入 7.6 mL 15% 的 H_2O_2(15 s 加一滴),滴定完毕,要在加热与搅拌下继续反应 15 min,得到深红棕色液体,即为液态聚合硫酸铁。

(6) 自然降温到室温,将溶液倾入蒸发皿中(沉淀弃去),加热蒸发后浓缩。其间要不断搅拌,当溶液变稠时,改用小火加热,直至溶液非常黏稠而搅拌困难为止。将此黏稠物连同搅拌棒一起置于恒温干燥箱中,在 105℃下烘 30 min,取出。将半干的产品转移至已知质量的表面皿中,继续在 105℃下烘 45 min 左右,使其完全干燥,即得灰黄色固体 PFS。取出已干燥的产品冷却后称重,计算产率

图 3.27.1 反应装置示意图

2. PFS 的性质测定实验

(1) 絮凝作用。取黄豆粒大小的产品加入盛 100 mL 左右的污水杯中振荡,观察其絮凝和沉降能力。若溶液有红棕色,说明 PFS 放多了。

(2) 密度的测定。将若干组同学的产品合并在一起凑足 40 g,用 100 mL 蒸馏水溶解,转移至 100 mL 量筒中测定其密度。

(3) PFS 中 Fe^{2+} 含量的测定。学生自己设计方案测定 Fe^{2+} 含量(可以用滴定法也可以用仪器分析法)。

【实验指导】

(1) 在酸性溶液中 Fe^{3+} 为黄色,对终点观察有干扰。因此要加入 H_3PO_4,H_3PO_4 与 Fe^{3+} 可生成无色配合物 $Fe(HPO_4)_2$,可以消除 Fe^{3+} 的影响,同时降低 $\varphi_{Fe^{3+}/Fe^{2+}}$,使化学计量点的电位突跃增大,$Cr_2O_7^{2-}$ 与 Fe^{2+} 反应更完全,指示剂能较好地显色。

(2) 实验结果表明,在反应过程中,游离 H_2SO_4 的浓度较高时,$FeSO_4·7H_2O$ 的溶解度较小,$FeSO_4$ 被氧化的速度显著下降,并且不能很好地形成 PFS;只有当酸度较低时,才有利于 $FeSO_4$ 的氧化并形成 PFS,但酸度过低,$FeSO_4$ 在被氧化前易发生水解反应生成浅绿色或白色的 $Fe(OH)_2$ 沉淀,故较合适的酸度条件为 $\dfrac{[H^+]}{[Fe^{2+}]}=0.35~0.45$

(3) 20℃时每 100 g 水能溶解 40 g PFS,密度大于 1.45 g·L^{-1};25℃时,密度约为 1.24 g·L^{-1}。

（4）20℃时黏度为 11～13 mPa·s。

（5）溶液中 Fe^{2+} 含量不应大于 $1 g·L^{-1}$。

【数据处理】

（1）将实验数据记录在下表中。

产量/g	
产率/%	
絮凝作用	
黏度	
密度	
Fe^{2+} 含量	

（2）产品性能评价：根据产品性质评价产品的性能。

【思考题】

（1）该实验中测定 Fe^{2+} 含量采用的容量滴定法和仪器分析法有何优劣？

（2）在用化学滴定法测定 Fe^{2+} 含量时，结果一般会偏低，而用仪器分析法测定的结果一般会偏高，试分析其中的原因。

（3）PFS 的黏度高低对处理污水效果好坏有无必然联系？

【拓展文献】

[1] 王汉道. 聚合硫酸铁-Fenton 法预处理高浓度丙烯酸酯类乳液废水[J]. 广东化工,2021,48(1):74-76.

[2] 李芙蓉. 聚合硫酸铁絮凝剂的合成工艺研究[J]. 化学工程与装备,2018(11):36-37.

[3] 潘碌亭,吴锦峰. 聚合硫酸铁制备技术的研究与进展[J]. 工业水处理,2009,29(9):1-5.

[4] 戚刚,吕立,卞煜. 饮用水混凝剂聚合硫酸铁的合成研究[J]. 中国新技术新产品,2012(4):197.

实验 3.28 铋基光催化剂的制备与性能

【实验目的】

（1）了解半导体光催化的基本原理。

（2）了解 $Bi_2O_2CO_3$ 光催化降解罗丹明 B 的影响因素，如 pH 值、罗丹明 B 初始浓度等对罗丹明 B 脱色率的影响。

（3）学会利用分光光度法测定罗丹明 B 的浓度。

【实验原理】

随着社会生产的飞速发展及人类对现存资源的过度消耗，全球范围内的环境污染和能源危机已经成为我们所面对的严峻问题。在大力发展工业的同时,始终伴随着对环境造成的严重污染,尤其是水污染。随着环境污染问题的不断加剧,人们对污染的处理方法的要求也越来越高。人工光合作用可以高效地将太阳能转换成化学能或电能,太阳能本身又是一种持续可再生的清洁能源。因此,如何通过人工光合作用(太阳能)直接净化有机污染物,是我们亟待解决的问题。作为其中最为关键的部分,半导体光催化技术引起了人们的广泛关注。

当有等于或大于禁带宽度(E_g)的能量照射在半导体上,价带电子受到激发在价带留下相应的光生空穴(h^+),这具有超强的氧化能力。图 3.28.1 表示了半导体中光生载流子的流向跃迁到导带,产生相应的光生电子(e^-),光生电子具有较强的还原能力。同时在价带留下相应的光生空穴(h^+),使其具有超强的氧化能力。

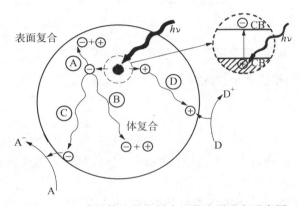

图 3.28.1　半导体光催化剂光生载流子流向示意图

半导体光催化剂能够有效地吸收和利用太阳能,将太阳能转化成其他形式的能量,并应用于有机污染物的降解、制备新能源氢气、光伏电池等方面,最终达到净化环境和解决能源危机的目的,因此引起了许多科研工作者的兴趣。针对降解有机染料,常见的半导体催化剂主要有 TiO_2、Bi_2WO_6、$BiVO_4$、ZnO、$Bi_2O_2CO_3$、Ag_2CO_3、$BiOCl$、WO_3、Ag_3PO_4、$AgInS_2$ 等。然而,大部分半导体光催化剂都存在两个问题:第一,对光的响应范围多数都集中在紫外光区域;第二,即使在可见光范围有响应,产生的光生电子和空穴很容易复合。这些都是导致光催化效率较低的原因。异质结光催化剂可以单独或同时解决这两方面的问题,这主要取决于两种半导体的禁带宽度和能带位置是否匹配。异质结光催化剂降解罗丹明 B 的效率明显高于单纯的 $Bi_2O_2CO_3$,这是因为异质结的形成阻止了光生载流子的复合,进而提高了光生电子和空穴的利用率。

碱式碳酸铋($Bi_2O_2CO_3$)属于 Aurivillius 组氧化物,具有层状结构。晶体结构显示 $Bi_2O_2^{2+}$ 层和 CO_3^{2-} 层交替生长,并存在铋氧构成的八面体结构,形成氧缺陷,可以提高光催化效率。尽管 $Bi_2O_2CO_3$ 很早就用于医疗方面,但是作为光催化用于净化环境直到近几年才被人们发现。$Bi_2O_2CO_3$ 是 n 型半导体,禁带宽度调节在 $2.87\sim3.5\ eV$ 之间,因此也不能充分利用太阳光。故需要一个窄禁带,同时能带又匹配的半导体形成异质结进行改性,提高光催化活性。硫化铋(Bi_2S_3)的禁带宽度为 $1.38\ eV$,可以扩大对光的吸收范围,提高对可见光的利用率,是一个很好的选择对象,说明 Bi_2S_3 是一个较好的敏化剂。

【仪器与试剂】

1. 仪器

250 mL 容量瓶,100 mL 烧杯×2,称量天平配称量纸,磁力搅拌台及磁子,真空烘箱,300 W 氙灯光源配 400 nm 截止型滤光片,超声分散机,注射器及配用筛子,5 mL 样品瓶,UV-vis 4100 分光光度仪配比色皿,恒温水浴锅,紫外-可见分光光度计,XRD,SEM,FT-IR 光谱。

2. 试剂

$Na_2S \cdot 9H_2O$;$Bi_2O_2CO_3$;罗丹明 B(RhB)。

【实验步骤】

1. 铋基光催化剂制备

(1) 配置硫化钠溶液:称取质量为 0.09 g 的 $Na_2S \cdot 9H_2O$ 置于 250 mL 的容量瓶中,得到浓度为 $1.5 \ mol \cdot L^{-1}$ 的硫化钠溶液待用。

(2) 异质结样品制备:将 0.3 g 碱式碳酸铋(0.6 mmol)与 20 mL 上述配好的硫化钠溶液混合至 100 mL 烧杯中,在常温下磁子搅拌 3 h 后得到颜色渐变的沉淀物,用去离子水清洗 2 次,再将产物离心分离,在 60℃ 真空烘箱干燥 2 h 得到摩尔比为 5% 的 $Bi_2S_3/Bi_2O_2CO_3$ 的复合物。

2. 光催化性能测试

选取罗丹明 B(RhB)为典型的有机污染物(特征光吸收峰位在波长为 533 nm 处),设计可见光下降解有机污染物的实验,评价所制备样品的可见光催化性能。所用光源为 300 W 氙灯,400 nm 截止型滤光片,可以有效地阻止紫外光。将 50 mg 样品加入配好的 50 mL 浓度为 $1.0 \times 10^{-5} \ mol \cdot L^{-1}$ 的 RhB 溶液中,超声处理 5 min 后再在暗室中搅拌 30 min,使反应体系达到一个有机染料和催化剂间的吸附-脱附平衡状态,然后置于 300 W 氙灯下照射。先取初始罗丹明 B 溶液作为起始浓度 c_0,然后每隔 10 min 用 15 mL 注射器取出 5 mL 反应溶液,然后用配注射器用的筛子去掉固体颗粒,上清液加入 5 mL 样品瓶中,共重复 4 次,得到 5 个样品。

3. 光催化性能结果表征

利用 UV-vis 4100 分光光度仪,设置扫描范围为 400~650 nm,扫描空白水溶液作为基线后,再将 5 个样品按照罗丹明 B 浓度从低到高进行紫外响应测试,将样品上清液加入比色皿中进行扫描,取最高点吸收度来反映溶液剩余罗丹明 B 的浓度,做出罗丹明 B 的浓度(c)下降曲线。

【思考题】

(1) 实验中,为什么用蒸馏水作参比溶液来调节分光光度计的透光率值为 100%? 一般选择参比溶液的原则是什么?

(2) 甲基橙溶液需要准确配制吗?

(3) 甲基橙光催化降解速率与哪些因素有关?

【拓展文献】

[1] 梁娜. 可见光响应铋基半导体材料的制备及性能研究[D]. 上海：上海交通大学，2015.

[2] Linsebigler A L, Lu G, Yates J T. Photocatalysis on TiO₂ surfaces: principles, mechanisms, and selected results [J]. Chemical Reviews, 1995, 95 (3): 735-758.

[3] Zhang Y, Li D, Zhang Y, et al. Graphene-wrapped Bi₂O₂CO₃ core-shell structureswith enhanced quantum efficiency profit from an ultrafast electron transfer process [J]. Journal of Materials Chemistry A, 2014, 2(22): 8273-8280.

[4] Zhao T, Zai J, Xu M, et al. Hierarchical Bi₂O₂CO₃ microspheres with improved visible-light-driven photocatalytic activity [J]. CrystEngComm, 2011,13(12): 4010-4017.

实验 3.29　Cu₂O 微纳晶可控合成及其 SEM、紫外表征

【实验目的】

（1）了解 Cu₂O 光催化的基本原理、研究热点和现状。

（2）学习利用扫描电子显微镜、紫外-可见分光光度计对材料进行表征以及掌握对材料光催化性能进行评估的方法。

【实验原理】

　　分子内部的运动有转动、振动和电子运动，相应状态的能量（状态的本征值）是量子化的，因此分子具有转动能级、振动能级和电子能级。通常，分子处于低能量的基态，从外界吸收能量后，能引起分子能级的跃迁。许多有机分子中的价电子跃迁，须吸收波长在 $200\sim 1\,000\,\text{nm}$ 范围内的光，恰好落在紫外-可见光区域。因此，紫外吸收光谱是由于分子中价电子的跃迁而产生的，也可以称它为电子光谱。

　　Cu₂O 微纳晶的合成反应如下：

【仪器与试剂】

1. 仪器

场发射扫描电子显微镜(SEM),紫外-可见分光光度计。

2. 试剂

NaOH,丁二酮肟($C_4H_8N_2O_2$),一水醋酸铜[$Cu(Ac)_2 \cdot H_2O$],罗丹明 B。实验中的反应容器为聚四氟乙烯衬里的不锈钢釜,容积为 80 mL。

【实验步骤】

(1) Cu_2O 微纳晶合成。在烧杯中,将 0.5~2 g NaOH 加入 55 mL 去离子水中,搅拌溶解,NaOH 浓度为 0.23~0.91 mol·L^{-1}。然后加入 0.32 g 丁二酮肟,搅拌后溶液变澄清。在澄清溶液中加入 0.28 g $Cu(Ac)_2 \cdot H_2O$,溶液颜色变成黑棕色,剧烈搅拌 4 h,直至配合反应进行完全。将黑棕色悬浊液转移到洗涤干净的聚四氟乙烯内衬的不锈钢反应釜中。温度由室温上升到 150~200℃,维持 20 h。冷却后,红棕色粉末被收集,再用蒸馏水和乙醇洗涤多次,烘干。

(2) 用场发射扫描电子显微镜、紫外-可见分光光度计进行分析。

【思考题】

(1) 为什么 NaOH 的浓度影响 Cu_2O 微晶的形貌?

(2) 紫外-可见分光光度法适用于什么样品?

(3) 比较紫外-可见分光光度计和可见分光光度计结构上的异同点。

【拓展文献】

[1] 刘儒平,刘佳,王恬,等. Cu_2O 纳米晶的合成及光催化性能研究[J]. 信息记录材料,2015,16(1):28-32.

[2] 李欣欣,曾志伟,胡海琴,等. Cu_2O/Bi_2MoO_6 光催化剂的制备、表征与性质研究[J]. 环境污染与防治,2015,37(2):63-67+73.

[3] 徐爽,程继航,焦阳,等. Cu_2O 的制备及其光伏研究(英文)[J]. 稀有金属材料与工程,2015,44(2):303-306.

[4] 张万群,杨凯萍,柯玉萍. Cu_2O 微纳晶可控合成及其光催化性能研究:推荐一个综合化学实验[J]. 大学化学,2015,30(1):49-54.

[5] 张伟伟. Cu_2O、ZnO 基微纳结构可见光降解生物染料和光电化学性能研究[D]. 北京:中央民族大学,2017.

[6] 陈战东,王志文,陈哲耕. 金属纳米薄膜制备与性能研究综合实验设计[J]. 广西物理,2020,41(4):13-16.

实验 3.30　气-质联用(GC-MS)法分析市售饮用水中的塑化剂

【实验目的】

(1) 了解 GC-MS 法分离和测定塑化剂的原理。

(2) 了解运用 GC-MS 仪分析样品的基本过程。

(3) 掌握利用质谱谱库检索进行色谱峰定性的方法。

【实验设计】

塑化剂是工业上被广泛使用的高分子材料助剂,在塑料中添加这种物质,可以使其柔韧性增强,容易加工,可合法用于工业用途。2011 年 5 月,在台湾食品中先后检出 DEHP、DINP、DNOP、DBP、DMP、DEP 等 6 种邻苯二甲酸酯类塑化剂成分,药品中检出 DIDP。随后卫生部紧急发布公告,将邻苯二甲酸酯类物质列入食品中可能违法添加的非食用物质和易滥用的食品添加剂名单。

本实验采用全扫描方法和选择离子监测法对饮用水中的邻苯二甲酸酯组分进行测定,主要目的是了解气-质联用法的原理并掌握仪器的基本构造和基本操作,以及掌握选择离子监测的原理及应用范围。

本实验为自主设计实验,请学生在实验前查阅相关原理及操作方法,做好实验准备。请注意以下几点。

(1) 实验中所测的水样是随机的,有实验室提供的矿泉水、市售桶装水、自来水,也有学生自带的饮料等。

(2) 请学生参考国标自主编辑仪器方法,教师仅进行指导。

(3) 在实验过程中,请学生自由选择一种或几种塑化剂作为目标,根据全扫描结果或参考国标自主设计选择离子监测方法进行定量测定。

【仪器与试剂】

1. 仪器

GC-MS QP-2020 气-质联用仪(日本岛津公司),毛细管色谱柱(RTX-5MS,30 m × 0.25 mm × 0.25 μm,日本岛津公司),微量进样器,载气:高纯氦气(99.999%)。

2. 试剂

邻苯二甲酸酯混标(购于 Dikma 公司),正己烷(AR),饮用水样若干。

【实验步骤】

1. 样品预处理

请查阅文献,设计方案。

2. GC-MS 测定

1) 设定实验条件

请查阅文献,寻找最优实验条件。

(1) 色谱条件:通过实验调节进样口温度、色谱柱温度、柱流量、分流比、进样量,从而得到实验的最优化条件。

(2) 质谱条件:关注质谱仪的离子源(EI)电压、离子源温度、接口温度、全扫描质量范围、溶剂延迟时间。

2) GC-MS 分析

将样品在设定的实验条件下进行分析,得到样品的总离子流色谱图(TIC)。

【数据处理】

1. 色谱分析

根据色谱图上相应各组分的色谱图,学生可通过仪器自带的色谱谱库检索并与国标样品的出峰顺序进行比较,根据相似度指数判定每个峰对应的塑化剂种类。

2. 质谱分析

质谱分析过程如下。

(1) 对样品进行全扫描分析,通过质谱谱库检索确定质谱图上每个峰对应的邻苯二甲酸酯种类。

(2) 确定每种邻苯二甲酸酯的特征离子。

(3) 确定自己想分析的组分,重新设定其选择离子监测(SIM)条件。

(4) 对标样和未知样进行选择离子监测(SIM)分析以定量。

【思考题】

(1) 色-质联用方法较之单一的色谱法和质谱法而言,有何特点?

(2) 在仪器的运转过程中,若真空度不够,对实验结果会产生什么影响?

【拓展文献】

[1] 邵伟,孙晴,盛翔. 气质联用法测定饮料中塑化剂的设计实验[实验]. 大学化学,2014,29(3):67-71.
[2] 张馨予,陈芳芳. 气质联用技术的应用[J]. 现代农业科技,2011(10):13-15.

附录 A 磁化率、反磁磁化率和结构磁化率修正数

1. 部分原子(离子)的摩尔磁化率

原子	$\chi_M \times 10^6$	原子	$\chi_M \times 10^6$
H	-2.93	P	-26.3
C(链)	-6.00	As(V)	-43.0
C(环)	-5.76	Bi	-192
N(链)	-5.55	Li	-4.2
N(环)	-4.61	Na	-9.2
N(酰胺)	-1.54	K	-18.5
N(酰二胺、酰亚胺)	-2.11	Mg	-10.0
O(醇、醚)	-4.61	Cu	-15.9
O(醛、酮)	$+1.73$	Al	-13.0
O(羧基)	-3.36	Zn	-13.5
F	-6.3	Sb^{3+}	-74.0
Cl	-20.1	Hg^{2+}	-33.0
Br	-30.6	Sn^{4+}	-3.0
I	-44.6	K^+	-14.9
S	-15.6	Cu^+	-15.0
Se	-23.0	Na^+	-7.0

2. 部分配体的反磁磁化率

配体	$\chi_D \times 10^6$	配体	$\chi_D \times 10^6$
Br^-	-35	ClO_4^-	-32
Cl^-	-23	IO_4^-	-52
I^-	-51	NO_2^-	-10
CN^-	-13	NO_3^-	-19
NCS^-	-31	SO_4^{2-}	-40

（续表）

2. 部分配体的反磁磁化率

配体	$\chi_D \times 10^6$	配体	$\chi_D \times 10^6$
CO	-10	H_2O	-13
CO_3^{2-}	-28	O_2^{2-}	-7
$C_2H_3O_2^-$（乙酸根）	-30	OH^-	-12
$C_2H_8N_2$（乙二胺）	-46	NH_4^+	-13
$C_2O_4^{2-}$（草酸根）	-25	NH_3	-18

3. 部分结构磁化率修正数

配体	$\chi_B \times 10^6$	配体	$\chi_B \times 10^6$
$C=C$	$+5.5$	$-C-Cl$	$+3.1$
$-C\equiv C-$	$+0.8$	$-C-Br$，$-C-I$	$+4.1$
$C=C-C=C$	$+10.6$	苯环	-1.4
$C=C-C-$	$+4.5$	萘环	-31.0
$-N=N-$	$+1.8$	CH（$\alpha,\gamma,\varepsilon,\delta$）	-1.29
$C=N-$	$+8.2$	$-C-$（$\alpha,\gamma,\varepsilon,\delta$）	-1.55
$-C\equiv N$	$+0.8$	$H-C-$（β），$-C-$（β）	-0.48

注：α、β、γ、ε、δ 表示相对于氧基的位置，如 α 表示最邻近氧基。

引自：① Selwood P W. Mangnetochemistry. 2nd ed. 1956.
　　② Jonassen H B, et al. Technique of Inorganic Chemistry. 4, 1965.
　　③ 游效曾. 结构分析导论. 北京：科学出版社，1980.

附录 B　紫外光谱吸收特征及计算

1. 部分含杂原子的饱和化合物 n-σ* 的吸收特征

化合物	λ_{max}/nm	ε_{max}	溶剂
甲醇	177	200	己烷
1-己硫醇	224	126	环己烷
二正丁基硫醚	210/229(S)*	1 200	乙醇
三甲胺	199	3 950	己烷
N-甲替哌啶	213(S)*	1 600	乙醚
氯甲烷	173(S)*	200	己烷
溴丙烷	208	300	己烷
碘甲烷	259	400	己烷

*：(S)为肩峰或拐点。

2. 含不饱和杂原子化合物的 R 吸收带

化合物	丙酮	乙醛	乙酸	乙酸乙酯	乙腈	硝酸乙酯	硝基甲烷	偶氮甲烷	甲基环己亚砜	二甲亚砜
λ_{max}/nm	279	290	204	207	<160	271	270	347	210	<180
ε_{max}	15	16	60	69	—	18.6	12	45	1 500	—
溶剂	己烷	庚烷	水	石油醚	—	乙醇	二氧六环	二氧六环	醇	—

3. 共轭烯烃吸收带波长的计算方法

基团	对吸收带波长的贡献/nm
共轭双烯的基本骨架 C=C—C=C	217
环内烯烃	36
每增加一个共轭双烯	30
每一个烷基或环烷取代基	5
每一个环外双键	5

（续表）

基团	对吸收带波长的贡献/nm
每一个助色团取代：RCOO—	0
RO—	6
RS—	30
Cl 或 Br	5
R_2N—	60

4. 苯及其简单衍生物的紫外光谱特征

化合物	E_2 或 K 吸收带 λ_{max}/nm(ε_{max})	B 吸收带 λ_{max}/nm(ε_{max})	R 吸收带 λ_{max}/nm(ε_{max})	溶剂
苯	204(7 900)	256(200)	—	己烷
甲苯	206(7 000)	261(225)	—	己烷
氯苯	210(7 600)	265(240)	—	乙醇
苯甲醚	217(6 400)	269(1 480)	—	2%甲醇
苯酚	210(6 200)	270(1 450)	—	水
苯酚盐阴离子	235(9 400)	287(2 600)	—	水（碱性）
苯胺	230(8 600)	280(1 430)	—	水(pH11)
苯胺阳离子	203(7 500)	254(160)	—	水(pH3)
苯硫酚	236(1.0×10^4)	269(700)	—	己烷
苯乙烯	244*(1.2×10^4)	282(450)	—	醇
苯甲醛	244*(1.5×10^4)	280(1 500)	328(20)	醇
苯乙酮	240*(1.3×10^4)	278(1 100)	319(50)	醇
苯甲酸	230*(1.0×10^4)	270(800)	—	水
硝基苯	252*(1.0×10^4)	280(1 000)	330(125)	醇
联苯	246*(2.0×10^4)	淹没	—	醇

*：生色团与苯环相连时产生的 K 吸收带。

5. 部分稠环芳烃的吸收特征

化合物	环数	E_1 吸收带 λ_{max}/nm(ε_{max})	E_2 吸收带 λ_{max}/nm(ε_{max})	B 吸收带 λ_{max}/nm(ε_{max})	溶剂
萘	2	221(1.17×10^5)	275(5 600)	311(250)	己烷
蒽	3	252(2.2×10^5)	356(8 500)	淹没	己烷

（续表）

化合物	环数	E_1 吸收带 $\lambda_{max}/nm(\varepsilon_{max})$	E_2 吸收带 $\lambda_{max}/nm(\varepsilon_{max})$	B 吸收带 $\lambda_{max}/nm(\varepsilon_{max})$	溶剂
菲*	3	$251(9.0\times10^4)$	$292(2.0\times10^4)$	$345(390)$	乙醇
并四苯	4	$280(1.8\times10^5)$	$474(1.2\times10^4)$	淹没	乙醇
1,2-苯并蒽*	4	$290(1.3\times10^5)$	$329(8\,000)$	$385(1\,100)$	乙醇
1,2-苯并菲*	4	$267(1.6\times10^5)$	$306(1.5\times10^5)$	$360(1\,000)$	乙醇

*:角型稠环芳烃。

6. 溶剂校正表

溶剂	甲醇、乙醇	氯仿	二氧六环	乙醚	正己烷	水
校正值/nm	0	1	5	7	11	−8

附录 C 一些官能团红外光谱特征吸收频率

化合物	基团	波数/cm^{-1}	波长/μm	强度	振动类型
烷烃	—CH$_3$	2 962±10	3.37	强	C—H 伸缩
		2 972±10	3.48	强	C—H 伸缩
		1 450±20	6.89	中	C—H 弯曲
		1 375±10	7.25	强	C—H 弯曲
	—CH$_2$—	2 926±5	3.42	强	C—H 伸缩
		2 853±5	3.51	强	C—H 伸缩
		1 465±20	6.83	中	C—H 弯曲
	—C(CH$_3$)$_3$	1 395~1 385	7.16~7.22	中	C—H 弯曲
		1 365±5	7.33	强	C—H 弯曲
		1 250±5	8.00		C—H 伸缩
		1 250~1 200	8.00~8.33		C—H 伸缩
	—C(CH$_3$)$_2$	1 385±5	7.22	强	C—H 弯曲
		1 370±5	7.30	强	C—H 弯曲
		1 170±5	8.55		C—H 伸缩
		1 170~1 140	8.55~8.77		C—H 伸缩
	(CH$_2$)$_n$—	750~720	13.33~13.88		—C 伸缩(n=4)
不饱和烃	C═C	1 680~1 620	5.95~6.17	变化	C═C 伸缩
	C═C(共轭)	~1 600	~6.25	强	C═C 伸缩
	R—C≡CH	2 140~2 100	4.67~4.76	中	C≡C 伸缩
	R—C≡C—R'	2 260~2 190	4.47~4.57	中	C≡C 伸缩
	C—C（共轭）	2 260~2 235	4.42~4.47	强	C≡C 伸缩
	≡C—H	3 320~3 310	3.01~3.02	中	C—H 伸缩
		680~610	14.71~16.39	中	C—H 伸缩

（续表）

化合物	基团	波数/cm^{-1}	波长/μm	强度	振动类型
芳烃		3 070~3 030	3.25~3.30	强	C—H 伸缩
		1 600~1 450	6.25~6.89	中	C—C 伸缩
		900~695	11.11~14.39	强	C—H 弯曲
醇	OH(二聚)(多聚)	3 550~3 450	2.82~2.90	变化	O—H 伸缩
		3 400~3 200	2.94~3.13	强	O—H 伸缩
醇	伯醇	3 643~3 630	2.74~2.75	强	O—H 伸缩
		1 075~1 000	9.30~10.00	强	C—O 伸缩
		1 350~1 260	7.41~7.93	强	O—H 伸缩
	仲醇	3 635~3 630	2.75~2.76	强	O—H 伸缩
		1 120~1 030	9.83~9.71	强	C—O 伸缩
		1 350~1 260	7.41~7.93	强	O—H 弯曲
	叔醇	3 620~3 600	2.76~2.78	强	O—H 伸缩
		1 170~1 100	8.55~9.09	强	C—O 伸缩
		1 410~1 310	7.09~7.63	中	O—H 弯曲
酚	OH(酚)	3 612~3 593	2.77~2.78	强	O—H 伸缩
		1 230~1 140	8.13~8.77	强	C—O 伸缩
		1 410~1 310	7.09~7.63	中	O—H 弯曲
胺	伯胺	3 398~3 381	2.92~2.96	弱	N—H 伸缩
		3 344~3 324	2.99~3.10	弱	N—H 伸缩
		1 079±11	9.27	中	C—N 伸缩
		3 400~3 100	2.94~3.23	强	N—H(氢键)伸缩
		650~1 590	6.06~6.29	强	N—H 弯曲
		900~650	11.11~15.38	弱	N—H 弯曲
	仲胺	3 360~3 310	2.76~3.02	弱	N—H 伸缩
		1 139±7	8.78	中	C—N 伸缩
		1 650~1 550	6.06~6.45	弱	N—H 弯曲
硝基化合物	C—NO$_2$(脂肪族)	1 554±6	6.44	极强	N—O 伸缩
		1 383±6	7.24	极强	N—O 伸缩
	C—NO$_2$(芳香族)	1 555~1 478	6.43~6.72	强	N—O 伸缩
		1 357~1 348	7.37~7.59	强	N—O 伸缩
		875~830	11.42~12.01	中	C—N 伸缩

（续表）

化合物	基团	波数/cm^{-1}	波长/μm	强度	振动类型
	O—N=O	1 640～1 620	6.10～6.17	强	—N=O 伸缩
		1 285～1 270	7.78～7.87	强	—N=O 伸缩
羰基化合物	酮	1 725～1 705	6.00～5.87	强	C=O 伸缩
	芳酮	1 690～1 680	5.92～5.95	强	C=O 伸缩
羰基化合物	醛	1 745～1 730	5.73～5.78	强	C=O 伸缩
		2 900～2 700	3.45～3.70	弱	C—H 伸缩
		1 440～1 325	6.94～7.55	强	C—H 弯曲
	酯	1 750～1 730	5.71～5.78	强	C=O 伸缩
		1 300～1 000	7.69～10.00	强	C—O—C 伸缩
	酸	1 725～1 700	5.80～5.88	强	C=O 伸缩
		1 700～1 680	5.88～5.95	强	C=O 伸缩（芳酸）
		2 700～2 500	3.70～4.00	弱	O—H 伸缩（二聚）
		3 560～3 500	2.81～2.86	中	O—H 伸缩（单体）
		1 440～1 395	6.94～7.19	弱	C—H 伸缩
		1 320～1 211	7.58～8.26	强	O—H 弯曲
羧基化合物	COO$^-$	1 610～1 560	6.21～6.45	强	C=O 伸缩
		1 420～1 300	7.04～7.69	中	C=O 伸缩
	酰卤	1 810～1 970	5.53～5.59	强	C=O 伸缩
	伯酰胺	1 690～1 650	5.92～6.06	强	C=O 伸缩
		～3 520	2.84	中	N—H 伸缩
		～3 410	2.93	中	N—H 伸缩
		1 420～1 405	7.04～7.12	中	C—N 伸缩
	仲酰胺	1 680～1 630	5.95～6.13	强	C=O 伸缩
		～3 440	2.91	强	N—H 伸缩
		1 570～1 530	6.37～6.54	强	N—H 伸缩
		1 300～1 260	7.69～7.94	中	C—N 伸缩
	叔酰胺	1 670～1 630	5.99～6.13	强	C=O 伸缩
有机卤化物	C—F	1 100～1 000	9.09～10.00	强	C—F 伸缩
	C—Cl	830～500	12.04～20.00	强	C—Cl 伸缩
	C—Br	600～500	16.67～20.00		C—Br 伸缩
	C—I	600～465	16.67～21.50		C—I 伸缩

（续表）

化合物	基团	波数/cm^{-1}	波长/μm	强度	振动类型
其他有机物	—C—S—H	$2\,925\sim2\,500$	$3.38\sim3.90$	弱	S—H 伸缩
		$700\sim590$	$14.28\sim16.95$	弱	C—S 伸缩
	C=S	$1\,270\sim1\,245$	$7.87\sim8.03$	强	C=S 伸缩
其他有机物	C—P—H	$2\,475\sim2\,270$	$4.04\sim4.40$	中	P—H 伸缩
		$1\,250\sim950$	$8.00\sim10.53$	弱	P—H 弯曲
	C—Si—H	$2\,280\sim2\,050$	$4.39\sim4.88$	极强	Si—H 伸缩
		$890\sim860$	$11.24\sim11.63$		Si—H 弯曲
无机化合物	CO_3^{2-}	$1\,490\sim1\,410$	$6.71\sim7.09$	极强	C—O 伸缩
		$880\sim860$	$11.36\sim12.50$	中	C—O 弯曲
	SO_4^{2-}	$1\,130\sim1\,080$	$8.85\sim9.62$	极强	S—O 伸缩
		$680\sim610$	$14.71\sim16.40$	中	S—O 弯曲
	NO_2^-	$1\,250\sim1\,230$	$8.00\sim8.13$	强	N—O 伸缩
		$1\,360\sim1\,340$	$7.35\sim7.46$	强	N—O 伸缩
		$840\sim800$	$11.90\sim12.50$	弱	N—O 弯曲
	NO_3^-	$1\,380\sim1\,350$	$7.25\sim7.41$	极强	N—O 伸缩
		$840\sim815$	$11.90\sim12.26$	中	N—O 弯曲
	NH_4^+	$3\,300\sim3\,030$	$3.03\sim3.33$	极强	N—H 伸缩
		$1\,485\sim1\,390$	$6.73\sim7.19$	中	N—H 弯曲
	PO_4^{3-}, HPO_4^{2-}, $H_2PO_4^-$	$1\,100\sim1\,000$	$9.09\sim10.00$	强	P—O 伸缩
	ClO_3^-	$980\sim930$	$10.20\sim10.75$	极强	Cl—O 伸缩
	ClO_4^-	$1\,140\sim1\,060$	$8.77\sim9.43$	极强	Cl—O 伸缩
	$Cr_2O_7^{2-}$	$950\sim900$	$10.35\sim11.11$	强	Cr—O 伸缩
	CN^-, CNO^-, CNS^-	$2\,200\sim2\,000$	$4.55\sim5.00$	强	C—N 伸缩

附录 D　气相色谱常用固定液

固定液	商品名称	最高使用温度/℃	溶剂	分析对象
角鲨烷(异三十烷)	SQ	150	乙醚	非极性标准固定液,分离一般烃类及非极性化合物
阿皮松 L	APL	300	氯仿,苯	分析高沸点非极性化合物
甲基硅橡胶	SiliconeS E-30	300	氯仿	分析高沸点弱极性化合物
邻苯二甲酸二壬酯	DNP	160	甲醚,乙醚	分离芳香族化合物,不饱和化合物及各种含氧化合物
聚乙二醇(1 500～20 000)	PEG	80～200	氯仿,乙醇,丙酮	分离醇、醛、酮、脂肪酸酯及含氮官能团等极性化合物
丁二酸二乙二醇聚酯	DEGS	220	氯仿,丙酮	分离脂肪酸、氨基酸
己二酸二乙二醇聚酯	DEGA	250	氯仿,丙酮	分离 C_1～C_4 脂肪酸甲酯
β,β-氧二丙腈	ODPN	100	甲醇,丙酮	常用的极性固定液可分离芳烃、含氧化合物及烃类

附录 E 高效液相色谱常用溶剂的性质

溶剂	折光率 n(20℃)	紫外截止波长/nm	黏度 η(20℃) /($\times10^{-3}$Pa·s)
正己烷	1.358	210	0.23
环己烷	1.427	210	1.00
氯仿	1.446	245	0.57
乙醚	1.353	220	0.23
二氯甲烷	1.424	245	0.44
四氢呋喃	1.405	222	0.55
丙酮	1.359	330	0.32
乙腈	1.344	210	0.37
甲醇	1.329	210	0.60
乙醇	1.362	210	1.20
乙二醇	1.427	210	—
水	1.333	210	1.00

附录 F 部分离子选择性电极的特性

电极名称	类型	测定浓度范围 /(mol·L^{-1})	大约斜率数量级 /mV	主要干扰	温度范围/K
氨(铵)	气敏	$10^{-6} \sim 1$	-58	挥发性胺	$273 \sim 323$
氟化物	固态	$10^{-6} \sim$ 饱和	-56	OH^-	$273 \sim 353$
溴化物	固态	$5 \times 10^{-6} \sim 1$	-57	S^{2-},I^-	$273 \sim 353$
碘化物	固态	$2 \times 10^{-7} \sim 1$	-57	S^{2-}	$273 \sim 353$
氰化物	固态	$10^{-6} \sim 10^{-2}$	-54	S^{2-},Br^-,I^-,Cl^-	$273 \sim 353$
氯化物	液膜	$10^{-6} \sim 1$	-55	ClO_4^-,I^-,NO_3^-,SO_4^{2-},Br^-,OH^-,OAc^-	$273 \sim 353$
	固态	$5 \times 10^{-5} \sim 1$	-57	S^{2-},Br^-,I^-,CN^-	$273 \sim 353$
	复合	$5 \times 10^{-5} \sim 1$	-57	S^{2-},Br^-,I^-,CN^-	$273 \sim 353$
氯	固态	$10^{-7} \sim 3 \times 10^{-4}$	$+29$	与碘量法相同	$273 \sim 353$
过氯酸盐	液膜	$2 \times 10^{-6} \sim 1$	-55	Br^-,I^-,NO_3^-	$273 \sim 323$
硝酸盐	液膜	$6 \times 10^{-6} \sim 1$	-55	ClO_4^-,I^-,ClO_3^-,HS^-,Br^-	$273 \sim 323$
氟硼酸盐	液膜	$3 \times 10^{-6} \sim$ 饱和	-56	NO_3^-,Br^-,OAc^-	$273 \sim 353$
硫化氢	气敏	$2 \times 10^{-7} \sim 10^{-2}$	-28	—	$273 \sim 353$
银/硫化物	固态	$Ag^+\quad 2 \times 10^{-7} \sim 1$ $S^{2-}\quad 10^{-7} \sim 1$	$+56$ -28	Hg^{2+}	$273 \sim 353$
硫氰酸盐	固态	$5 \times 10^{-6} \sim 1$	-56	S^{2-},CN^-,$S_2O_3^{2-}$,NH_3,Cl^-,OH^-	$273 \sim 353$
铜	固态	$10^{-8} \sim$ 饱和	$+26$	S^{2-},Ag^+,Hg^{2+}	$273 \sim 353$
铅	固态	$10^{-7} \sim 1$	$+25$	Cu^{2+},Ag^+,Hg^{2+}	$273 \sim 353$
镉	固态	$10^{-7} \sim 1$	$+25$	S^{2-},Ag^+,Hg^{2+}	$273 \sim 353$
钙	固态	$10^{-6} \sim 1$	$+24$	Zn^{2+},Pb^{2+},Cu^{2+}	$273 \sim 353$
钾	固态	$10^{-5} \sim 1$	$+54$	Cs^+,NH_4^+,H^+	$273 \sim 353$
钠	固态	$10^{-6} \sim$ 饱和	$+55$	Ag^+,Li^+,H^+	$273 \sim 353$